战略性新兴领域“十四五”高等教育系列教材

智能制造大数据分析技术及应用导论

胡文凯　丁　敏　徐　达　安剑奇　编著

机械工业出版社

本书以智能制造为载体，以数据挖掘技术为主线，系统地介绍了智能制造中的大数据分析技术与应用，不仅涵盖了数据分析与挖掘的基础理论，还通过引入不同制造业领域的案例，使抽象的理论知识具体化，便于读者理解。全书共8章，第1～3章从工业制造过程的基本概念和大数据分析需求出发，介绍数据分析的理论框架、数据基本知识和数据预处理技术；第4～8章深入数据挖掘与分析技术，涵盖频繁模式挖掘、聚类分析、分类分析和回归分析，并以实际工业案例展示技术应用。

本书可作为自动化、计算机、智能制造等专业大数据分析相关课程的教材，也适合作为相关领域研究人员和从业人员的参考书籍。

本书配有PPT课件、教学大纲、习题答案、实验项目等教学资源，欢迎选用本书作教材的教师登录 www.cmpedu.com 注册后下载，或发邮件至 jinacmp@163.com 索取。

图书在版编目（CIP）数据

智能制造大数据分析技术及应用导论 / 胡文凯等编著. -- 北京 ： 机械工业出版社， 2024. 12. --（战略性新兴领域“十四五”高等教育系列教材）. -- ISBN 978-7-111-77641-3

Ⅰ. TH166

中国国家版本馆 CIP 数据核字第 2024RC6289 号

机械工业出版社（北京市百万庄大街22号　邮政编码100037）

策划编辑：吉　玲　　　　责任编辑：吉　玲　章承林

责任校对：陈　越　李小宝　　封面设计：张　静

责任印制：李　昂

北京捷迅佳彩印刷有限公司印刷

2024年12月第1版第1次印刷

184mm×260mm · 15.5印张 · 374千字

标准书号：ISBN 978-7-111-77641-3

定价：59.00元

电话服务　　　　　　网络服务

客服电话：010-88361066　机　工　官　网：www.cmpbook.com

010-88379833　机　工　官　博：weibo.com/cmp1952

010-68326294　金　　书　　网：www.golden-book.com

　机工教育服务网：www.cmpedu.com

前言

PREFACE

如今，智能制造和人工智能的迅猛发展，正引领着全球制造业的深刻变革。随着新一代人工智能技术的不断进步，智能制造已经成为推动工业革命的核心力量。大数据分析技术在这一进程中发挥着不可或缺的作用，它对传统制造业的颠覆性影响，为制造业的智能化升级提供了强大的动力。正是基于这样的背景，我们编写了本书，旨在为读者提供一个全面、深入的视角，方便读者理解和掌握智能制造中大数据分析的理论和实践。

本书以智能制造为载体，以数据挖掘技术为主线，系统地介绍了智能制造中的大数据分析技术与应用，不仅涵盖了数据分析与挖掘的基础知识，还深入探讨了数据挖掘技术在智能制造中的应用。书中内容紧密结合实际，通过引入来自钢铁、化工等不同制造业领域的案例，使抽象的理论知识具体化、形象化，便于读者理解。此外，本书还特别强调了数据分析方法的实用性和操作性，以期读者能够应用所学知识解决实际问题。

作为一本专业教材，本书主要适用于本科阶段的专业课教学。我们希望本书能够成为自动化、计算机、智能制造、数据科学与大数据技术、物联网工程等相关专业学生的必读教材，帮助他们系统地学习智能制造大数据分析的理论和方法，培养他们的数据分析能力和解决实际问题的能力。本书内容的安排既考虑了教学的系统性，也兼顾了知识的前沿性，确保学生能够在掌握基础的同时，了解和掌握大数据与人工智能最新的技术动态。同时，本书也适合作为相关领域研究人员和从业人员的参考书籍。

本书的编写过程是一个不断学习和探索的过程。在这一过程中，我们深入研究了智能制造和大数据领域的最新理论和技术，广泛参考了国内外的研究成果和实践经验。我们努力将这些理论和技术融入书中，使之既有理论的深度，又有实践的广度。同时，我们也注重本书的可读性和易用性，力求使每一章节的内容都能够清晰、准确地传达给读者。

第 1 ～ 3 章从工业制造过程的基本概念和大数据分析需求出发，介绍数据处理分析的理论框架、数据基本知识和数据预处理技术。第 1 章智能制造大数据概述，结合制造业的发展历程与智能制造的转型升级需求，介绍了智能制造和大数据分析的基本概念，帮助读者了解相关基础知识。第 2 章数据基本知识，概述了数据属性，介绍了数据的统计描述、可视化和相关性分析，帮助读者把握数据的总体特征。第 3 章数据预处理，探讨了工业数据的质量特性和常见问题，详细介绍了数据清洗、集成、归约和变换技术，为后续分析打下坚实基础。

第 4 ～ 8 章深入数据挖掘与分析技术，涵盖频繁模式挖掘、聚类分析、分类分析、回归分析，并以实际案例展示技术应用。第 4 章频繁模式挖掘，介绍了频繁模式挖掘的基本概念，深入讲解了频繁项集挖掘、关联规则挖掘和序列模式挖掘，以揭示数据中隐藏的模式和规则。第 5 章聚类分析，从聚类的基本理论出发，介绍了基于划分、层次和密度的聚类方法。第 6 章分类分析，介绍了分类分析的基本概念和步骤，以及决策树、支持向量机、人工神经网络、朴素贝叶斯等分类模型，并讨论了分类模型的评价方法。第 7 章回归分析，介绍了回归分析的基本概念和最小二乘法，以及多重共线性问题的解决方法，并探讨了非线性问题和模型验证。第 8 章工业应用实例，通过钢铁产业中的高炉生产过程案例，展示了如何将书中介绍的数据分析方法应用于实际工业生产。每一章都旨在通过理论与实践的结合，培养读者在智能制造领域的数据分析能力。

本书是在中国地质大学（武汉）吴敏教授牵头负责的战略性新兴领域“十四五”高等教育系列教材体系建设团队——“智能装备制造（工业互联网与智能制造）”团队的指导下，由中国地质大学（武汉）自动化学院的胡文凯、丁敏、徐达、安剑奇四位老师共同编写。其中，胡文凯主要负责了第 1～4 章的编写；丁敏主要负责了第 5 章和第 6 章的编写；徐达主要负责了第 7 章的编写；安剑奇主要负责了第 8 章的编写。

在编写本书的过程中，我们参考了大量的相关文献和资料，力求使书中内容准确并具前沿性。然而，由于智能制造和大数据技术发展迅速，加之编者水平有限，书中难免会有疏漏和不足之处。我们诚挚地希望广大读者能够提出宝贵的意见和建议，以便不断改进和完善。

最后，我们要感谢所有参与本书审阅的专家、学者和学生，他们的智慧和努力为本书的完成做出了重要贡献。同时，我们也要感谢所有使用本书的学生和教师，我们期待这本书能够成为智能制造大数据分析领域的经典之作，为培养高素质的智能制造人才做出应有的贡献。

编　者

目 录

CONTENTS

第 1 章　智能制造大数据概述

导读

制造业是国民经济的主体，是立国之本、兴国之器、强国之基。进入新时代，加快建设制造强国、加快发展先进制造业，成为我国的国家战略。新一代人工智能与先进制造深度融合形成的智能制造技术，正在成为新一轮工业革命的核心驱动力。而大数据分析技术给传统制造业发展方式带来了颠覆性、革命性的影响，对提升制造业智能化水平起到了关键作用。本书以智能制造为载体，以数据处理与分析方法为主线，介绍智能制造中的大数据分析技术与应用。

本章首先从工业制造过程的基本概念出发，结合制造业发展历程与世界制造业发展格局，分析推进制造业向智能制造转型升级的迫切需求。接着，从智能制造的科学问题出发，阐述大数据分析技术对于智能制造的重要意义。最后，讲述工业大数据的基本概念，以及智能制造中的数据分析需求与流程。

本章知识点

- 工业制造过程，包括基本概念、发展阶段和发展战略
- 智能制造，包括基本概念、发展历程和发展方向
- 工业大数据，包括定义、来源、类型、特征和采集框架
- 智能制造大数据分析流程，包括分析需求和一般分析流程

1.1　工业制造过程概述

工业制造过程是将原材料或零部件经过一系列加工、组装和处理，最终转化为成品的过程。现代工业制造过程越来越倾向于向数字化、智能化和可持续化发展，通过引入先进的制造技术和管理方法，不断提升生产效率、产品质量和市场竞争力。本节主要介绍工业制造过程的基本概念，并进一步引出其发展历程与发展战略。

1.1.1　工业制造过程的基本概念

从原始时代开始，人们就开始制造和使用工具。从石器时代到青铜器、铁器时代这段

时期，社会的生产力水平低下，制造技术主要依靠手工技艺，采用的是手工或半手工半机械化的手工业作坊式生产方式。随着自动化技术、信息技术、先进制造和管理技术的进步以及生产力的发展，人们对制造过程的定义和内涵的理解发生了较大变化，逐渐形成了制造过程的基本概念。

1. 工业制造过程的定义

工业制造过程是指对制造资源（物料、能源、设备、工具、资金、技术、信息和人力等），按照市场要求，通过采购、加工、装配、检验、销售等，转化为可供人们使用的工业品与生活消费品的过程，通过改变原材料的形状或特性来增加原材料的价值。其中，通过原材料加工、装配组成产品的基本制造过程属于狭义制造概念。典型工业制造过程可以一般化地表示为图 1-1 所示的过程。

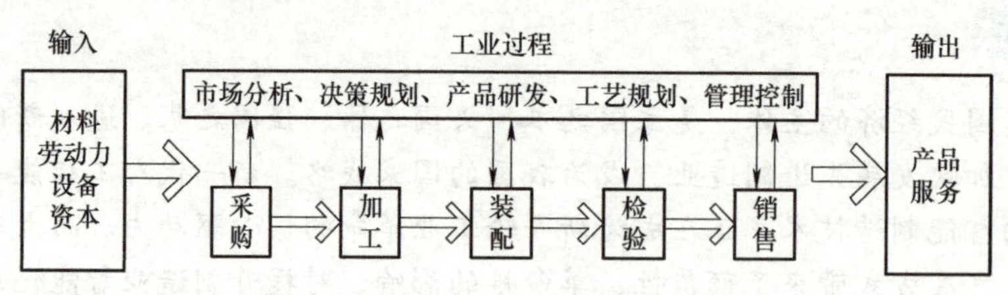

图 1-1　工业制造过程示意图

工业制造过程的各个环节都会产生数据，能够反映设备状态、运行情况、成本消耗和资源调度等多方面信息。通过对制造过程产生的数据进行采集、存储、分析和处理等，可以获取自上而下的生产指令和自下而上的反馈信息，指导工厂进行市场分析、决策规划、产品研发、工艺规划、管理控制，对于保证产品质量、提升生产效率等至关重要。

2. 工业制造过程分类

根据生产的工艺流程不同，工业制造过程大致可以分为离散工业和流程工业。其中，离散工业的主要代表包括机械装备制造、汽车制造、金属加工等，流程工业的主要代表包括炼油、化工、冶金、水泥等原材料工业和火力发电、核能发电等电力能源工业。

离散工业与流程工业存在明显不同，其结构差异如图 1-2 所示。离散工业的主要制造过程可以概括为制造装备总体设计、零件加工、装备组装，是由多个零件经过一系列不连续的工序加工、装配，形成最终产品的过程。其零件加工与组装是可拆分的物理过程，可以通过计算机集成制造技术实现数字化设计与生产。

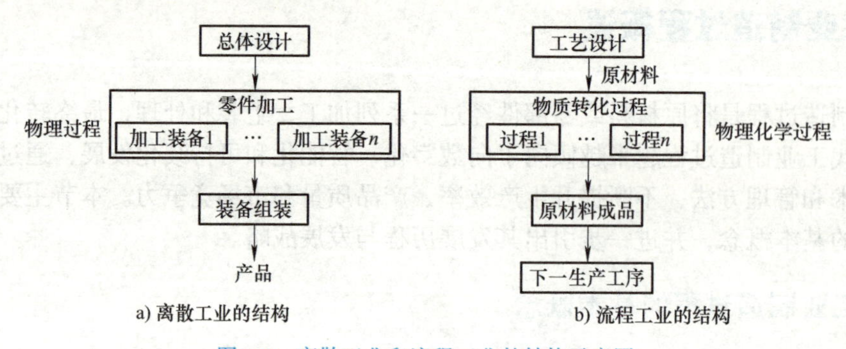

图 1-2　离散工业和流程工业的结构示意图

流程工业以原材料为主产品，原材料进入生产线的不同装备，通过物理化学反应，以及进一步的形变、相变过程，在信息流与能源流的作用下，变化形成合格的产品。在这个过程中，工艺和产品较为固定，产品不能单件计量，产品加工过程不能分割（如液体、气体或粉末），生产线的某一工序产品加工出现问题，会影响生产线的最终产品。

下面以钢铁冶金过程为例，对实际工业过程中的离散工业和流程工业做具体介绍。如图 1-3 所示，一个典型的钢铁冶金过程包括高炉炼铁、炼钢、连铸和轧钢等环节。高炉炼铁是把铁矿石还原成生铁的连续生产过程，将铁矿石、石灰石、炼焦煤按照一定比例投入高炉中得到铁液。炼钢过程将生铁里的碳及其他杂质（如硅、锰等）氧化，产出比铁的物理性能、化学性能与力学性能更好的钢。转炉生产出来的钢液经过精炼炉精炼后，被铸造成不同类型、不同规格的钢坯，连铸过程就是将精炼后的钢液连续铸造成钢坯的生产工序。轧钢过程是将连铸后的钢坯轧制成客户所需规格的钢材，主要包括冷轧和热轧，得到冷轧卷和热轧卷。这里的炼铁和炼钢过程都属于流程工业，而连铸和轧钢具有典型的离散工业特征。

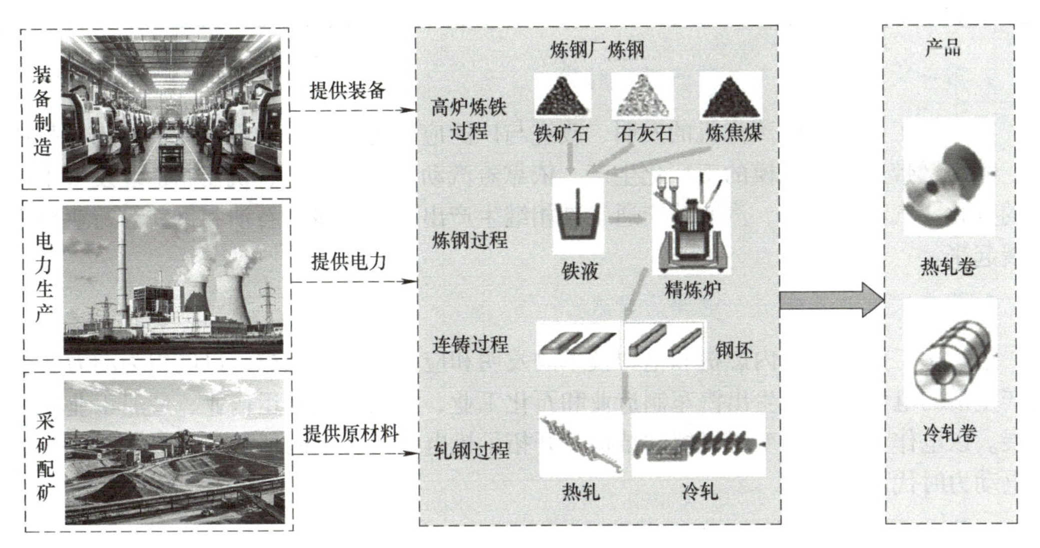

图 1-3　钢铁冶金过程示意图

除此之外，钢铁冶金生产还需要上游产业为其提供装备、电力和原材料。其中，装备制造厂将零部件组装成大型设备或机器，为钢铁厂提供炼铁、炼钢等过程所需的生产装备，该工业过程属于离散工业；火力发电厂通过燃煤发电，为钢铁厂提供电能，此过程属于流程工业；矿场通过采矿、选矿、配矿等工序，为钢铁厂提供矿石原材料，既涉及具有离散和间歇特征的离散工业生产过程，也涉及连续作业的流程工业生产过程。

1.1.2　制造业发展阶段

从世界经济发展史的角度看，生产制造方式经历了四次重大变革，即四次工业革命，分别为蒸汽动力时代、电动力时代、信息时代和智能互联时代。每个阶段的时间、代表性技术及产品、产业密集类型、劳动力手段、生产工具在表 1-1 中进行了简要概括，每个阶段重要的事件与技术特点具体介绍如下。

表 1-1 世界制造业发展阶段

时间	蒸汽动力时代	电动力时代	信息时代				智能互联时代
	18 世纪 60 年代—19 世纪中期	19 世纪 60 年代—20 世纪 40 年代	1940—1970 年	1970—1985 年	1985—1995 年	1995—2012 年	2012 年至今
代表性技术及产品	蒸汽机	电动机、内燃机	集成电路、PLC	计算机	网络和通信技术、互联网	现代集成制造、网络化制造	移动互联网、大数据、云计算、人工智能等新一代信息技术
产业密集类型	资本密集	技术密集	技术密集	技术 - 信息密集	信息密集	信息 - 知识密集	知识密集
劳动力手段	机械化	刚性自动化	刚 - 柔性自动化	柔性自动化	集成化	集成化、智能化	智能化、预测性
生产工具	机器设备	联动线	机电自动线	柔性生产线	制造系统	制造系统	制造平台

1. 第一次工业革命——蒸汽动力时代

第一次工业革命以蒸汽机的发明、改进与广泛应用为标志，表现为以机械动力替代人力、畜力，带来了大规模的工厂化生产。依靠蒸汽动力，纺织业、机器制造业发生了革命性的变化，汽车、火车、汽船等交通工具相继生产出来，煤炭、石油和钢铁等行业也迅速发展起来。

2. 第二次工业革命——电动力时代

第二次工业革命以内燃机和电力技术的发明和应用为主要标志，以电力为动力实现了生产生活的电气化，催生出汽车制造业和石化工业，推动了铁路运输业、造船工业等创新发展。以电作为动力改变了机器的结构，开拓了机电制造技术的新局面，人类从此开始进入电动力时代。

3. 第三次工业革命——信息时代

第三次工业革命以电子计算机技术的发展和应用为代表，实现了生产生活的自动化和信息化，以及管理的现代化。信息时代大致可以分为计算机、个人计算机、互联网和移动互联网四个阶段。第一阶段出现了第一台电子计算机，以及集成电路和可编程逻辑控制器（Programmable Logic Controller，PLC）等产品，把智能融入机器和自动化过程，广泛应用于工业和基础设施，使复杂的计算和数据处理成为可能。第二阶段源于个人计算机的出现与发展，使信息处理技术发生了革命性变化。第三阶段源于网络和通信技术的发展，使得信息跨地域的迅速流通和共享得以实现，信息处理能力大大提高。第四阶段以 Web 2.0 的出现为标志，随后，移动互联网进入快速发展阶段，信息传播主要通过社交网络平台、APP、自媒体等实现双向互动。

4. 第四次工业革命——智能互联时代

随着移动互联网、大数据、人工智能、物联网、云计算等新一代信息技术的快速发展与逐渐普及，几乎所有领域发生了以智能化、服务化、网络化为特征的群体性技术革命。新一代信息技术与制造业深度融合，孕育了智能制造的新理念。在智能互联时代，人们工作与生活中的设备与设备、人与设备，可以基于物联网和移动互联网实现互联，基于大数据与人工智能实现智能化，这标志着以智能互联为特征的第四次工业革命的到来。

在智能互联时代，新一代信息技术与制造业深度融合，孕育了一种制造业的全新理念——智能制造，推动移动互联网、大数据、人工智能、云计算、新能源、新材料等领域取得新突破。同时，基于信息物理系统的智能装备、智能工厂等正在引领制造方式变革，大规模个性化定制、精准供应链管理、全生命周期管理等正在重塑产业价值链体系，智能家电、智能汽车、可穿戴设备等智能终端产品不断拓展制造业新领域。

1.1.3　制造业发展战略

面对全球新一轮科技革命和产业变革，世界各国积极抢占制造业制高点。一些发达国家纷纷实施“再工业化”战略，强化制造业创新，利用在信息技术领域的领先优势，加快制造工业智能化的进程。例如，美国于 2012 年提出的“先进制造业国家战略计划”和 2019 年提出的“未来工业发展规划”，重点关注通过人工智能、先进制造技术、量子信息科学等的创新，来推动制造业的转型升级；德国于 2013 年启动的“工业 4.0（Industry 4.0）”国家级战略规划，旨在利用信息化、智能化技术促进产业变革；法国于 2013 年提出的“新工业法国”战略，明确通过数字技术改造实现工业生产的转型升级。

总体而言，世界各国正在积极发展智能制造，抢占制造业发展的新机遇。全球制造业迎来了以数字化、网络化、智能化为发展方向的深刻变革，以新一代信息技术与先进制造技术深度融合为基本特征的智能制造，已成为这次新工业革命的核心驱动力。

全球科技革命和产业变革也为我国制造业带来创新升级的新机遇。我国是一个制造大国，已经具备了建设制造强国的基础和条件：第一，我国制造业市场庞大，强劲的需求带来了持续的发展动力；第二，我国制造业门类齐全、体系全面，具备强大的产业基础；第三，通过坚持信息化与工业化融合发展，我国在制造业数字化方面掌握了核心关键技术，具有强大的技术基础；第四，我国在制造业人才队伍建设方面已经形成了独特的人力资源优势；第五，我国制造业在自主创新方面已经取得显著成就，“上天”“入地”“下海”，以及高铁、造船、输电、发电等各领域都显示出我国制造业的创新实力。但是，与世界先进水平相比，我国制造业在自主创新能力、资源利用效率、产业结构水平、信息化程度、质量效益等方面仍有提升空间，转型升级和跨越发展的任务紧迫而艰巨。

为实现制造强国的战略目标，国务院于 2015 年发布了《中国制造 2025》战略规划。该战略立足国情和现实，以提质增效为中心，以加快新一代信息技术与制造业深度融合为主线，以智能制造为主攻方向，力争通过“三步走”实现制造强国的战略目标。该规划聚焦新一代信息技术产业、高档数控机床和机器人、航空航天装备、海洋工程装备及高技术船舶、先进轨道交通装备、节能与新能源汽车、电力装备、农机装备、新材料、生物医药及高性能医疗器械十大领域，明确大力推动重点领域突破发展。《中国制造 2025》对于制造业转型升级，推进我国的制造强国进程，抢占国际竞争制高点具有重要意义。通过推动智能制造创新发展，将促进传统产业的技术优化升级，提高生产效率和产品质量，增强我国在全球制造业中的竞争力。

1.2 智能制造的基本概念

随着移动互联网、大数据、人工智能等新一代信息技术与制造业深度融合，智能制造新理念应运而生。智能制造可以在受到限制、没有经验知识、不能预测的环境下，根据不完全、不精确信息来完成拟人的制造任务，从根本上提高制造业质量、效率和企业竞争力。本节从智能制造的定义、发展历程和发展方向三个方面介绍智能制造的基本概念。

1.2.1 智能制造的定义

工业和信息化部在2016年发布的《智能制造发展规划（2016—2020年）》中对智能制造给出了明确的定义：智能制造是基于新一代信息通信技术与先进制造技术深度融合，贯穿于设计、生产、管理、服务等制造活动的各个环节，具有自感知、自学习、自决策、自执行、自适应等功能的新型生产方式。智能制造包括智能制造技术（Intelligent Manufacturing Technology，IMT）与智能制造系统（Intelligent Manufacturing System，IMS）。

1. 智能制造技术

智能制造技术是指利用计算机模拟专家的分析、判断、推理、构思和决策等智能活动，并将这些智能活动与智能机器有机融合，使其贯穿应用于制造企业的各个子系统（如经营决策、采购、产品设计、生产计划、制造、装配、质量保证和市场销售等）的先进制造技术。该技术能够实现整个制造企业经营运作的高度柔性化和集成化，取代或延伸制造环境中专家的部分脑力劳动，并对制造业专家的智能信息进行收集、存储、完善、共享、继承和发展，从而极大地提高生产效率。

2. 智能制造系统

智能制造系统是由部分或全部具有一定自主性和合作性的智能制造单元组成的、在制造活动全过程中表现出相当智能行为的制造系统，其最主要的特征是在工作过程中对知识的获取、表达与使用。根据其知识来源，智能制造系统可分为两类：一是以专家系统为代表的非自主式制造系统，该类系统的知识由人类的制造知识总结归纳而来；二是自主式制造系统，该类系统可以在工作过程中不断自主学习完善与进化自有的知识，因而具有强大的适应性以及高度开放的创新能力。随着以神经网络与深度学习为代表的人工智能技术的发展，智能制造系统正逐步从非自主式智能制造系统向具有自学习、自进化、自组织和持续发展能力的自主式智能制造系统过渡发展。

1.2.2 智能制造的发展历程

智能制造作为制造业和信息技术深度融合的产物，其诞生和演变是与信息化发展相伴而生的。在长期实践演进过程中，智能制造形成了三种基本范式，即数字化制造——第一代智能制造，数字化、网络化制造——“互联网 + 制造”或第二代智能制造，数字化、网络化、智能化制造——新一代智能制造。

1. 数字化制造

20 世纪中叶以后，随着制造业对技术进步的强烈需求，以及计算机、通信和数字控制等信息化技术的发展和广泛应用，制造系统进入了数字化制造时代，以数字化为标志的信息革命引领和推动了第三次工业革命。数字化制造是智能制造的第一种基本范式，也可以称为第一代智能制造。

与传统制造系统相比，数字化制造系统最本质的变化是在人和物理系统（Human-Physical System，HPS）之间增加了一个信息系统，从原来的“人 - 物理”二元系统发展为“人 - 信息 - 物理”（Human-Cyber-Physical System，HCPS）三元系统。人的部分感知、分析、决策和控制功能迁移到信息系统，信息系统可以代替人类完成部分脑力劳动。信息系统是由软件和硬件组成的系统，其主要作用是对输入的信息进行各种计算分析，并代替操作者去控制物理系统完成工作任务。

2. 数字化、网络化制造

20 世纪末、21 世纪初，互联网技术快速发展并得到普及和广泛应用，“互联网 +”不断推进制造业和互联网融合发展，制造技术与数字技术、网络技术的密切结合重塑制造业的价值链。数字化、网络化制造是智能制造的第二种基本范式，也可称为“互联网 + 制造”，或第二代智能制造。

“互联网 + 制造”是在数字化制造的基础上，用网络将人、流程、数据和事物连接起来，联通企业内部和企业间的“信息孤岛”，通过企业内、企业间的协同和各种社会资源的共享与集成，实现产业链的优化，快速、高质量、低成本地为市场提供所需的产品和服务。先进制造技术和数字化、网络化技术的融合，使得企业对市场变化具有更快的适应性，能够更好地收集用户对使用产品和对产品质量的评价信息，在制造柔性化、管理信息化方面达到了更高的水平。

3. 数字化、网络化、智能化制造

当前，工业互联网、大数据及人工智能实现了群体突破和融合应用，以新一代人工智能技术为主要特征的信息化开创了制造业数字化、网络化、智能化制造的新阶段。新一代智能制造的突破和广泛应用将重塑制造业的技术体系、生产模式和产业形态。

近年来，随着人工智能算法的重大突破、计算能力的极大提高，互联网引发了真正的大数据革命，在算法、算力、数据与其他各种先进技术互融互通的基础上，人工智能技术已经实现战略突破，进入了“新一代人工智能”时代。新一代人工智能具备学习的能力，能够生成知识和更好地运用知识。

1.2.3　智能制造的发展方向

随着人工智能、5G、大数据、云计算、物联网等的技术进步，智能制造的发展也出现了一些新的方向，例如，机器与人的关系将由协作转向共融，借助云上“大脑”达到感

知智能层级，数字工程师将处理某些专业领域的工作并与人进行交流，商业智能也会应用得更加广泛。

1. 人机共融

人机共融是人与机器关系的一种抽象概念，它主要有以下内涵：①人与机器在感知、思考、决策上有着不同层面的互补，即人机融合；②人与机器能够顺畅交流、协调动作，即人机协调；③人与机器可以分工明确、高效地完成同一任务，即人机合作；④人与机器相处后，彼此间的认知更加深刻，即人机共进。实现人机共融后，机器与人的感知过程、思维方式和决策方法将会紧密耦合。

2. 云机器人

云机器人借助于5G网络、云计算与人工智能技术，达到了感知智能层级。位于云端数据中心具有强大存储能力和运算能力的“大脑”，利用人工智能算法和其他先进的软件技术，通过5G通信网络来控制本地端，使云机器人能全面感知环境、相互学习、共享知识，不仅能够降低成本，还会提高自学习和自适应的能力。云机器人作为智能工厂中的感知与执行层，在智能制造中可以通过物联网与周边自动化设备以及其他机器人互联协同，通过IoT平台和多种传感器收集数据并上传至云平台，在后台云计算的支持下完成作业任务的敏捷切换与管控，以及借助云平台的大数据分析能力实现智能维护与故障预诊断功能。

3. 数字工程师

新一代智能制造系统进一步完善了信息系统的功能，使信息系统具备了认知和学习的能力，形成新一代“人–信息系统–物理系统”。信息系统能够代替人完成部分的认知和学习等脑力劳动，未来的智能制造系统将会逐步摆脱对人的依赖，其信息系统具有更强的知识获取和知识发现的能力，能够代替人管理整个或者部分制造领域中的知识。将这种具有高度自主决策能力的智能化系统称为数字工程师。

4. 商业智能

商业智能利用现代的数据仓库技术、联机分析处理技术、人工智能技术和可视化展示技术等进行数据分析和呈现，完成从数据到信息的转化，其目标是为决策提供支持。从数据的角度来看，商业智能将内部事务性数据、供应链上下游数据以及外部竞争数据，通过抽取、转换和加载后转移到数据库中，然后通过聚集、切片、分类和分析等，将数据库中的数据转化为有价值的信息，帮助作出制造过程相关的决策。

综上所述，智能制造的发展方向是多维度的，涉及生产制造过程的各个环节，旨在运用新技术、新方法、新模式，推动制造业高质量发展，提升产品质量和生产效率。无论哪个方向的发展，智能制造都离不开数据分析，通过利用人工智能等新一代信息技术，从大规模数据中抽取有价值的知识，将为智能制造发展提供关键支撑。

1.3 工业大数据的基本概念

一方面，智能制造是工业大数据的载体和产生来源，其各环节的信息化、自动化系统所产生的数据构成了工业大数据的主体；另一方面，智能制造又是工业大数据形成数据产品的应用场景和目标。工业大数据描述了智能制造各生产阶段的真实情况，为人类理解、分析和优化制造过程提供了宝贵的数据资源。

1.3.1　工业大数据的定义

工业大数据是指在工业生产过程中整个产品全生命周期各个环节所产生的各类数据的总称，涉及客户需求、销售、订单、计划、研发、设计、工艺、制造、采购、供应、库存、发货、交付、售后服务、运维、报废或回收再制造等。工业大数据以产品数据为核心，极大延展了传统工业数据的范围。

工业大数据具备双重属性：价值属性和产权属性。一方面，通过工业大数据分析等关键技术能够实现设计、工艺、生产、管理、服务等各个环节智能化水平的提升，满足用户定制化需求，提高生产效率并降低生产成本，为企业创造可量化的价值；另一方面，这些数据具有明确的权属关系和资产价值，企业能够决定数据的具体使用方式和边界，数据产权属性明显。工业大数据的价值属性实质上是基于工业大数据采集、存储、分析等关键技术，对工业生产、运维、服务过程中的数据实现价值提升或变现；工业大数据的产权属性则偏重于通过管理机制和方法，帮助工业企业明晰数据资产目录与数据资源分布，确定所有权边界，为其价值的深入挖掘提供支撑。

1.3.2　工业大数据的来源与类型

工业大数据的来源广泛，主要包括生产经营相关业务数据、制造过程数据和企业外部数据三个方面，在表 1-2 中进行了总结，具体介绍如下。

表 1-2　工业数据的主要来源

数据类型	主要来源
生产经营相关业务数据	来自企业信息系统，包括企业资源计划（ERP）、产品生命周期管理（PLM）、供应链管理（SCM）、客户关系管理（CRM）和环境管理系统（EMS）等
制造过程数据	来自数据采集与监视控制系统（SCADA）、分布式控制系统（DCS）、现场总线控制系统（FCS）等
企业外部数据	产品使用、运营数据，客户信息数据等

第一类是生产经营相关业务数据。主要来自传统企业信息化范围，被收集存储在企业信息系统内部，包括传统工业设计和制造类软件、企业资源计划（Enterprise Resource Planning，ERP）、产品生命周期管理（Product Lifecycle Management，PLM）、供应链管理（Supply Chain Management，SCM）、客户关系管理（Customer Relationship Management，CRM）和环境管理系统（Environmental Management System，EMS）等信息系统中。通过这些企业信息系统可以积累大量的产品研发数据、生产性数据、经营性数据、客户信息数据、物流供应数据及环境数据。此类数据是工业领域传统的数据资产，在移动互联网等新技术应用环境下正在逐步扩大范围。

第二类是制造过程数据。主要指涵盖操作和运行情况、工况状态、环境参数等体现设备和产品运行状态的数据，通过制造执行系统（Manufacturing Execution System，MES）

实时传递。狭义的工业大数据即指该类数据，即工业设备和产品快速产生的并且存在时间序列差异的大量数据。这类数据的主要来源包括工业现场数据采集和工业产品数据采集。工业现场的数据采集针对工业控制系统和设备进行，通过生产现场的自动化与控制系统，如数据采集与监视控制系统（Supervisory Control And Data Acquisition，SCADA）、分布式控制系统（Distributed Control System，DCS）、现场总线控制系统（Fieldbus Control System，FCS）等，借助可编程控制器（PLC）、传感器、采集器、射频识别等，实现对地理位置集中的底层设备或分散的工业现场设备进行监视与数据采集。工业产品数据是产品或装备在客户端投入使用后，通过 4G、5G、窄带物联网（Narrow Band Internet of Things，NB-IoT）等无线通信技术接入工业互联网，利用标识、传感器等获取产品信息、能耗、温度、电流、电压等的实时指标数据。

第三类是企业外部数据。包括工业企业产品售出之后的使用、运营情况数据，同时还包括大量客户名单、供应商名单、外部的互联网等数据。

工业大数据的来源不同，产生方式各异，也导致数据类型多种多样。以下给出了基于不同划分标准的工业大数据类型。

从数据产生环节来看，工业大数据可以分为研发数据、生产数据、运维数据、管理数据和外部数据。研发数据主要包括研发设计数据、开发测试数据等；生产数据主要有控制信息、工况状态、工艺参数、系统日志等；运维数据包括监控报警事件、操作日志、性能指标数据等；管理数据主要有系统设备资产信息、客户与产品信息、产品供应链数据、业务统计数据等；外部数据是指与其他主体共享的数据等。

从数据形式看，制造业数据可以分为结构化数据、半结构化数据和非结构化数据，如表 1-3 所示。结构化数据是由二维表结构来逻辑表达和实现的数据，严格地遵循数据格式与长度规范，主要通过关系型数据库进行存储和管理，企业的 ERP、传感器采集的过程数据都属于结构化数据，例如环境温度、湿度、设备温度、压力、能耗数据等。半结构化数据并不符合关系型数据库或其他数据表的形式关联起来的数据模型结构，但包含相关标记，用来分隔语义元素以及对记录和字段进行分层，例如，接口数据、工人的个人信息等。非结构化数据是数据结构不规则或不完整，没有预定义的数据模型，不方便用数据库二维逻辑表来表现的数据，包括所有格式的办公文档、文本、图片、XML/HTML、各类报表、图像和音频、视频信息等。

表 1-3　工业数据类型表

结构化数据	半结构化数据	非结构化数据
① 环境数据，如环境温度、湿度等 ② 设备数据，如设备温度、压力、速度等 ③ 能耗数据、产品数据，如属性数据、指标数据等	① 接口数据，如 JSON、HTML、XML 格式等 ② 日志文件，通常包含时间戳、事件类型和描述等信息	① 工艺知识，如工艺机理、工程图样等 ② 信息文档，如 word 文档等 ③ 生产监控信息，如监控图片、视频、音频等

从数据处理的角度看，制造业数据可以分为原始数据与衍生数据。原始数据是指来自上游系统的，没有做过任何加工的数据；衍生数据是指通过对原始数据进行加工处理后产生的数据。衍生数据包括各种数据集市、汇总层、数据分析和挖掘结果等。在实际工

业中，虽然会从原始数据中产生大量衍生数据，但还是会保留一份未作任何修改的原始数据，一旦衍生数据发生问题，可以随时利用原始数据重新计算。

1.3.3　工业大数据的特征

工业数据的来源与数据类型多样，在应用大数据分析技术进行工业数据挖掘时，除了考虑传统大数据的典型形态特征外，还需要基于工业过程的本质特征，明确工业数据的新特征及其处理难点，归纳其应用特征，制定合理的工业大数据处理规划和技术路线。

1. 工业大数据的形态特性

随着传感器的普及以及数据采集、存储技术的飞速发展，工业大数据同样呈现了大数据具备的“5V”特性，即规模性（Volume）、多样性（Variety）、高速性（Velocity）、真实性（Veracity）、低价值密度（Value）。

1）规模性：工业大数据体量很大，大量机器设备的高频数据和工业互联网数据持续涌入，大型工业企业的数据集将达到 PB（Petabyte）级甚至 EB（Exabyte）级，处理和分析这些数据需要强大的计算能力和高效的存储能力。

2）多样性：指数据类型多样和来源广泛。工业数据分布广泛，数据来源于机器设备、工业产品、管理系统、物联网等各个环节，并且结构复杂，既有结构化和半结构化的传感数据，也有非结构化数据。

3）高速性：指生产过程中对数据的获取和处理实时性要求高，部分传感器信号采集频率高、数据产生速度快，同时生产现场可能要求数据处理分析时间达到毫秒级，从而为智能制造生产优化提供及时的决策依据。

4）真实性：是指数据的真实性、完整性和可靠性，更加关注数据质量，以及数据分析处理方法的可靠性。相对于分析结果的高可靠性要求，工业大数据的真实性和质量比较低。工业应用中因为技术、成本等，很多关键的量没有被测量或者没有被精确测量，同时某些数据具有固有的不可预测性，导致数据质量不高，是数据分析和利用最大的障碍。

5）低价值密度：工业大数据更强调用户价值驱动和数据本身的可用性，而在制造业的海量数据中，有用的数据所占比例极低，导致整个制造业数据的价值密度低，想要从海量数据中挖掘有用的信息也就更加困难。

工业大数据作为对工业相关要素的数字化描述，除了具备传统的大数据“5V”共性特点以外，还具有多模态、强关联、高通量等形态特征。

1）多模态：工业大数据必须反映工业系统的系统化特征及其各方面要素，所以记录的数据必须完整，往往需要复杂的结构、不同格式、不同维度的信息进行表征。例如，工业生产过程中会有温度、流量等数值类型的时间序列数据，也同时会存在视频监控、操作记录等其他模态的数据。

2）强关联：强关联反映的是工业的系统性及其复杂动态关系，本质是指物理对象之间和过程的语义关联，包括产品部件之间的关联关系，生产过程的数据关联，产品生命周期设计、制造、服务等不同环节数据之间的关联。

3）高通量：高通量即工业传感器要求瞬时写入超大规模数据。机器设备所产生的时序数据涉及海量的设备与测点，数据采集频度高（产生速度快）、数据总吞吐量大、持续不断，呈现出高通量的特征。

2. 工业大数据的应用特性

工业大数据的应用特性是工业对象本身的特性或需求所决定的，工业大数据的应用特性可归纳为跨尺度、协同性、多因素、强机理等方面。

1）跨尺度：跨尺度是由工业的复杂系统性所决定。工业过程向大规模、动态性、集成化发展，多单元、多产品生产动态运行，采集到的过程数据涉及多个空间层面，不同空间层面的数据采集规则不尽相同，需要将这些不同空间尺度的信息集成到一起；另外，跨尺度不仅体现在空间尺度，还体现在时间尺度上，不同任务常常需要将毫秒级、分钟级、小时级等不同时间尺度的信息集成起来。

2）协同性：协同性是由于工业系统强调子系统间的动态协同而引起的。在工业系统中，当聚焦到具体的某台设备、某个部门、某个管理的指标变化时，需要兼顾工艺流程、生产调度等信息的变化，因而需要进行信息集成，从而促成信息的自动流动，加强信息感知能力，减小面临的不确定性。

3）多因素：多因素特征则是由工业过程本身的物化反应特性决定的。工业过程中包含的物化反应通常十分复杂，在认识工业过程时需要全面、历史地了解其全貌。因此，往往要求尽可能完整地收集与工业对象相关的各类数据，从多个方面对系统进行描述。

4）强机理：工业过程具有复杂的机理，任何生产单元及其子系统发生的数据变化、各类现象特征，都可能通过物质流、能量流、信息流在不同系统层级间传播并不断演化，因而表现出较强的机理特性。通过机理分析来处理定性的问题，进而运用数据来确定各类定量关系，可以获得准确、可靠的数据分析模型。

1.3.4 工业大数据的采集

工业数据采集是一个利用感知技术收集来自不同来源的设备、多样化的系统、不同的运营环境以及人员等要素信息的过程，通过各类通信手段接入不同设备、系统和产品，采集大范围、深层次的工业数据。采集到的数据随后会通过特定的接口和协议进行解析，确保数据的可用性和准确性。

1. 工业数据采集范围

工业数据采集广义范围包括工业现场设备的数据采集、工厂外智能产品 / 装备的数据采集，以及 ERP、MES 等应用系统的数据采集，具体如下。

1）工业现场设备的数据采集：主要通过现场总线、工业以太网、工业光纤网络等工业通信网络实现对工厂内设备的接入和数据采集。可分为三类：对传感器、变送器、采集器等专用采集设备的数据采集；对 PLC、远程终端单元（Remote Terminal Unit，RTU）、嵌入式系统、进程间通信（Inter-Process Communication，IPC）等通用控制设备的数据采集；对机器人、数控机床等专用智能设备 / 装备的数据采集，主要用于工业现场生产过程的可视化和持续优化，实现智能化控制与决策。

2）工厂外智能产品 / 装备的数据采集：主要通过工业物联网实现对工厂外智能产品 / 装备的远程接入和数据采集，采集智能产品 / 装备运行时的关键指标数据，用于实现智能产品 / 装备的远程监控、健康状态监测和远程维护等应用。

3）ERP、MES 等应用系统的数据采集：主要由工业互联网平台使用标准化的接口和协议，如 API（Application Programming Interface，应用程序编程接口）、Web 服务等，来实现 ERP、MES 等不同应用系统之间的数据交换和采集。

2. 工业数据采集体系框架

工业数据采集体系架构包括设备接入、协议转换、边缘数据处理三层，向下接入设备或智能产品，向上与工业互联网平台 / 工业应用系统对接，如图 1-4 所示。

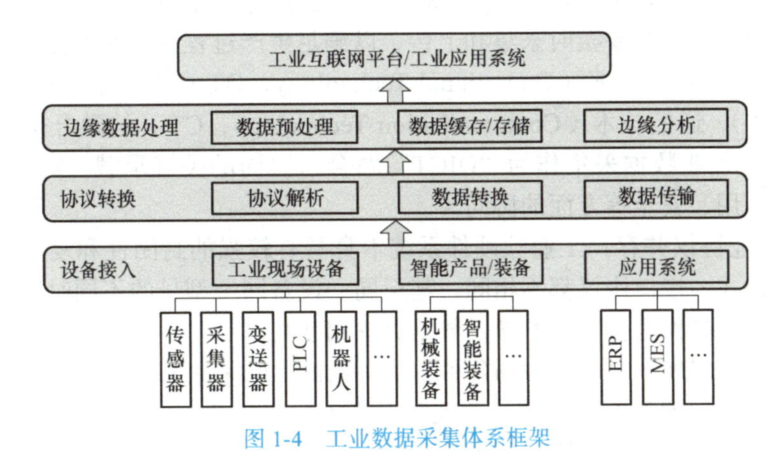

图 1-4　工业数据采集体系框架

1）设备接入：设备接入是数字化信息的源头。通过工业以太网、工业光纤网络、工业总线、4G/5G、NB–IoT 等各类有线和无线通信技术，接入各种工业现场设备、智能产品 / 装备，包括传感器 / 变送器 / 采集器、RTU/PLC/DCS/IPC/ 嵌入式系统、机器人 / 数控机床 / 专用智能设备或装备等，实现数据的传输和通信，以采集工业数据。

2）协议转换：目前在工业数据采集领域，多种工业协议标准并存，各种工业协议标准不统一、互不兼容，导致协议解析、数据格式转换和数据互联互通困难。数据接入后，运用协议解析与转换等技术兼容 Modbus、CAN（Controller Area Network）等各类工业通信协议，实现数据格式的转换和统一，从而方便存储和处理采集到的数据。另外，利用标准应用层协议如 HTTP（Hyper Text Transfer Protocol）、MQTT（Message Queuing Telemetry Transport）等将采集到的数据传输到云端数据应用分析系统或数据汇聚平台。

3）边缘数据处理：边缘计算基于高性能计算、实时操作系统、边缘分析算法等技术支撑，在靠近设备或数据源头的网络边缘侧进行数据预处理、存储以及智能分析应用，减少了数据传输到中心服务器的时间、提升了操作响应灵敏度、消除了网络堵塞，在时效性和数据安全方面具有优势，并与云端数据分析形成协同。

3. 工业数据采集的特点

工业数据采集的特点包括连接性、数据第一入口、数据量大、实时性、融合性和多种工业协议并存，具体介绍如下。

1）连接性：连接是工业数据采集的基础，所连接物理对象的多样性和应用场景的多样性，要求工业数据采集具备丰富的连接功能，如各种网络接口、网络协议、网络拓扑、网络部署与配置、网络管理与维护等。

2）数据第一入口：工业数据采集作为物理世界到数字世界的桥梁，是数据的第一入口，拥有大量、实时、完整的数据，可基于数据全生命周期进行管理与价值创造，将更好地支撑预测性维护、资产性能管理等创新应用。

3）数据量大：随着工业系统由物理空间向信息空间延伸，工业数据采集范围不断扩大；同时，工业企业中生产线处于高速运转，由工业设备所产生、采集和处理的包括设备状态参数、工况负载和作业环境等数据量呈爆发式增长。

4）实时性：生产线的高速运转、精密生产和运动控制等场景对数据采集的实时性要求不断提高，重要信息需要实时采集和上传，以满足生产过程的实时监控需求。

5）融合性：操作技术（Operational Technology，OT）与信息技术（Information Technology，IT）、通信技术（Communication Technology，CT）的融合是工业数字化转型的重要基础。工业数据采集作为“OICT”融合与协同的关键承载，需要支持在连接、管理、控制、应用、安全等方面的协同。

6）多种工业协议并存：工业软硬件系统本身具有较强的封闭性和复杂性，不同设备或系统的数据格式、接口协议都不相同，甚至同一设备同一型号的不同时间出厂的产品所包含的字段数量与名称也会有所差异，数据无法相互共享。

工业数据采集实现了对生产现场各种工业数据的实时采集和整理，是智能制造大数据分析的基础和前提。通过对采集的工业大数据深入挖掘与分析，所获得的模式或者模型，将有助于实现生产过程优化和智能化决策。

1.4 智能制造大数据分析需求与流程

工业大数据分析通过挖掘数据中的潜在知识和模式，或构建模型来解决和优化工业过程中的业务问题。作为智能制造的核心，工业大数据分析不仅能提高生产效率，还可以增强企业的决策能力。本节将重点探讨智能制造中的一些典型大数据分析需求，并简要介绍大数据分析的基本流程及其关键技术。

1.4.1 智能制造大数据分析需求

当前制造业中存在着数据量大、数据利用率低的矛盾，许多场景中的数据规模甚至已经超出传统数据分析方法所能承受的极限。大数据分析技术可以发掘蕴含在数据中的宝贵知识，在实际工业生产中发挥着重要作用。智能制造大数据分析的典型需求包括智能化设计、生产计划调度、质量监控、生产过程优化和设备运行维护等。

1. 智能化设计

产品智能设计根据前端互联网用户评价等数据快速准确地分析和预测市场需求，通过后端制造、运维等数据动态关联产品结构、功能设计方案，并基于历史设计方案学习提高方案评价及智能决策能力，从而形成前后端横向集成的主动设计模式。

2. 生产计划调度

生产计划调度依据车间制造过程数据，通过数据分析挖掘车间实时状态参数与加工时间、等待时间、运输时间的复杂演变规律及映射关系，可实现车间调度中产品完工时间的精准预测，并基于预测结果实现复杂动态环境下的车间实时调度。

3. 质量监控

质量监控依据产品制造过程数据及质检数据实现产品追溯，通过关联分析识别影响质量的主要因素，如原料性能参数、设备状态参数、工艺参数、车间环境参数等，并建立质量影响因素与质量性能的映射模型以有效预测产品质量，进一步利用智能优化算法自适应地实时调整影响产品质量的控制参数，实现产品质量自适应控制与优化。

4. 生产过程优化

生产过程优化通过分析产品质量、成本、能耗、效率等关键指标与工艺、设备参数之间的关系，优化产品设计和工艺；同时，还利用实际生产数据，建立生产过程的仿真模型，用于优化生产流程。

5. 设备运行维护

设备运行维护通过分析实时监测的制造过程数据和设备性能参数，揭示系统故障特征时序变化规律及征兆性表征，主动提前发现系统运行过程中的潜在异常，精准发现故障类型和定位故障根源，并结合历史诊断数据进行预防性维护，从而在重大异常发生之前消除隐患。在实际生产线上，任何一个小的故障不及时解决，都可能会影响到整个生产系统的正常运行，带来巨大的经济损失，甚至引发工业事故。然而，生产线是一个复杂的系统，整个生产线有数十道甚至上百道工序，每个工序有多级操作，每步操作又对应不同的机器和设备。对于这样的复杂系统，用传统方法去定量分析建模、找到异常状况的影响因素是十分困难的，而大数据分析技术能够快速、准确地进行故障检测、诊断和预警。

1.4.2 智能制造大数据分析流程

工业大数据分析的基本流程包括数据采集与存储、数据预处理、数据分析等步骤，通过模式挖掘、聚类、分类和回归分析等，挖掘出蕴含的知识或者模式，以指导制造过程的生产运行，其分析流程如图 1-5 所示。

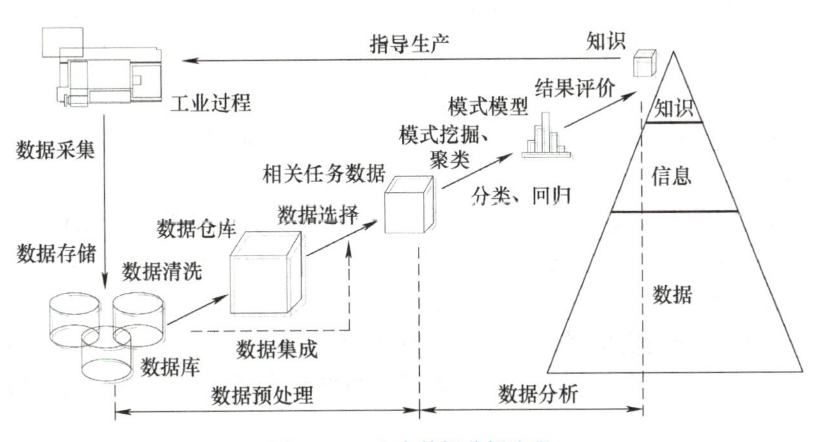

图 1-5 工业大数据分析流程

1. 数据采集与存储

数据采集是获得有效数据的重要途径，同时也是工业大数据分析和应用的基础。数据采集与治理的目标是从企业内部和外部等数据源获取各种类型的数据，并围绕数据的使用，建立数据标准规范和管理机制流程，保证数据质量，提高数据管控水平。在智能制造中，数据分析往往需要更精细化的数据，因此对数据采集能力有着较高的要求。

数据存储是指将数据以某种格式记录在计算机内部或外部存储介质上进行保存，其存储对象包括数据流在加工过程中产生的临时文件或加工过程中需要查找的信息。在数据存储中，数据流反映了系统中流动的数据，表现出动态数据的特征；数据存储则反映了系统中静止的数据，表现出静态数据的特征。

制造业数据具有体量大、关联复杂、时效要求高等特点，对数据存储技术提出了很高的要求。数据存储管理系统可以分为单机式数据存储和分布式数据存储两类。单机式数据存储较为传统，一般采用关系数据库与本地文件系统结合的存储方式，无法为大规模数据提供高效存储和快速计算的支持。分布式数据存储工作节点多，能够提供大量的存储空间，同时能够与互联网技术结合，数据请求及处理速度较快。

2. 数据预处理

在现实世界中，数据往往存在不完整性和不一致性，即所谓的“脏数据”，这些数据如果不经过适当处理，将直接影响数据挖掘的效果，甚至可能导致分析结果的不准确。因此，为了提升数据挖掘的质量和可靠性，对数据进行预处理变得尤为重要。

数据预处理有多种方法，包括数据清洗、数据集成、数据变换、数据归约等。这些数据处理技术在数据挖掘之前使用，能提高数据挖掘结果的质量，降低实际挖掘所需要的时间。数据清洗通过填补缺失值、光滑噪声数据、识别或删除离群点、解决不一致性问题，来“清洗”数据。数据集成将数据由多个数据源合并成一个一致性的数据存储。数据变换对数据进行一定转化，变换为适当的形式，使得挖掘过程更有效。数据归约得到原始数据的简化或“压缩”表示，包括维归约、数量归约和数据压缩。数据预处理技术将在第 3 章中详细介绍。

3. 数据分析

数据分析是指用适当的分析方法对收集的大量数据加以汇总、理解并消化，以求最大化地开发数据的功能，发挥数据的作用，是智能制造重要环节之一。与其他领域数据分析不同，工业数据分析需要融合生产过程的机理，以“数据驱动 + 机理驱动”的双驱动模式进行数据分析，从而建立高精度、高可靠性的模型，以真正解决实际工业问题。

工业数据分析常见的方法包括频繁模式挖掘、聚类分析、分类分析和回归分析。频繁模式挖掘是挖掘频繁出现在数据集中的模式（如项集、子序列或子结构），具体内容将在第 4 章中介绍；聚类分析是根据样本之间的相似度将整个样本集合聚集成若干个类的过程，具体内容将在第 5 章中介绍；分类分析根据已经掌握的每类若干样本的数据信息，总结出分类规律，建立分类模型或判别规则，具体内容将在第 6 章中介绍；回归分析是确定两个或两个以上变量间相互依赖的定量关系的一种统计分析方法，具体内容将在第 7 章中介绍。

本章小结

本章讲解智能制造大数据领域概述，主要介绍了工业制造过程基本概念与发展战略，智能制造的定义与内涵，工业大数据的定义、来源、类型、特点与采集方式，以及智能制造中的大数据分析需求与分析流程。

工业制造过程：介绍了工业制造过程的概念、分类与四个发展阶段；介绍了我国制造业现状、全球制造业发展格局，以及《中国制造 2025》战略规划及其意义。

智能制造：介绍了智能制造的基本概念、三阶段发展历程和四个典型的未来发展方向。

工业大数据：介绍了工业大数据的基本概念、来源、类型、特征和工业数据采集的范围、框架和特点等内容。

智能制造大数据分析需求与分析流程：介绍了智能制造大数据分析四个方面的典型需求与一般分析流程。

思考题与习题

1-1　简述工业过程的基本概念及其分类。
1-2　简述制造业的发展阶段。
1-3　简述智能制造的定义与内涵。
1-4　简述智能制造的发展阶段。
1-5　智能制造的发展方向有哪些?
1-6　工业大数据的来源有哪些？包括哪些典型类型?
1-7　工业大数据有哪些特性？请从形态特性和应用特性两方面陈述。
1-8　工业数据采集的范围有哪些?
1-9　工业现场设备的数据采集可以通过哪些方式?
1-10　工业数据采集的体系框架是什么样的?
1-11　工业数据采集有哪些特点?
1-12　智能制造大数据分析通常有哪些典型需求？请结合实际应用进行陈述。
1-13　简述大数据分析的基本流程。

参考文献

[1] 周济 . 智能制造："中国制造 2025" 的主攻方向 [J]. 中国机械工程，2015，26（17）：2273-2284.
[2] 周济，李培根 . 智能制造导论 [M]. 北京：高等教育出版社，2021.
[3] 李培根，高亮 . 智能制造概论 [M]. 北京：清华大学出版社，2021.
[4] 柴天佑 . 大数据与制造流程自动化发展战略研究 [M]. 北京：科学出版社，2019.
[5] 李杰，倪军，王正安 . 从大数据到智能制造 [M]. 上海：上海交通大学出版社，2016.
[6] 刘敏，严隽薇 . 智能制造：理念系统与建模方法 [M]. 北京：清华大学出版社，2019.
[7] 钱锋，桂卫华 . 人工智能助力制造业优化升级 [J]. 中国科学基金，2018，32（3）：257-261.
[8] 柴天佑，丁进良 . 流程工业智能优化制造 [J]. 中国工程科学，2018，20（4）：51-58.

[9] DE SILVA D，SIERLA S，ALAHAKOON D，et al. Toward intelligent industrial informatics：A review of current developments and future directions of artificial intelligence in industrial applications[J]. IEEE Industrial Electronics Magazine，2020，14（2）：57–72.

[10] QIAN F，ZHONG W，DU W. Fundamental theories and key technologies for smart and optimal manufacturing in the process industry[J]. Engineering，2017，3（2）：154–160.

[11] 钟志华，臧冀原，延建林，等 . 智能制造推动我国制造业全面创新升级 [J]. 中国工程科学，2020，22（6）：136–142.

[12] ZHOU J，LI P，ZHOU Y，et al. Toward new-generation intelligent manufacturing [J]. Engineering，2018，4（1）：11–20.

[13] WANG B，TAO F，FANG X，et al. Smart manufacturing and intelligent manufacturing：A comparative review[J]. Engineering，2021，7（6）：738–757.

[14] 张映锋，张党，任杉 . 智能制造及其关键技术研究现状与趋势综述 [J]. 机械科学与技术，2019，38（3）：329–338.

[15] PATEL P，ALI M I，SHETH A. From raw data to smart manufacturing：AI and semantic web of things for industry 4.0[J]. IEEE Intelligent Systems，2018，33（4）：79–86.

[16] D'EMILIA G，GASPARI A，NATALE E. Mechatronics applications of measurements for smart manufacturing in an industry 4.0 scenario[J]. IEEE Instrumentation & Measurement Magazine，2019，22（2）：35–43.

[17] 张曙 . 工业 4.0 和智能制造 [J]. 机械设计与制造工程，2014，43（8）：1–5.

[18] 工业互联网产业联盟 . 中国工业大数据技术与应用白皮书 [R/OL].（2017-07-03）[2024-05-20]. https://www.aii-alliance.org/resource/c331/n96.html.

[19] 中国电子技术标准化研究院 . 工业大数据白皮书（2019 版）[R/OL].（2019-04-01）[2024-05-20]. https://www.cesi.cn/201904/4955.html.

[20] 工业互联网产业联盟 . 工业数据采集产业研究报告 [R/OL].（2018-09-07）[2024-05-20]. https://aii-alliance.org/resource/c331/n82.html.

[21] 王晨，郭朝晖，王建民 . 工业大数据及其技术挑战 [J]. 电信网技术，2017（8）：1–4.

[22] AHMAD H M，RAHIMI A. Deep learning methods for object detection in smart manufacturing：A survey[J]. Journal of Manufacturing Systems，2022，64：181–196.

[23] 何文韬，邵诚 . 工业大数据分析技术的发展及其面临的挑战 [J]. 信息与控制，2018，47（4）：398–410.

第 2 章　数据基本知识

导读

工业生产过程中会产生大量的且不同类型的数据，如传感器数据、生产日志和质量控制记录等。要选择合适的方法对这些数据进行分析和挖掘，必须首先观测和了解数据，只有充分掌握了数据的特征和内在联系，才能正确地应用各种数据挖掘算法，进而开展高质量的数据分析和挖掘工作，从中发现有价值的模式或知识。

本章首先从数据属性角度出发，介绍数据的基本概念；其次，介绍数据的基本统计描述，主要包括数据的中心趋势度量和离散趋势度量，以帮助把握数据的总体特征；再次，借助于图形可视化手段，清晰有效地展现数据整体分布情况和不同维度间的关联关系；最后，着重介绍不同属性数据间的相似性和相异性度量方法，以及如何运用相关关系和因果关系分析来判断数据关联的密切程度和方向性。

本章知识点

- 数据的基本概念，包括标称属性、序数属性和数值属性等
- 数据的基本统计描述，包括中心趋势度量和离散趋势度量
- 数据的可视化描述，包括折线图、直方图、条形图、箱线图、散点图等
- 相似性与相异性度量，包括数值属性和标称属性的相似度与相异度
- 相关关系和因果关系分析

2.1　数据的基本概念

数据来源于对客观事物的观察与测量，通常把这些被观察与测量的对象称为实体，它们可以通过各种可观测的属性来描述。例如，选矿过程中的矿石质量、颜色等属性，高炉炼铁过程中的冷风压力、煤气利用率等属性。这些属性有时也被称为特征或变量，它们的取值就是数据。

属性是一个数据字段，表示数据对象的一个特征。术语“属性”“维”“特征”和“变量”的含义一样，通常可以互换，但它们在不同领域有着不同的使用习惯。例如，数据挖掘和数据库一般使用“属性”，而“维”多用在数据库中，“特征”常见于机器学

习领域，统计学则偏好使用“变量”。为了保持一致性，本章主要使用属性这一术语。属性的类型由该属性集合的内容决定，常见的属性类型包括标称类型、序数类型和数值类型等。

2.1.1 标称属性

标称属性（Nominal Attribute）是一类定性的属性，它的值通常由一些符号或名称构成，用于表示事物的不同类型、编码或状态。这些值属于不同的类别，且类别的排列顺序并不重要，因此标称属性本质上是一种分类属性。

以高炉炼铁产物为例，有生铁、除尘灰、水渣、高炉煤气等产物。这里的炼铁产物就是标称属性，而生铁、除尘灰、水渣、高炉煤气就是其属性值。尽管标称属性的值通常用文字表示，但为了方便处理，它们也可以使用数字来编码。例如，对于主要产物生铁，可以指定数字 0 表示，而产物除尘灰可以用数字 1 表示，水渣用数字 2 表示。

当一个标称属性只包含两个类别或者两种状态时，这种属性被称为二元属性（Binary Attribute）。例如，用 0 和 1 表示某个属性的两种可能性，其中 0 表示该属性的缺失或不出现，而 1 表示属性的存在或出现。依据二元属性的两种状态是否具有同等价值或相同权重，可以分为对称二元属性和非对称二元属性。其中，对称二元属性的两种状态具有同等价值和相同权重，这意味着无论哪个状态被编码为 0 或 1 都没有区别；而对于非对称的二元属性，两种状态不再同等重要，会出现某一状态样本比较稀有的情况。

以高炉炼铁过程中的出铁质量检测结果为例，假设检测结果具有两种可能，值 1 表示检测结果合格，0 表示不合格；以紧急切断阀的开合为例，值 1 可以表示调节阀的打开状态，值 0 可以表示调节阀的关闭状态。这两种情况的二元属性都是不对称的，铁质量检测结果通常应该是合格的，而不合格比较稀有；对于紧急切断阀，其状态通常为打开，只有出现紧急状况时，才需要关闭以快速切断物料或气体流动，所以关闭状态比较稀有。

2.1.2 序数属性

序数属性（Ordinal Attribute）也是定性的，它的值之间具有有意义的序或秩次（秩次是指对给定的一组数据按照数值从小到大进行排序，所得到的每一个数据的排序号），但是相互间的差值是未知的，序数属性通常用于等级评定中。序数属性的中心趋势可以用它的众数和中位数（有序序列的中间值）表示，但不能定义均值。

例如，高炉炼铁中的透气性指数是一个可以快速、直观、综合反映炉况的重要参数，用来表示炉子接受风量的能力。假设透气性指数有五个可能的值——极高、偏高、良好、偏低和极低，这些值的先后次序（对应于递增的透气性）具有意义，但是不能说“偏高”比“良好”大多少。对于高炉中的热风压力，也可以划分为高压、过压、良好、低压和极低压等序数值。

这里要注意，标称、二元和序数属性都是定性描述对象的特征，不给出实际大小或数量。这种定性属性的值通常是代表类别的，如果使用整数表示，这些数字则仅代表类别编码，而不是测量值（例如，1 表示偏高，2 表示良好，3 表示偏小）。

2.1.3　数值属性

数值属性（Numerical Attribute）是定量的，即它的值是可度量的量，通过整数或实数值表示。数值属性又可以分为两类：区间标度属性和比率标度属性。

1. 区间标度属性

区间标度属性（Interval Scaled Attribute）用等量单位尺度度量，属性的值是有序的，可以为正数、零或负数。以摄氏或华氏温度为例，它是一个区间标度属性。例如，如果取每一个小时内的高炉内平均温度作为一个样本，将可以得到一定时间段内温度值的序列。对于区间标度属性值而言，不存在真正的零点，摄氏温度和华氏温度中，0℃和 0 ℉都不表示“没有温度”（摄氏温度的度量单位是水在标准大气压下沸点温度与冰点温度之差的 1/100）。对于区间标度属性，差值是有意义的，例如，炼铁温度 1200℃比 600℃高出 600℃，但不能说 1200℃是 600℃的 2 倍，因为摄氏温度没有真正的零度。类似地，日期也没有绝对的零点（公元元年并不对应于时间的开始）。

2. 比率标度属性

比率标度属性（Ratio Scale Attribute）是具有零点的数值属性。如果度量是比率标度属性，则度量数据间的差和比率都是有意义的。此外，这些数据具有有序性，还可以计算值之间的均值、中位数和众数等在内的多个统计参数。

开氏温度属于比率标度属性，与摄氏和华氏温度不同，开氏温标具有绝对零点（-273.15℃），且在该点构成物质的粒子具有零动能。在炼铁过程中，其他比率标度属性的例子还有铁液质量、铁液密度和热风压力等，这些属性都允许计算出差值和比率等有意义的量。

2.1.4　连续属性与离散属性

前面介绍的标称、二元、序数和数值类型属性，相互间并不互斥。按属性的取值是否为连续数值，又可以把属性分成离散属性（Discrete Attribute）和连续属性（Continuous Attribute），这两类属性各自适用于不同的数据处理方法。

连续属性是指在一定区间内可以取任意值的属性，其数值是连续不断的。这意味着相邻两个数值之间，可作无限分割，即可取无限个数值。例如，在炼铁过程中，富氧率、炉温、冷风压力和流量等都是连续属性，它们的数值可以在一定范围内连续变化。

离散属性是指在一定区间内只能取有限个值的属性，且这些取值可以被一一列举出来。离散属性的数值是不连续的，每个数值之间存在间隔，不能无限分割。例如，在炼铁过程中，日出铁次数、料批数和高炉风口个数等都是离散属性，它们的数值是有限的，并且是可数的。

2.2　数据的基本统计描述

在工业制造过程中产生的数据数量是庞大的，在获得这些工业生产数据后，首要步骤是对数据进行观测，以理解数据的整体分布情况，把握数据的全貌。本节将讨论两类基本的统计描述，包括中心趋势度量和离散趋势度量，给出其常见的度量指标和适用情况。

2.2.1 中心趋势度量

中心趋势度量用来衡量数据分布的中部或者中心位置，反映了整个数据样本的集中或紧密程度，常见的度量包括均值、中位数、众数和中列数等。

1. 均值

均值（Mean）是统计学中最常用的中心趋势度量，它通过将一组数据的总和除以数据点的数量来计算，用以表示数据集的中心位置或典型值。令 $x_1, x_2, \cdots, x_N$ 为某个属性的 N 个观测值，则该值集合的均值 $\bar{x}$ 为

$$\bar{x} = \frac{1}{N}\sum_{i=1}^{N} x_i = \frac{x_1 + x_2 + \cdots + x_N}{N} \tag{2-1}$$

加权算术平均（Weighted Arithmetic Mean）是一种均值的扩展形式，它考虑到不同观测值对于现象总体的重要性或出现频率不同，在计算时为每个数据点赋予一个权重，以反映其在总体中的重要性或代表性。因此，引入权重 w_i 作为每个值 x_i 的系数后，均值 $\bar{x}$ 可计算为

$$\bar{x} = \frac{\sum_{i=1}^{N} w_i x_i}{\sum_{i=1}^{N} w_i} = \frac{w_1 x_1 + w_2 x_2 + \cdots + w_N x_N}{w_1 + w_2 + \cdots + w_N} \tag{2-2}$$

尽管均值是描述数据集的最有用的单个量，但是均值对极端值（如离群点）很敏感，因此它并非总是度量数据中心的最佳方法。例如，一段时间内的平均冷风压力可能被几个低极端值拉低了的平均值，而错误地反映了该变量的整体情况。为了抵消这种少数极端值带来的影响，可以使用截尾均值。截尾均值是通过去除数据中的高、低极端值后计算的均值。例如，计算比赛得分时，可以去除最高分和最低分，再计算剩余得分的平均值作为真实成绩。然而，在使用截尾均值时应避免在两端去除太多值。例如，按照升序排列，从两端各去掉总体数据量的 10%，可能会导致丢失有价值的信息。因此，合理确定截去的比例对于保持数据集的代表性至关重要。

2. 中位数

中位数（Median）是指一组顺序排列的数据中居于中间位置的数值，它将数据集中较高的一半与较低的一半分隔开。中位数对于分布不均匀的数据特别适用，可以更好地反映数据中心的位置。

假设给定某属性 X 的 N 个值按递增顺序排序，如果 N 是奇数，则中位数是该有序集的中间值；如果 N 是偶数，则中位数是最中间的两个值或它们之间的任意值，一般取作最中间两个值的平均数。

3. 众数

众数（Mode）是指在数据集中具有明显集中趋势点的数值，即是一组数据中出现次

数最多的数值。如果一组数据集中可能最高频率对应多个不同值，那么这些值都可以被认为是众数。一般地，具有一个众数的数据集合称为单峰数据集，具有两个或更多众数的数据集称为多峰数据集。在另一种极端情况下，如果每个数据值仅出现一次，则该数据集没有众数。

4. 中列数

中列数（Midrange）也可以用来评估数值数据的中心趋势，它是通过计算数据集中最大值和最小值的平均值来得到的。这种方法提供了数据集两端值的中间位置的度量。例如，对于数据集 {2, 4, 8, 9, 1, 3, 5}，它的中列数即为（1+9）/2=5。

在理想的数据分布中，如果呈现出完全对称的单峰形态，均值、中位数和众数将会重合，形成一个单一的值，如图 2-1a 所示。这种分布是理论上的完美情况，但大多数实际应用中的数据分布是不对称的。例如，当数据分布呈现正倾斜（或正偏）时，众数会出现在较小数值的一侧，而均值和中位数则位于右侧，如图 2-1b 所示；这种分布表明数据集中存在一些较大的值，这些值拉高了均值和中位数的位置。相反，当数据分布呈现负倾斜（或负偏）时，众数会位于较大的数值一侧，而均值和中位数则相对较小，如图 2-1c 所示。

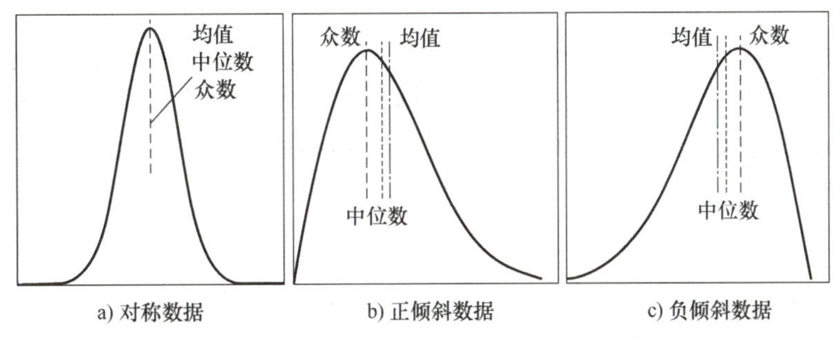

图 2-1 对称、正倾斜和负倾斜数据的中位数、均值和众数

2.2.2 离散趋势度量

为了全面理解数据的特征，仅仅知道数据的集中趋势是不够的，还需要知道数据的离散程度。离散趋势度量是用于衡量数据的散布或发散的程度，反映了整个数据样本远离中心值的趋势。常见的度量包括极差、平均差、方差、标准差、协方差、四分位数、四分位极差和离散系数等。

1. 极差

极差（Range）是数据集中的最大值与最小值之间的差值，反映了数据的波动范围，适用于对数据的大致波动范围进行快速评估。对于某个数值属性上的 N 个观测样本 $x_1, x_2, \cdots, x_N$，该集合的极差是最大值 $\max(x_1, x_2, \cdots, x_N)$ 与最小值 $\min(x_1, x_2, \cdots, x_N)$ 之差。由于极差只考虑了数据集中的两个极端值，忽略了中间的数据点，因此可能无法准确反映数据的离散情况。

2. 平均差

平均差（Mean Absolute Deviation，MAD）也称平均绝对差，是指所有数据点与平均数间差值绝对值的算术平均。它反映了数据点偏离均值的程度，对数据的波动性提供了一个更全面的度量。平均差 A_D 计算如下：

$$A_D = \frac{1}{N}\sum_{i=1}^{N}\left|x_i - \overline{x}\right| \tag{2-3}$$

式中，$\overline{x}$ 是观测值的均值。

3. 方差与标准差

方差（Variance）和标准差（Standard Deviation）是测算数据离散趋势最重要、最常用的指标。其中，方差是各变量值与其均值离差平方的平均数，标准差则为方差的算术平方根。低方差或者低标准差意味数据整体观测趋向于非常靠近均值，而高方差和高标准差表示整体数据分布较分散。方差 σ^2 计算如下：

$$\sigma^2 = \frac{1}{N}\sum_{i=1}^{N}(x_i - \overline{x})^2 \tag{2-4}$$

式中，观测值的标准差 σ 是方差 σ^2 的平方根。标准差是关于均值的发散，仅当选择均值作为中心度量时使用。当数据不存在发散，即所有的观测数值都具有相同值时，$\sigma = 0$；否则，$\sigma > 0$。观测数值一般不会远离均值、超过标准差的数倍，标准差是衡量数据是否发散的良好指示器。

4. 协方差

协方差（Covariance）用于衡量两个变量（维度）的总体误差。如果两个变量的变化趋势一致，也就是说如果其中一个大于自身的期望值，另外一个也大于自身的期望值，那么两个变量之间的协方差就是正值。如果两个变量的变化趋势相反，即其中一个大于自身的期望值，另外一个却小于自身的期望值，那么两个变量之间的协方差就是负值。对于两个属性 X 与 Y，给定其样本分别为 $x_1,x_2,\cdots,x_N$ 和 $y_1,y_2,\cdots,y_N$，则它们之间的协方差 $\mathrm{cov}(X,Y)$ 定义为

$$\mathrm{cov}(X,Y) = \frac{1}{N-1}\sum_{i=1}^{N}(x_i - \overline{x})(y_i - \overline{y}) \tag{2-5}$$

5. 四分位数与四分位极差

四分位数（Quartile）也称四分位点，是指把所有数值由小到大排列并分成四等份，处于三个分割点位置的数值。将所有数据从小到大排列，其中，处在 25% 位置上的数值称为下四分位数 Q_1，中位数则记作 Q_2，处在 75% 位置上的数值称为上四分位数 Q_3。此外，定义 Q_1 和 Q_3 间的距离为四分位极差（Interquartile Range，IQR），即 $\mathrm{IQR} = Q_3 - Q_1$。图 2-2 展示了均值 μ 为 6、方差 σ^2 为 1.2 的正态分布数据的四分位数图。

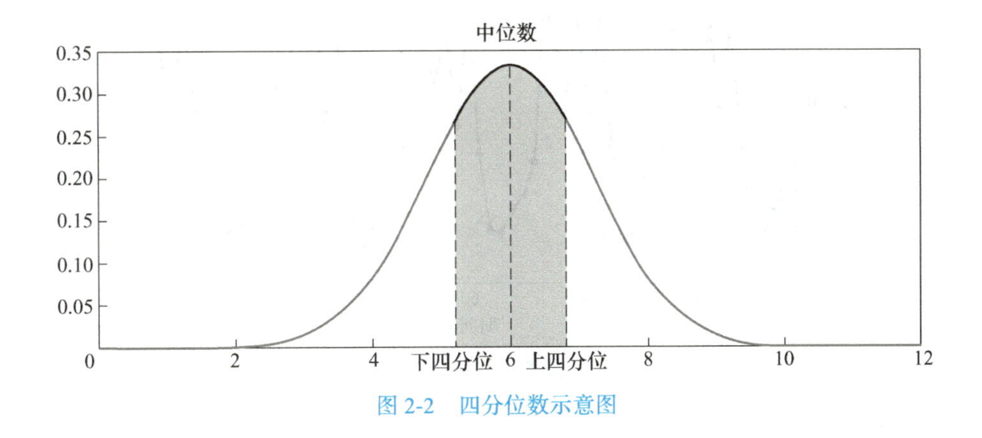

图 2-2　四分位数示意图

6. 离散系数

离散系数（Coefficient of Variation）是度量数据离散程度的相对统计量。离散系数通常可以进行多个变量离散程度的对比，通过离散系数大小的比较可以说明不同总体平均指标（一般来说是平均数）的代表性或稳定性大小。离散系数 C_v 是数据的标准差与均值的比值，计算公式如下：

$$C_v = \frac{\sigma}{\bar{x}} \tag{2-6}$$

离散系数越大表示数据分布越分散，离散系数越小表示数据分布越稳定。通过使用离散系数，可以公平地比较不同数据集的变异性，尤其是在均值差异显著时。然而，在使用离散系数时，需要注意其对均值大小的依赖性，避免在均值接近零的情况下进行比较。

2.3　数据的可视化描述

数据可视化利用图表将复杂的数据信息转化为直观的图形，可以帮助用户直观清晰地观察出数据的变化和分布等情况，从而快速掌握数据的全貌和理解数据的关键点。本节将对数据的图形描述进行具体介绍，包括折线图、直方图、条形图、箱线图、散点图和平行坐标图等。

1. 折线图

折线图是一种展示数据随时间变化的图形，可以清晰地展示数据的上升、下降、波动或稳定等趋势，非常适用于显示连续数据的时间序列。在折线图中，横轴通常用来表示时间轴，纵轴用来表示实际过程中的特征参数。当需要比较多个数据系列时，可以通过不同颜色或样式的线来区分，以直观地展示它们之间的差异。

图 2-3 展示了某炼铁厂内煤气利用率在连续五天内的变化情况，该数据的采样周期为 2h，横轴表示时间，纵轴表示煤气利用率的数值大小。通过这张折线图，可以看出在该时间范围内，煤气利用率呈现周期性的波动趋势，且波动周期约为 24h。

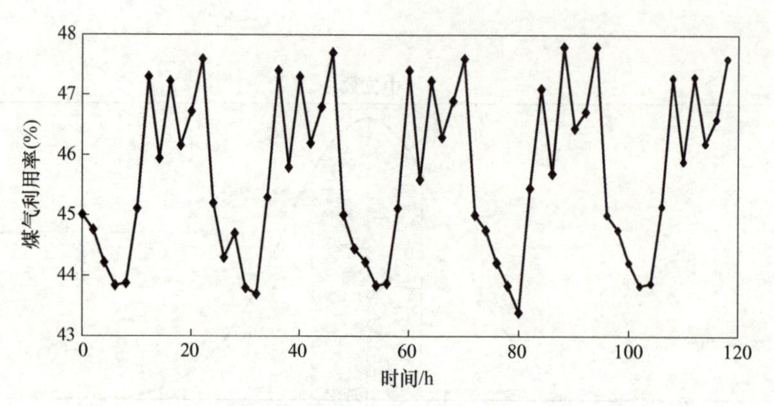

图 2-3 煤气利用率变化折线图

2. 直方图

直方图是一种用于展示数据分布特征的图形，它通过一系列的连续或分组的矩形条形来表示数据的频率分布。直方图将数据分为若干个区间（通常称为“桶”或“箱”），每个区间对应一个矩形条形；每个矩形的高度表示该区间内数据点的数量，即频率，矩形的宽度表示区间的宽度。直方图可以直观地展示数据的集中趋势和离散程度，以及对称性、偏斜性、峰态等情况，方便清晰地观察出数据的频率分布，有助于快速了解数据的总体分布特征。

图 2-4 展示了来自两个不同位置的温度传感器测量得到的炉顶温度分布直方图，分别采用不同颜色的矩形条表示，横轴表示温度区间范围。从图中可以看出，尽管两者测量的都是加热炉炉顶温度，但由于安装位置不同，测量得到的温度分布还是有一定差别的。通过比较这两个直方图，可以更好地理解炉顶不同区域的温度特性。

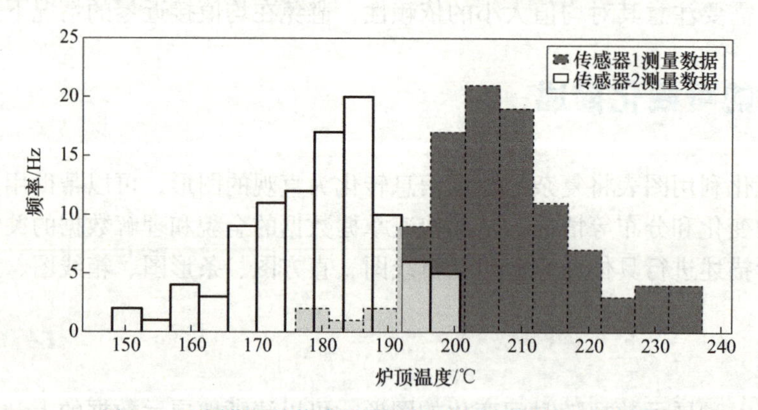

图 2-4 不同位置的传感器测量所得炉顶温度分布直方图

3. 条形图

条形图是用等宽条形的高度或长短来表示数据大小的图形，条形图可以横置或纵置，纵置时也称为柱形图。此外，条形图有简单条形图、复式条形图等形式。简单条形图可以展示一维数据的分布情况，而复式条形图可以展现两维及以上分类数据的分布情况。

图 2-5 展示了炼铁过程热风炉冷风压力与热风压力在 12h 内的条形图。该图表清晰地

展示了两个变量在指定时间段内的数据数值，使人们能够直观地比较冷风压力和热风压力的大小。通过这种图形化展示，便于迅速把握不同压力值的变化及其相对关系。

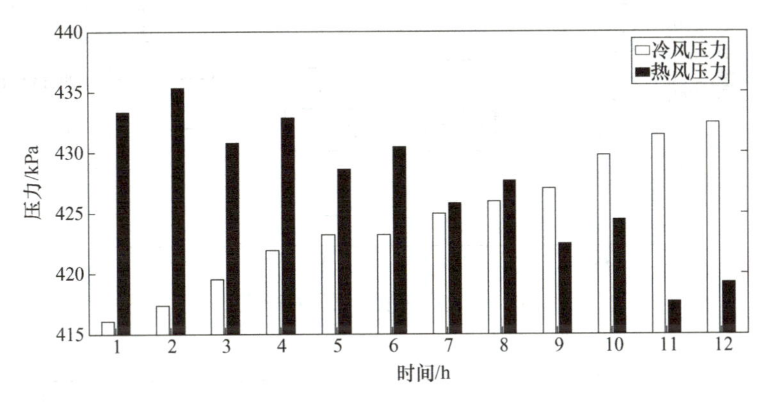

图 2-5　炼铁过程热风炉冷风压力与热风压力条形图

需要注意的是，条形图与直方图在外观上十分相似，但在用途和含义上有明显不同。首先，条形图通常用于展示分类数据的频数或者数值数据的大小，每个条形代表一个类别，而直方图用于展示数值数据的分布情况，通过连续或分组的区间展示。其次，条形图中的每个条形通常宽度相同，高度或长度表示频数或数值大小，而直方图中的条形宽度可能不同，但高度表示落在特定区间内的数据频率或数量。此外，条形图中的条形可以有间隔，以区分不同的类别，而直方图中的条形通常是连续的，没有间隔，以展示数据分布的连续性。

4. 箱线图

箱线图是一种通过五个关键统计特征来总结和展示数据分布情况的图形。这五个统计特征包括中位数 Q_2、下四分位数 Q_1、上四分位数 Q_3、分布的上限和下限。其中，分布的上限和下限取法不唯一，可以分别取作整体数据的最大和最小值，也可取作 $Q_3+1.5(Q_3-Q_1)$ 和 $Q_3-1.5(Q_3-Q_1)$，这里采用第二种取法。箱线图一个显著的优点就是不受异常值的影响，可以以一种相对稳定的方式描述数据的离散分布情况。

图 2-6 展示了 A、B、C、D 四组炉顶温度数据的箱线图，其中横轴表示不同的数据集或组别，纵轴代表数据取值。在该箱线图中，可以清晰地看出不同组数据的四分位数以及离群点的分布情况，同时识别可能存在的异常值。

5. 散点图

二维散点图是确定数值变量之间是否存在联系的最直观的图形描述方法之一，可以表示因变量随自变量而变化的大致趋势。构造散点图时，每一对数值都被视为一个代数坐标对，并作为一个点落在坐标系内。

图 2-7 展示了一组包含 50 个样本点的炼铁过程中冷风压力与热风压力散点图。从图中可以看出，冷风压力与热风压力在一定程度上呈正相关关系，即随着冷风压力的增加，热风压力也倾向于增加。

在二维散点图中可以观察两个变量间的关系，当数据集存在多维变量，并且需要比较它们之间的两两关系时，就可以使用散点图矩阵。该图形通过将多维数据中各个维度两两组合配对，绘制成一系列的散点图和各变量的数据分布直方图，来展示各维度间的关系。

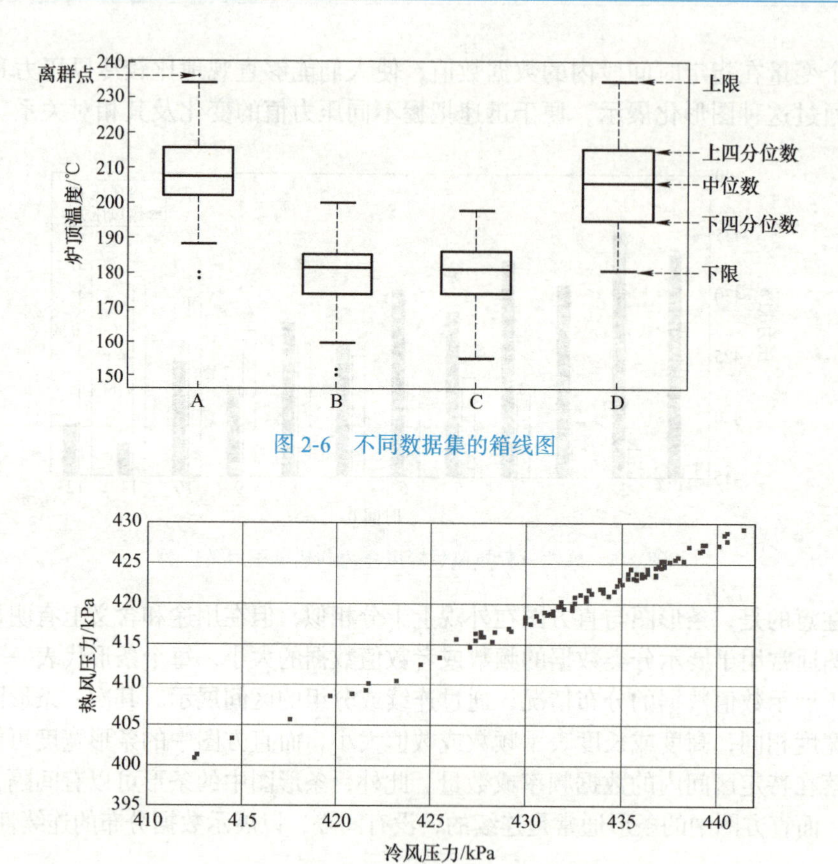

图 2-6　不同数据集的箱线图

图 2-7　冷 / 热风压力散点图

图 2-8 展示了在炼铁过程中采集的三个关键监测指标的散点图矩阵。这里坐标轴中展示的数据大小不是实际值，而是经过 Z-Score 标准化后的缩放值，关于数据标准化方法将在第 3 章展开介绍。由该散点图矩阵可以看出，冷、热风压力呈现强烈的正相关关系，这与图 2-7 得出的结论一致。此外，图 2-8 同时也揭示了冷、热风压力分别与冷风流量呈现一定的弱负相关关系。

尽管散点图矩阵可以同时观察多个变量间的两两关系，但它并不能代替在更高维空间的观察，有可能漏掉一些重要的信息。三维散点图允许人们在由三个变量确定的三维空间中探索变量间的关系，这种方式有时能够揭示二维图形中未被发现的模式。

图 2-9 展示了在四个不同工况（已用椭圆标示）下，冷风压力、流量以及富氧量（均经过 Z-Score 标准化处理）的数据分布情况。可以看到，在三维坐标轴下，不同工况下的数据及异常值可以被更清晰地区分和识别。

6. 平行坐标图

随着维数增加，散点图矩阵将变得越来越复杂，不利于清晰地识别数据间的关系。另一种流行的可视化工具是平行坐标图，它通过在屏幕上水平排列多个等距且相互平行的坐标轴，能更有效地展示高维度的数据。平行坐标系中的每个轴代表数据的一个维度，而纵轴显示的是数据在对应维度上的取值。数据点在不同维度的值通过折线段连接起来，从而在平行的坐标系统中形成一条折线。

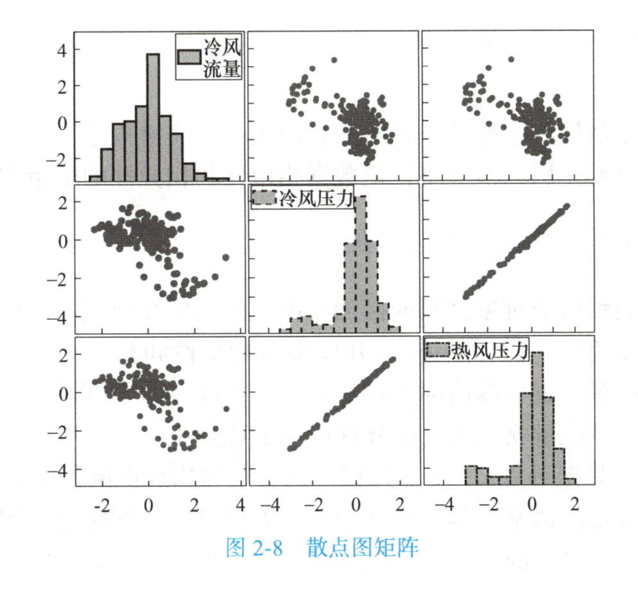

图 2-8　散点图矩阵

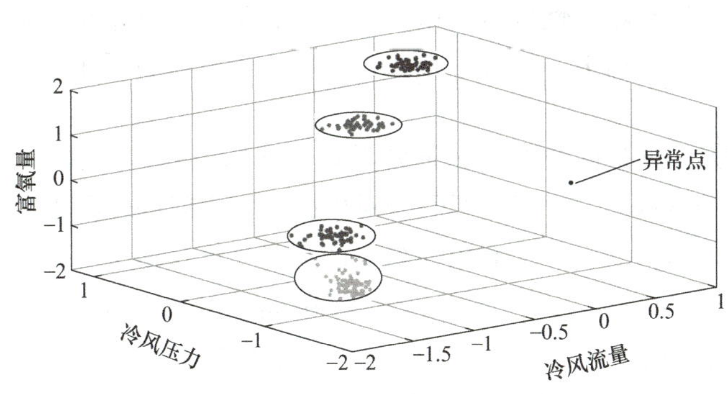

图 2-9　三维数据展示效果图

图 2-10 通过平行坐标图展示了两个不同工况（加热初期和拱顶温度管理期）下的关键炼铁参数，包括冷风流量（CBV）、风压（BP）、两个不同位置温度传感器测得的炉顶温度 1（TT1）和炉顶温度 2（TT2）。通过平行坐标图可以观测出，加热初期和拱顶温度管理器期的数据呈现出明显数值差异，且拱顶温度管理期的数据在较小范围内变化。

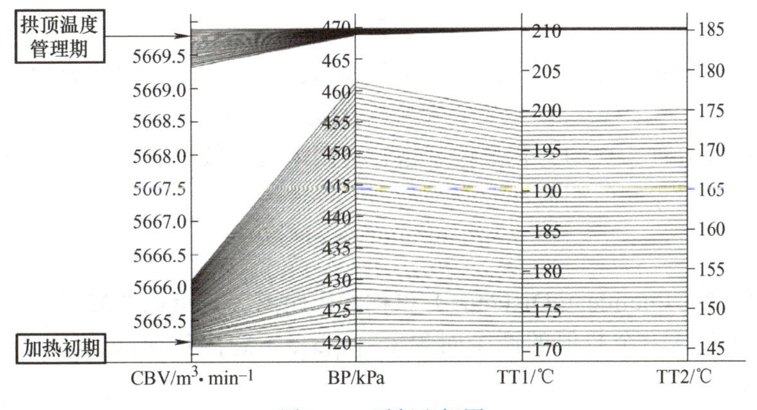

图 2-10　平行坐标图

2.4 数据的相似性和相异性

数据分析中的相似性和相异性是理解数据间关系的关键概念，在聚类、离群点检测和因果推断中发挥着重要作用。本节将讨论数据相似性和相异性的度量方式与分析方法。

2.4.1 相似性和相异性度量的基本概念

数据的相似性表示两个对象之间的接近程度，而相异性则表示对象间的差异，相似性和相异性也统称为临近性（Proximity）。用于衡量相似性和相异性的度量指标分别称为相似性度量和相异性度量，也可以简称为相似度和相异度。两个事物或对象越接近或者共同点越多，它们的相似性度量就越大，相异性度量也就越小。

对于给定的两个数据对象 $\boldsymbol{x}$ 和 $\boldsymbol{y}$，其相似性度量和相异性度量的函数，在本章中分别用 $S(\boldsymbol{x},\boldsymbol{y})$ 和 $D(\boldsymbol{x},\boldsymbol{y})$ 表示。通常，相似性和相异性度量可以相互转化，例如，可以通过 1 减去相似性度量来得到相异性度量，或者通过某个函数将相异性度量转换为相似性度量。实际中，用来计算相似性和相异性度量的函数非常多，不同的度量标准可能揭示数据中不同的结构和模式，在实际应用中，需要根据数据的特性和分析目标来选择最合适的相似性或相异性度量方法。

一个有效的相异性度量函数 $D(\boldsymbol{x},\boldsymbol{y})$ 通常具备以下几个基本性质。

1）非负性：$D(\boldsymbol{x},\boldsymbol{y})\geqslant 0$，对于任意两个对象，它们之间的相异性度量总是非负的。

2）同一性：$D(\boldsymbol{x},\boldsymbol{x})=0$，一个对象与自身的相异性度量值为 0。

3）对称性：$D(\boldsymbol{x},\boldsymbol{y})=D(\boldsymbol{y},\boldsymbol{x})$，两个对象之间的相异性度量不依赖于它们的顺序。

4）三角不等式：$D(\boldsymbol{x},\boldsymbol{y})\leqslant D(\boldsymbol{x},\boldsymbol{z})+D(\boldsymbol{z},\boldsymbol{y})$，对于任意三个对象 $\boldsymbol{x}$、$\boldsymbol{y}$ 和 $\boldsymbol{z}$，从 $\boldsymbol{x}$ 到 $\boldsymbol{z}$ 的距离加上从 $\boldsymbol{z}$ 到 $\boldsymbol{y}$ 的距离，总是大于或等于从 $\boldsymbol{x}$ 直接到 $\boldsymbol{y}$ 的距离。

对于相似性度量函数 $S(\boldsymbol{x},\boldsymbol{y})$，也存在类似的性质。例如，一个对象与自身的相似度量值为最大值，通常是 1；两个对象 $\boldsymbol{x}$ 和 $\boldsymbol{y}$ 之间的相似度满足 $S(\boldsymbol{x},\boldsymbol{y})=S(\boldsymbol{y},\boldsymbol{x})$。这些性质为相似性度量提供了一个坚实的理论基础，并帮助研究者和实践者在不同的应用中选择合适的度量方法。

2.4.2 数值属性的相似性和相异性度量

针对数值属性的相似性和相异性度量函数很多，这里主要介绍较为常见的几种，包括欧几里德距离、曼哈顿距离、切比雪夫距离、闵可夫斯基距离、马氏距离和余弦相似度。这些度量中，前面五种距离均为相异性度量，可用来量化数据对象间的差异，而余弦相似度则用于度量数据对象间的相似性。

1. 欧几里德距离

欧几里德距离（Euclidean Distance）也称欧氏距离，是指在 P 维空间中两个对象间的直线距离。对于包含 P 个数值的两个对象 $\boldsymbol{x}=[x_1,x_2,\cdots,x_P]$ 与 $\boldsymbol{y}=[y_1,y_2,\cdots,y_P]$，它们的欧氏距离 $D_{\mathrm{E}}(\boldsymbol{x},\boldsymbol{y})$ 为

$$D_{\mathrm{E}}(\boldsymbol{x},\boldsymbol{y})=\sqrt{\sum_{i=1}^{P}|x_i-y_i|^2} \tag{2-7}$$

2. 曼哈顿距离

曼哈顿距离（Manhattan Distance）也称为城市街区距离，表示两个对象在标准坐标系的各个轴向上距离的总和。在二维空间中，曼哈顿距离相当于在仅有南北和东西方向移动时，两点间的最短路径长度。在 P 维空间中，两个对象 $\boldsymbol{x}$ 与 $\boldsymbol{y}$ 间的曼哈顿距离 $D_{\mathrm{Ma}}(\boldsymbol{x},\boldsymbol{y})$ 为

$$D_{\mathrm{Ma}}(\boldsymbol{x},\boldsymbol{y})=\sum_{i=1}^{P}|x_i-y_i| \tag{2-8}$$

3. 切比雪夫距离

切比雪夫距离（Chebyshev Distance）又称上确界距离，表示两个对象坐标数值差的绝对值中的最大值。在 P 维空间中，两个对象 $\boldsymbol{x}$ 与 $\boldsymbol{y}$ 间的切比雪夫距离 $D_{\mathrm{C}}(\boldsymbol{x},\boldsymbol{y})$ 为

$$D_{\mathrm{C}}(\boldsymbol{x},\boldsymbol{y})=\max_{i=1,2,\cdots,P}(|x_i-y_i|) \tag{2-9}$$

4. 闵可夫斯基距离

闵可夫斯基距离（Minkowski Distance）是两个对象在 L_p 范数下的距离，是欧几里德距离、曼哈顿距离、切比雪夫距离的推广和统一形式。对于两个对象 $\boldsymbol{x}$ 与 $\boldsymbol{y}$，它们之间的闵可夫斯基距离 $D_{\mathrm{Mk}}(\boldsymbol{x},\boldsymbol{y})$ 为

$$D_{\mathrm{Mk}}(\boldsymbol{x},\boldsymbol{y})=\left(\sum_{i=1}^{P}|x_i-y_i|^L\right)^{\frac{1}{L}} \tag{2-10}$$

式中，L 为变参数，依据 L 的不同，闵可夫斯基距离可以表示以上距离中的某一种。具体地，当 $L=1$ 时，闵可夫斯基距离退化为曼哈顿距离；当 $L=2$ 时，它就是欧几里德距离；当 L 趋向于无穷时，闵可夫斯基距离则趋向于切比雪夫距离。

为了方便直观理解欧几里德距离、曼哈顿距离和切比雪夫距离，图 2-11 展示了在二维坐标系下，两个对象 $\boldsymbol{x}=[5,5]$ 和 $\boldsymbol{y}=[9,8]$ 之间的不同距离。同时，例 2-1 中也给出了更为复杂的两个对象之间的距离计算过程与结果。

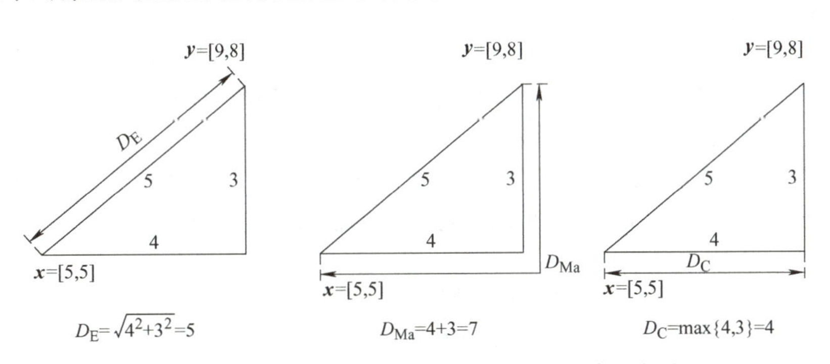

图 2-11 欧几里德距离、曼哈顿距离及切比雪夫距离对比

例 2-1 给定两个对象 $\boldsymbol{x}$=[3.5, 7.2, 1.4, 6.8] 和 $\boldsymbol{y}$=[6.1, 4.8, 3.3, 2.2]，分别计算它们的不同 L 值下的闵可夫斯基距离。

当 $L=1$ 时，为曼哈顿距离的表达式，此时，两者间的曼哈顿距离计算如下：

$$D_{\mathrm{Ma}}(\boldsymbol{x},\boldsymbol{y})=|3.5-6.1|+|7.2-4.8|+|1.4-3.3|+|6.8-2.2|=11.5$$

当 $L=2$ 时，为欧几里德距离的表达式，两个对象的欧几里德距离计算如下：

$$D_{\mathrm{E}}(\boldsymbol{x},\boldsymbol{y})=\sqrt{(3.5-6.1)^2+(7.2-4.8)^2+(1.4-3.3)^2+(6.8-2.2)^2}=\sqrt{37.29}$$

当 $L\to\infty$ 时，为切比雪夫距离的表达式，两个对象的切比雪夫距离为

$$D_{\mathrm{C}}(\boldsymbol{x},\boldsymbol{y})=\max\left(|3.5-6.1|,|7.2-4.8|,|1.4-3.3|,|6.8-2.2|\right)=4.6$$

欧几里德距离在聚类算法中应用广泛；曼哈顿距离更适用于离散或二进制属性数据，由于曼哈顿距离只需要做加减法，这使得计算机在大量的计算过程中代价更低；在实践中，切比雪夫距离可用于仓库物流中起重机托运货物的最短路径规划。在选择使用距离度量时，一定要根据具体场景和问题，选择合适的度量方式。

在处理非独立同分布数据时，计算欧几里德距离通常会遇到一个问题：不同维度（变量）在默认情况下被赋予相同的权重。然而，由于不同量纲的存在，这可能导致计算出的度量数值出现偏差。为了解决该问题，可以采用数据归一化方法，通过将不同维度的数据转换到一个共同的区间，从而消除量纲的影响。但值得注意的是，数据归一化仅仅改变了数据在各自维度上的尺度，并不能消除变量之间相关性对距离度量的影响。由此，可以引入马氏距离，其不仅考虑了数据的量纲和尺度，还考虑了数据的分布特性。

5. 马氏距离

马氏距离（Mahalanobis Distance）修正了欧几里德距离中各个维度尺度（单位）不一致且相关的问题，考虑了各种特征之间的联系，在运算过程中按照主成分进行旋转，使得维度间相互独立，然后进行标准化，让维度同分布。马氏距离是一种考虑了数据分布的多维空间中的距离度量，能够反映出数据点相对于总体分布的相对位置。对于两个对象 $\boldsymbol{x}$ 与 $\boldsymbol{y}$，它们之间的马氏距离 $D_{\mathrm{M}}(\boldsymbol{x},\boldsymbol{y})$ 定义如下：

$$D_{\mathrm{M}}(\boldsymbol{x},\boldsymbol{y})=\sqrt{(\boldsymbol{x}-\boldsymbol{y})^{\mathrm{T}}\boldsymbol{\Sigma}^{-1}(\boldsymbol{x}-\boldsymbol{y})} \tag{2-11}$$

式中，$\boldsymbol{\Sigma}$ 代表总体样本的协方差矩阵；$\boldsymbol{\Sigma}^{-1}$ 表示求协方差矩阵的逆矩阵。

例 2-2 由图 2-8 可知，冷风压力与冷风流量数据存在相关关系，且二者的尺度不一致，符合马氏距离使用情况。这里采用冷风流量（$\boldsymbol{x}$）和冷风压力（$\boldsymbol{y}$）的部分样本进行计算，其样本的散点图如图 2-12 所示。

图 2-12 中有三个点，A 点坐标（5674.68，426.676），B 点坐标（5699.83，433.312），C 点坐标（5631.67，440.343）。已知该数据样本的协方差矩阵为

$$\begin{pmatrix} 613.4681 & -122.4050 \\ -122.4050 & 43.5945 \end{pmatrix}$$

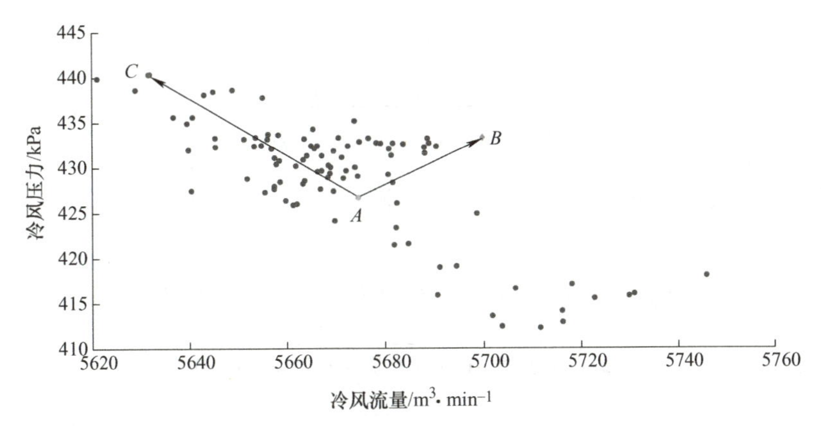

图 2-12　冷风流量与冷风压力散点图

直观上，B 点与 A 点比 C 点与 A 点更相近，但是从整体数据分布趋势来看，C 点与整体样本分布的趋向更加一致。通过式（2-7）和式（2-11）分别计算 B、C 两点到 A 点的欧几里德距离 D_E 和马氏距离 D_M：

$$D_E(A,B)=26.01 \qquad D_E(A,C)=45.13$$

$$D_M(A,B)=2.85 \qquad D_M(A,C)=2.09$$

对比计算结果可以知道，在欧几里德距离度量下，B 点与 A 点距离更近，在马氏距离度量下，C 点与 A 点间的马氏距离显然更近。

6. 余弦相似度

余弦相似度（Cosine Similarity）是衡量两个非零向量之间角度的相似性度量，它不受向量长度的影响，只关注向量的方向。其定义为两个向量的夹角余弦值，可以通过计算两个向量的点积与它们各自长度（模）乘积的比值来确定。这种相似性度量方法在处理文本数据和高维数据时特别有用，因为它允许忽略数值的大小，专注于数据的方向和趋势。

如图 2-13 所示，对于两个向量 $\boldsymbol{x}$ 与 $\boldsymbol{y}$，它们之间的余弦值相似度可以通过欧几里德点积和向量长度给出，如下

$$S_C=\cos\theta=\frac{\boldsymbol{x}\cdot\boldsymbol{y}}{\|\boldsymbol{x}\|\times\|\boldsymbol{y}\|}=\frac{\sum_{i=1}^{P}x_i\times y_i}{\sqrt{\sum_{i=1}^{P}x_i^{\ 2}}\times\sqrt{\sum_{i=1}^{P}y_i^{\ 2}}} \tag{2-12}$$

式中，$\|\boldsymbol{x}\|$ 表示向量 $\boldsymbol{x}$ 的长度，由欧几里德范数计算为 $\|\boldsymbol{x}\|=\sqrt{x_1^2+x_2^2+\cdots+x_P^2}$；类似地，$\|\boldsymbol{y}\|$ 表示 $\boldsymbol{y}$ 的长度。余弦相似度的取值范围在 –1 到 1 之间：当两个向量有相同的指向时，余弦相似度的值为 1；当两个向量夹角为 90° 时，余弦相似度的值为 0；当两个向量指向完全相反的方向时，余弦相似度的值为 –1。其结果与向量的长度无关的，仅仅与向量的方向相关。

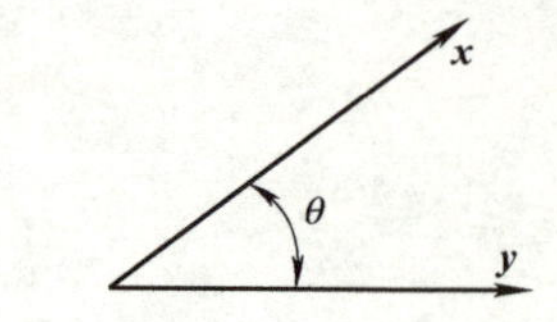

图 2-13　两个向量的余弦值表示

例 2-3　给定两个向量 $\boldsymbol{x}$=[0.2, 0.5, 0.7, 0.1] 和 $\boldsymbol{y}$=[1.4, 1.3, 1.1, 1.2]，计算它们之间的余弦相似度：

$$\boldsymbol{x}\bullet\boldsymbol{y}=0.2\times1.4+0.5\times1.3+0.7\times1.1+0.1\times1.2=1.82$$

$$\|\boldsymbol{x}\|=\sqrt{0.2^2+0.5^2+0.7^2+0.1^2}=\sqrt{0.79}$$

$$\|\boldsymbol{y}\|=\sqrt{1.4^2+1.3^2+1.1^2+1.2^2}=\sqrt{6.3}$$

$$S_{\mathrm{C}}=\frac{\boldsymbol{x}\bullet\boldsymbol{y}}{\|\boldsymbol{x}\|\times\|\boldsymbol{y}\|}=\frac{1.82}{\sqrt{0.79}\times\sqrt{6.3}}=0.8158$$

在本例中，向量 $\boldsymbol{x}$ 和 $\boldsymbol{y}$ 具有较高的相似性，说明它们的方向比较接近。

2.4.3　标称属性的相似性和相异性度量

常用的衡量标称属性数据间相似性和相异性的度量有汉明距离、不匹配率、卡方、简单匹配系数和杰卡德系数等。其中，汉明距离和不匹配率属于相异性度量，卡方属于相似性度量，简单匹配系数和杰卡德系数是适用于二元属性数据的相似性度量。

1. 汉明距离

汉明距离（Hamming Distance）是用于衡量两个等长字符串或二进制串之间的相异性的度量。它计算的是两个字符串在相同位置上不同字符（或比特）的数量。对于两个长度均为 P 的字符串 $\boldsymbol{x}$ 和 $\boldsymbol{y}$，它们之间的汉明距离 $D_{\mathrm{H}}(\boldsymbol{x},\boldsymbol{y})$ 定义如下：

$$D_{\mathrm{H}}(\boldsymbol{x},\boldsymbol{y})=\sum_{i=1}^{n}(x_i\oplus y_i) \tag{2-13}$$

式中，n 表示字符串长度；x_i 和 y_i 分别是字符串 $\boldsymbol{x}$ 和 $\boldsymbol{y}$ 在第 i 个位置的字符；⊕表示按位异或操作，当 x_i 和 y_i 不相同时取值为 1，否则为 0。

例 2-4　给定字符串 $\boldsymbol{x}$="apple" 和 $\boldsymbol{y}$="aplle"，以及二进制串 $\boldsymbol{x}$=11101010 和 $\boldsymbol{y}$=10001111，分别计算它们之间的汉明距离。

对于字符串 $\boldsymbol{x}$="apple" 和 $\boldsymbol{y}$="aplle"，其共有 5 位，第 3 位上不同，因此得到汉明距离为 1。

对于二进制串 $\boldsymbol{x}$=11101010 和 $\boldsymbol{y}$=10001111，其共有 8 位，第 2、3、6、8 位上不同，因此得到汉明距离为 4。

2. 不匹配率

不匹配率（Mismatch Rate）通常指两个序列或集合中不相似或不对应的元素所占的

比例。对于字符串或二进制串，不匹配率与汉明距离直接相关，即不匹配率等于汉明距离除以字符串长度。对于两个标称属性描述的对象 $\boldsymbol{x}$ 和 $\boldsymbol{y}$，假设其属性总数为 P，取值相同的属性数目为 M，$\boldsymbol{x}$ 和 $\boldsymbol{y}$ 之间的不匹配率 $S_{\mathrm{R}}(\boldsymbol{x},\boldsymbol{y})$ 计算为

$$S_{\mathrm{R}}(\boldsymbol{x},\boldsymbol{y})=\frac{P-M}{P} \tag{2-14}$$

不匹配率 $S_{\mathrm{R}}(\boldsymbol{x},\boldsymbol{y})$ 的取值介于 0 和 1 之间，0 表示完全相同，1 表示完全不同。对于例 2-4 中给出的一对字符串和一对二进制串，它们的不匹配率很容易计算得到，分别为 1/5=0.2 和 4/8=0.5。

3. 卡方检验

对于标称数据，两个属性 A 和 B 间是否存在相关关系也可以通过卡方检验（Chi-square Test）发现。假设 A 有 c 个不同的值，分别为 a_1，a_2，…，a_c，B 有 r 个不同的值，分别为 b_1，b_2，…，b_r。用 A 和 B 表示的数据可以用一个相依表展示，相依表的列数为 A 中数据的个数，行数为 B 中数据的个数，(a_i,b_j) 表示属性 A 取值 a_i、属性 B 取值 b_j 的联合事件。卡方（χ^2）值可以计算为

$$\chi^2=\sum_{i=1}^{c}\sum_{j=1}^{r}\frac{(o_{ij}-e_{ij})^2}{e_{ij}} \tag{2-15}$$

式中，o_{ij} 是联合事件 (A_i,B_j) 的观测频率（即实际出现的次数）；e_{ij} 是 (A_i,B_j) 的期望频率。e_{ij} 可以计算为

$$e_{ij}=\frac{\mathrm{count}(A=a_i)\times\mathrm{count}(B=b_j)}{N} \tag{2-16}$$

式中，N 是样本的总个数；$\mathrm{count}(A=a_i)$ 表示在属性 A 上具有值 a_i 的样本个数；$\mathrm{count}(B=b_j)$ 表示在属性 B 上具有值 b_j 的样本个数。

注意，对 χ^2 值贡献最大的单元是观测频率与期望频率差值最大的单元，χ^2 统计检验假设两个属性 A 和 B 是彼此独立的，检验结果通过与卡方分布表中在自由度为 $(r-1)\times(c-1)$ 且人为给定的置信水平下的数值进行比较，如果可以拒绝该假设，则 A 和 B 是统计相关的。

例 2-5　假设抽调了两个工厂的 1500 台设备，每个工厂对各自设备是否属于国产的数量进行统计，并将每种可能的联合事件的观测频率（或计数）汇总在表 2-1 所显示的相依表中，其中括号中的数是期望频率，可以用式（2-16）计算得到。

表 2-1　不同工厂与选购设备是否为进口的数据相依表

设备类型	工厂 1	工厂 2	合计
国产	250（90）	200（360）	450
非国产	50（210）	1000（840）	1050
合计	300	1200	1500

首先对每个单元的期望频率进行计算。例如，单元（工厂 1，国产）的期望频率是

$$e_{11}=\frac{\text{count}(\text{工厂}1)\times\text{count}(\text{国产})}{N}=\frac{300\times450}{1500}=90$$

当得到所有期望频率后，进行 χ^2 计算，可以得到

$$\chi^2=\frac{(250-90)^2}{90}+\frac{(50-210)^2}{210}+\frac{(200-360)^2}{360}+\frac{(1000-840)^2}{840}=507.93$$

对于表 2-1 中的数据相依表，自由度计算为 $(2-1)\times(2-1)=1$，在 99.9% 的置信水平下，拒绝假设成立的值为 10.828（查找 χ^2 分布表中自由度为 1、置信水平为 99.9% 对应的置信数值）。由于计算出的值大于该值，因此可以认为不同工厂（属性）在是否选购国产设备（属性）方面是有各自偏好的，即两个属性存在相关关系。

4. 简单匹配系数

简单匹配系数（Simple Matching Coefficient，SMC）是一种用于度量两个集合、类别或二元属性之间相似性的统计量，它通过计算相同元素的比例来确定它们的相似程度，其计算方法如下。

对于两个长度相同的二元属性对象 $\boldsymbol{x}$ 和 $\boldsymbol{y}$，需要先计算一个相依表，如表 2-2 所示。其中，q 是 $\boldsymbol{x}$ 与 $\boldsymbol{y}$ 在对应位上都取 1 的数量，r 是在 $\boldsymbol{x}$ 中取 1、在 $\boldsymbol{y}$ 对应位上中取 0 的数量，s 是在 $\boldsymbol{x}$ 中取 0、在 $\boldsymbol{y}$ 对应位上取 1 的数量，而 t 是 $\boldsymbol{x}$ 与 $\boldsymbol{y}$ 在对应位上都取 0 的数量。总的位数是 p，其中 $p=q+r+s+t$。进而，可以得到 $\boldsymbol{x}$ 与 $\boldsymbol{y}$ 的简单匹配系数为

$$S_{\text{B}}(\boldsymbol{x},\boldsymbol{y})=\frac{q+t}{q+r+s+t} \tag{2-17}$$

表 2-2 二元属性的相依表

$\boldsymbol{x}$	$\boldsymbol{y}$	
	1	0
1	q	r
0	s	t

简单匹配系数的值介于 0 到 1 之间，趋近于 0 表示匹配数量很少或没有，趋近 1 表示匹配数量很多或完全匹配。此外，需要注意的是，简单匹配系数一般适用于对称的二元属性，也就是 0 和 1 两种状态同样重要。

例 2-6 表 2-3 给出了炼铁过程中反应釜压力、液位、温度三个关键参数的安全报警二值属性。其中，不同样本编号代表发生于不同时间，HI 表示发生超过高阈值的报警，LO 表示出现低阈值报警。高、低阈值报警也被分别设置为 1 和 0，且认为两种报警都同等重要，因此该属性为对称的二元属性。对于三个不同时间产生的数据样本，计算它们的简单匹配系数。

表 2-3 炼铁过程中的安全报警二元属性举例

样本编号	反应釜压力	反应釜液位	反应釜温度
1	HI（1）	LO（0）	HI（1）
2	HI（1）	LO（0）	LO（0）
3	LO（0）	HI（1）	LO（0）

样本 1 和 2 间的简单匹配系数 $S_B(1,2)$ 为

$$S_B(1,2)=\frac{1+1}{1+1+0+1}\approx 0.67$$

样本 1 和 3 间的简单匹配系数 $S_B(1,3)$ 为

$$S_B(1,3)=\frac{0+0}{0+2+1+0}=0$$

样本 2 和 3 间的简单匹配系数 $S_B(2,3)$ 为

$$S_B(2,3)=\frac{0+1}{0+1+1+1}\approx 0.33$$

可以看出，在三组样本中，样本 1 和 2 最为相似，样本 1 和 3 差别最大。

5. 杰卡德系数

杰卡德系数（Jaccard Index）可以用来衡量两个非对称的二元属性间的相似度，当两个对象都取值 1（正匹配）比两个都取值 0（负匹配）更有意义时，这样的二元属性经常被认为是“一元”的（只有一种状态）。其中，负匹配数 t 被认为是不重要的，计算时可忽略，则 $\boldsymbol{x}$ 与 $\boldsymbol{y}$ 间的杰卡德系数 $S_J(\boldsymbol{x},\boldsymbol{y})$ 计算为

$$S_J(\boldsymbol{x},\boldsymbol{y})=\frac{q}{q+r+s} \tag{2-18}$$

杰卡德系数的取值范围也介于 0 与 1 之间，数值越大表示正匹配的数量越多，两个对象 $\boldsymbol{x}$ 与 $\boldsymbol{y}$ 也就越相似。此外，杰卡德系数也广泛地应用于集合之间的相似度度量，且其基于比例值的计算方式，不受集合大小的影响。对于两个集合 A 和 B，它们之间的杰卡德系数为

$$S_J(A,B)=\frac{|A\cap B|}{|A\cup B|} \tag{2-19}$$

式中，$|A\cap B|$ 是集合 A 和 B 的交集的大小；$|A\cup B|$ 是它们的并集的大小。

杰卡德距离（Jaccard Distance）是杰卡德系数的补数，用来衡量两个对象的差异性，对于两个二元属性数据构成的对象 $\boldsymbol{x}$ 和 $\boldsymbol{y}$，其杰卡德距离计算公式为

$$D_J(\boldsymbol{x},\boldsymbol{y})=1-S_J(\boldsymbol{x},\boldsymbol{y})=\frac{r+s}{q+r+s} \tag{2-20}$$

同样，对于两个集合 A 和 B，它们的杰卡德距离为 $D_J(A,B)=1-S_J(A,B)$。杰卡德距

离通常用于与杰卡德系数相同的应用场景，但侧重于衡量对象间的相异度。

2.5 相关关系与因果关系

针对一些实际应用场景，人们会更关注数据对象或者变量之间是如何相互影响、相互作用的，而不仅仅是一个简单的距离或相似性度量指标。因此，本节专门探讨如何进行变量间的相关关系与因果关系分析。相关关系分析旨在量化两个或多个变量之间的线性或非线性关联程度，通常通过相关系数如皮尔逊相关系数来衡量，它反映了变量间的同步变化趋势，但并不意味着因果性。因果关系分析则更进一步，试图确定一个变量是否直接影响另一个变量。简而言之，相关性告诉人们变量是否一起变动，而因果性揭示了变量之间相互作用的方向。

2.5.1 相关关系分析

相关关系分析（Correlation Analysis）是统计学中用来评估两个或多个变量之间是否存在某种统计关联的方法。本小节先介绍时间序列的自相关分析，再针对两个或多个变量，讨论线性和非线性相关关系分析的常用方法。

1. 时间序列自相关

时间序列（Time Series）是指按照时间顺序排列的数据集合，用于记录和分析随时间变化的现象。通过对时间序列进行分析，可以发现某个现象发展变化的趋势和规律，为预测和决策提供可靠的数据支持。根据观察时间的不同，时间序列中的时间标度可以是时、分、秒，或者年份、季度、月份等不同时间尺度。例如，炼铁过程中采集的冷风压力、热风压力、冷风流量以及热风流量等数据均为时间序列，在数据采集时的时间标度通常是秒，在应用过程中可能会用到分钟级或小时级的数据样本。

在时间序列分析中定义自相关系数（Auto-Correlation Function，ACF），用来衡量同一序列中不同时间间隔数据之间的相关性随时间间隔的变化情况，定义时间序列 $\boldsymbol{x}$ 的自相关系数为

$$C_{\mathrm{A}}(k)=\frac{\dfrac{1}{N-k}\sum\limits_{t=k+1}^{N}(x_t-\bar{x})(x_{t-k}-\bar{x})}{\dfrac{1}{N}\sum\limits_{t=1}^{N}(x_t-\bar{x})^2} \tag{2-21}$$

式中，k 为时间间隔个数；N 为采样点的数目。自相关系数反映了同一事件在两个不同时期之间的相关程度。

例 2-7 已知图 2-3 中煤气利用率数据的采样数目 $N=60$ 个，观测周期约为 24h，单点采样周期为 2h，数据均值 $\bar{x}$=45.66%。设置 $k=12$，计算此时间序列的自相关系数：

$$C_{\mathrm{A}}(12)=\frac{\dfrac{1}{60-12}\sum\limits_{t=12+1}^{60}(x_t-45.66\%)(x_{t-12}-45.66\%)}{\dfrac{1}{60}\sum\limits_{t=1}^{60}(x_t-45.66\%)^2}=\frac{\dfrac{1}{48}\times 87.60\%}{\dfrac{1}{60}\times 109.37\%}\approx 1.00$$

可以得出，该时间序列在间隔 $k=12$ 时，呈现出很强的自相关性。

2. 皮尔逊相关系数

皮尔逊相关系数（Pearson Correlation Coefficient）也称为皮尔逊积矩相关系数（Pearson Product-Moment Correlation Coefficient），是度量两个变量之间线性关系强度的统计量。对于两个变量 X 和 Y，它们之间的皮尔逊相关系数为

$$C_{\mathrm{P}}=\frac{\sum_{i=1}^{N}(x_i-\bar{x})(y_i-\bar{y})}{\sqrt{\sum_{i=1}^{N}(x_i-\bar{x})^2}\sqrt{\sum_{i=1}^{N}(y_i-\bar{y})^2}} \tag{2-22}$$

式中，N 表示样本的数目；x_i 和 y_i 分别为变量 X 和 Y 的第 i 个取值；$\bar{x}$ 和 $\bar{y}$ 分别是 X 和 Y 的均值。皮尔逊相关系数的值介于 −1 与 1 之间，其值大于 0 表示正相关，也就是 Y 与 X 的变化方向是一致的，X 增大，则 Y 也增大；其值小于 0 表示负相关，也就是 Y 与 X 的变化方向是相反的。皮尔逊相关系数反映的是变量间的线性关系和相关性的方向，下面通过具有不同皮尔逊相关系数的散点图来辅助理解皮尔逊相关系数的使用。

通过图 2-14 可以看到，当皮尔逊系数接近于 1 或 −1 时，数据点趋向于分布在一条直线上，表示横轴与纵轴上的两个变量具有非常强的相关性。另外，皮尔逊相关系数不是相关性的斜率，当斜率改变时，相关性系数都是 1 或者 −1。需要注意的是，当斜率为 0 或无穷时，无法计算皮尔逊相关系数，因为此时，在计算皮尔逊相关系数过程中出现了分母为零的情况。

图 2-14 强线性相关情况下的皮尔逊相关系数值及数据散点图

由图 2-15 可以看出，当数据分布呈线性相关，但并非趋向于某条具体的直线时，相关系数具有不同的非 0 数值，而数据在两个维度上不相关时，皮尔逊相关系数为 0。

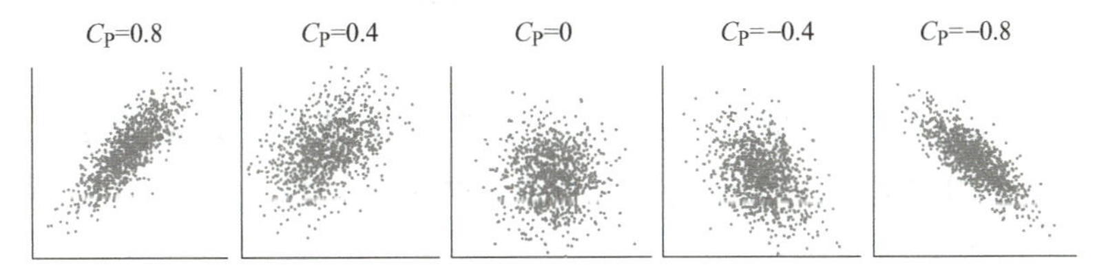

图 2-15 不同线性相关强度下的皮尔逊相关系数值及数据散点图

皮尔逊相关系数只能反映变量之间的线性关系，对于非线性关系可能无法准确度量。由图 2-16 可以看出，当数据分布都呈现出一定的规律，但是关系为非线性时，皮尔逊系数度量难以准确衡量，皮尔逊相关系数均为 0。

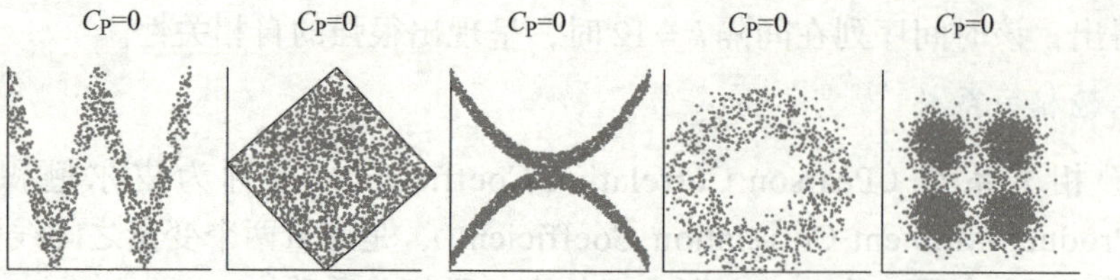

图 2-16　非线性相关情况下的皮尔逊相关系数值及数据散点图

3. 秩相关系数

秩相关系数，又称等级相关系数，是将两个变量的不同时刻数据按数据值的大小顺序排列位次，以样本在各个维度上的秩次来代替实际数据值而求得的一种统计量。它是反映等级相关程度的统计分析指标，其类型较多，例如斯皮尔曼（Spearman）相关系数和肯德尔（Kendall）相关系数。秩相关系数的计算不依赖于数据的具体数值，而是依赖于数据的相对顺序。这使得秩相关系数在处理不符合正态分布假设的数据或有序分类数据时非常有用。本节主要介绍较为常用的斯皮尔曼相关系数。

斯皮尔曼相关系数（Spearman's Rank Correlation Coefficient）是利用两个变量的秩次做相关分析，用来衡量两个变量间是否单调相关，即一个变量的增加是否倾向于导致另一个变量的增加或减少。对于两个变量 X 和 Y，将每个变量的观测值按大小顺序进行排名，并记录每个值的秩次，如果存在相同的值，则该值对应的秩次为这几个值对应秩次的平均值。用 p_i 和 q_i 分别表示 x_i 和 y_i 的秩次，$\overline{p}$ 和 $\overline{q}$ 分别表示两个变量各自所有数据的平均秩次，则 X 和 Y 之间的斯皮尔曼相关系数计算如下：

$$C_{\mathrm{S}}=\frac{\sum_{i=1}^{N}(p_i-\overline{p})(q_i-\overline{q})}{\sqrt{\sum_{i=1}^{N}(p_i-\overline{p})^2}\sqrt{\sum_{i=1}^{N}(q_i-\overline{q})^2}} \tag{2-23}$$

式（2-23）提供了一种与皮尔逊相关系数相似的形式，但是用于秩次而非原始数据。此外，斯皮尔曼相关系数还有一种计算方式，直接基于排名差的平方和得到，其定义如下：

$$C_{\mathrm{S}}=1-\frac{6\sum_{i=1}^{N}d_i^2}{N(N^2-1)} \tag{2-24}$$

式中，d_i 表示 p_i 和 q_i 之差，即 $d_i=|p_i-q_i|$。若斯皮尔曼相关系数为正，即 $0<C_{\mathrm{S}}\leqslant 1$，表明两个变量呈正相关关系；若斯皮尔曼相关系数为负，即 $-1\leqslant C_{\mathrm{S}}<0$，呈负相关关系；当 $C_{\mathrm{S}}=0$，表示不相关。

通过图 2-17 来比较皮尔逊相关系数和斯皮尔曼相关系数之间的差别，图 2-17a 反映了在线性单调关系很强时，两个度量是一致的；在图 2-17b 中，当数据具有一定非线性关系，但是变化方向一致时，斯皮尔曼相关系数的度量值更大；在图 2-17c 中，当数据散布没有规律时，两者的值都趋近于 0。

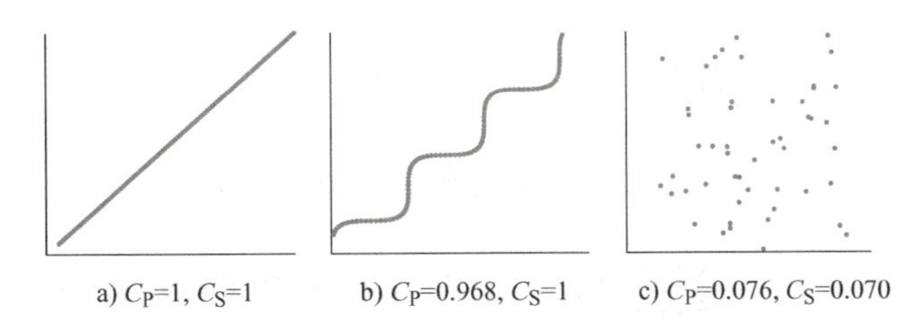

图 2-17　不同关联强度下散点图及两个相关系数的值

例 2-8　表 2-4 展示了利用斯皮尔曼相关系数定量分析冷风流量（X）和冷风压力（Y）两个变量的线性相关强度，秩次按照升序计算。

两个变量间的斯皮尔曼相关系数可计算为

$$C_{\mathrm{S}}=1-\frac{6(3^2+3^2+0.5^2+1.5^2+4^2)}{5(5^2-1)}=-0.825$$

可以看出，该数据段的冷风流量和冷风压力呈现出较强的负相关关系。

表 2-4　X 和 Y 的秩次差计算

X	Y	X 的秩次	Y 的秩次	秩次差	秩次差的平方
5665.07	432.41	4	1	3	9
5670.73	433.32	5	2	3	9
5658.31	433.64	3	3.5	0.5	0.25
5636.75	433.64	2	3.5	1.5	2.25
5629.01	438.64	1	5	4	16

4. 互信息

互信息（Mutual Information）被用作计算两组成对值之间的相似度，该值有时被用作相关性的替代物，特别是在值对之间疑为非线性关系时。互信息是一组值对另一组提供多少信息的度量方法，这些值成对地出现，例如高度和重量。互信息的值是非负的，范围从 0 到正无穷，正值表示变量间存在依赖关系。一方面，如果两组值是独立的，即一组值不包含另一组值的任何信息，则它们的互信息是 0；另一方面，如果两组值完全依赖，即知道一组值则能知道另一组值，则它们具有最大互信息。

考虑两个随机变量 X 和 Y，假设 X 可以取 m 个不同的值 u_1，u_2，…，u_m，Y 可以取 n 个不同的值 v_1，v_2，…，v_n，则 X 和 Y 的互信息定义为

$$M(X,Y)=H(X)+H(Y)-H(X,Y) \tag{2-25}$$

式中，$H(X)$ 和 $H(Y)$ 分别是 X 和 Y 的熵；$H(X,Y)$ 表示 X 和 Y 的联合熵。熵表示描述随机变量不确定性的度量，如果一个随机变量的结果是完全可预测的，那么它的信息熵为零；如果结果完全不可预测，信息熵则最大。这里，$H(X)$ 和 $H(Y)$ 分别计算为

$$H(X)=-\sum_{j=1}^{m}P(X=u_j)\log_2 P(X=u_j) \tag{2-26}$$

$$H(Y)=-\sum_{i=1}^{n}P(Y=v_i)\log_2 P(Y=v_i) \tag{2-27}$$

$H(X,Y)$ 描述两个或多个随机变量共同不确定性的度量，计算为

$$H(X,Y)=-\sum_{j=1}^{m}\sum_{i=1}^{n}P(X=u_j,Y=v_i)\log_2 P(X=u_j,Y=v_i) \tag{2-28}$$

注意，$H(X,Y)$ 是对称的，即 $H(X,Y)=H(Y,X)$，因此互信息也是对称的，即 $M(X,Y)=M(Y,X)$。互信息广泛应用于机器学习、信号处理、自然语言处理等领域，用于特征选择、数据压缩、模式识别等。

2.5.2 因果关系分析

因果关系（Causality）是“因”（即一个事件）和“果”（即另一个事件）之间的作用关系，其中后一事件被认为是前一事件的结果。一般来说，一个事件是很多原因综合产生的结果，原因都发生在较早时间点，而该事件又可以成为其他事件的原因。本小节主要介绍格兰杰因果关系及基于滞后相关的因果推断方法。

1. 格兰杰因果关系

格兰杰因果关系（Granger Causality）分析是一种统计学上用于分析时间序列数据的相互影响及其方向的方法，由经济学家克莱夫 · W. J. 格兰杰（Clive W. J. Granger）提出。它基于预测的概念来定义因果关系，即如果一个时间序列包含了关于另一个时间序列未来值的信息，那么可以说第一个时间序列是第二个时间序列的格兰杰原因。

格兰杰因果推断是一种假设检定的统计方法，用以检验一个变量是否为另一个变量的原因，被广泛应用于金融、气象、工业等领域的时间序列分类和预测问题。格兰杰因果推断通常假设时间序列数据是平稳的，即均值、方差和协方差不随时间变化。对于两个变量 X 和 Y，它们之间的格兰杰因果关系可以通过建立与变量 X、Y 相关的自回归模型，比较模型残差的方差大小判断两个变量之间是否存在因果关系。自回归模型如下：

$$y_t=\sum_{j=1}^{m}\alpha_j y_{t-1}+\varepsilon_{y,t} \tag{2-29}$$

$$y_t=\sum_{j=1}^{m}\beta_j x_{t-j}+\sum_{j=1}^{m}\gamma_j y_{t-j}+\varepsilon_{y|x,t} \tag{2-30}$$

式中，x_t 和 y_t 分别表示变量 X 和 Y 在 t 时刻的值；α_j、β_j 和 γ_j 为模型的系数；m 为模型的阶数；$\varepsilon_{y,t}$ 和 $\varepsilon_{y|x,t}$ 为模型的残差。

根据回归预测结果，通过比较自回归模型残差的方差大小来判断 X 和 Y 是否存在格兰杰因果关系。为衡量两个时间序列之间格兰杰因果关系的强度或显著性，可以计算格兰杰因果指数（Granger Causality Index，GCI），其定义如下：

$$\mathrm{GCI}_{X\to Y}=\ln\frac{\mathrm{var}(\varepsilon_{y,t})}{\mathrm{var}(\varepsilon_{y|x,t})} \tag{2-31}$$

如果残差的方差满足 $\mathrm{var}(\varepsilon_{y|x,t})<\mathrm{var}(\varepsilon_{y,t})$，可得到 $\mathrm{GCI}_{X\to Y}>0$，则表明 X 和 Y 之间存在统计意义下的格兰杰因果关系。

2. 基于滞后相关的因果推断

基于滞后相关的因果推断利用互相关函数来估计过程变量之间的时间延迟，进而构建因果矩阵分析变量之间的因果关系。互相关函数用于定量描述两个信号在不同时间偏移下的相关性。对于两个离散变量 X 和 Y，它们之间的互相关函数为

$$R_{XY}(k)=\frac{1}{N-k}\sum_{t=1}^{N-k}x_t y_{t+k} \tag{2-32}$$

式中，x_t 和 y_t 分别表示变量 X 和 Y 在 t 时刻的去中心和归一化的值；k 为时间间隔序数 (k=0, ± 1, ± 2,⋯)。$R_{XY}(k)$ 的最大值和最小值分别表示为 $\varphi^{\max}$ 和 $\varphi^{\min}$，对应的时延常数分别表示为 $k^{\max}$ 和 $k^{\min}$，则变量 X 和 Y 之间的时滞 λ_{XY} 为

$$\lambda_{XY}=\begin{cases}k^{\max}, \varphi^{\max}+\varphi^{\min}\geqslant 0\\ k^{\min}, \varphi^{\max}+\varphi^{\min}<0\end{cases} \tag{2-33}$$

利用式（2-33）判断变量 X 和 Y 间的影响关系，如果 $\lambda_{XY}>0$，则表明变量 Y 受到了变量 X 变化的影响，X 是 Y 的因；如果 $\lambda_{XY}<0$，则表明变量 X 受到了变量 Y 变化的影响，X 是 Y 的果。变量 X 和 Y 之间的滞后相关系数表示为

$$\rho_{XY}=\begin{cases}\varphi^{\max}, \varphi^{\max}+\varphi^{\min}\geqslant 0\\ \varphi^{\min}, \varphi^{\max}+\varphi^{\min}<0\end{cases} \tag{2-34}$$

上述公式反映变量 X 和 Y 之间的关联关系强度。基于时滞的互相关函数方法为判别时间序列因果关系提供了一种实用有效的方法，算法简单，计算复杂度低，在变量之间具有线性关系时可以准确地分析出变量间存在的因果关系。

因果关系分析在实际工业领域获得大量研究和应用，除了上述方法，还存在很多其他有效方法。例如，部分定向相干分析（Partial Directed Coherence，PDC）和直接传递函数（Directed Transfer Function，DTF）适用于频域的因果关系分析；收敛交叉映射（Convergent Cross Mapping，CCM）通过对变量进行状态空间重构来获取变量的历史信息，进而识别因果关系，它适用于线性和非线性过程；传递熵（Transfer Entropy，TE）是在给定 X 的过去状态的情况下，计算 X 对 Y 未来状态的不确定性减少的程度来判断因果关系，也可以用于分析具有线性和非线性关系的时间序列数据，但计算传递熵需要估计概率分布，这在高维数据中可能会遇到计算复杂性和精确性的问题。面对实际应用问题时，只有根据数据和问题的特点，选择合适的因果分析方法，才能获得正确的结论。

本章小结

本章为数据的基本知识，主要讲述了数据的基本概念、数据统计描述、可视化描述、数据的相似性和相异性度量，以及相关性与因果关系分析。首先，从数据属性角度出发，介绍数据的基本概念；其次，介绍数据的基本统计描述，主要包括数据的中心趋势度量和

离散趋势度量，以帮助把握数据的总体特征；再次，借助于图形可视化手段，清晰有效地展现数据整体分布情况和不同维度间的关联关系；最后，着重介绍不同属性数据间的相似性和相异性度量方法，以及如何运用相关性分析指标来衡量数据关联的密切程度。

基本概念：介绍了不同属性数据的基本概念和属性，并结合具体实例加深对数据相关概念的理解。

数据统计描述：介绍了数据的中心趋势度量，包括均值、中位数、众数和中列数等，还介绍了离散趋势度量，包括极差、平均差、方差、标准差、协方差、四分位数和离散系数等。

数据可视化描述：介绍了折线图、直方图、条形图、箱线图、散点图以及平行坐标图，这些图形有助于清晰明了地展现数据的总体状态。

相似性及相异性：介绍了不同属性数据的相似性和相异性度量。针对数值属性的相似性和相异性度量，主要包括欧几里德距离、曼哈顿距离、切比雪夫距离、闵可夫斯基距离、马氏距离、余弦相似度等。针对标称属性数据间相似性和相异性的度量，主要包括汉明距离、不匹配率、卡方、简单匹配系数和杰卡德系数等。

相关关系和因果关系分析：自相关函数可以衡量时间序列自身的相关密切程度，皮尔逊相关系数用来评价数值属性变量间的线性相关程度，斯皮尔曼相关系数用来评价数值属性变量间的单调关系，互相关系数主要衡量变量之间的非线性关系。格兰杰因果关系及基于滞后相关的因果推断方法，可以有效判断两个变量间是否存在因果关系。

思考题与习题

2-1 请列举智能制造过程中的不同属性数据。

2-2 数据的图形描述有哪些？

2-3 统计数据的离散趋势度量和中心趋势度量分别有哪些？

2-4 指出皮尔逊、斯皮尔曼及肯德尔相关系数的适用条件。

2-5 请简述协方差和相关系数的区别。

2-6 讨论文中给出的不同邻近性度量方法的应用场景。

2-7 讨论文中给出的不同相关性分析指标的应用场景。

2-8 除了本章给出的邻近性度量外，尝试调研并给出其他邻近性度量方法及应用场景。

2-9 简要概括标称属性对象的相异性及非对称二元属性对象的相异性。

2-10 对于余弦距离，可能的值域是什么？如果两个对象的余弦距离为 1，它们相等吗？请解释原因。

2-11 如果余弦度量与相关性度量有关系的话，有何关系？（提示：在余弦与相关性相同或不同情况下，考虑诸如均值、标准差等统计量）

2-12 给定两组数据 $\boldsymbol{x}=[1,3,4,8]$，$\boldsymbol{y}=[2,6,7,10]$，分别计算 $\boldsymbol{x}$ 与 $\boldsymbol{y}$ 间的欧几里德距离、曼哈顿距离及切比雪夫距离。

2-13 假设有两个向量 $\boldsymbol{x}=[2,1,3,4,2]$ 和 $\boldsymbol{y}=[1,3,2,5,4]$，计算它们之间的余弦相似度。

2-14 假设有两个离散随机变量 $\boldsymbol{x}$=[0,0,0,1,1,1] 和 $\boldsymbol{y}$=[0,1,2,0,1,2]，请计算 $\boldsymbol{x}$ 和 $\boldsymbol{y}$ 之间

的互信息。

2-15　分别计算两组数据 $\boldsymbol{x}$ =[190.79,204.39,210.39,218.41,210.75,199.25,194.34,179.02,165.64,165.46] 和 $\boldsymbol{y}$ =[165.34,178.43,190.52,203.52,204.91,197.42,193.34,181.46,167.42,163.07] 的皮尔逊相关系数和斯皮尔曼相关系数。

2-16　计算出两组数据 $\boldsymbol{x}$ = [2.1,0.9,2.2,3.1,2.0] 和 $\boldsymbol{y}$ = [1.0,2.1,3.0,2.0,1.1] 互相关系数最大时的时滞取值。

参考文献

[1] 贾俊平，何晓群，金勇进 . 统计学 [M]. 4 版 . 北京：中国人民大学出版社，2009.

[2] 吕林根，许子道 . 解析几何 [M]. 4 版 . 北京：高等教育出版社，2006.

[3] HAN J，KAMBER M，PEI J. Data mining：Concepts and techniques[M]. San Francisco：Morgan Kaufmann，2012.

[4] HAN J W，KAMBER M，PEI J. 数据挖掘：概念与技术　原书第 3 版 [M]. 范明，孟小峰，译 . 北京：机械工业出版社，2012.

[5] 宋万清 . 数据挖掘 [M]. 北京：中国铁道出版社，2019.

[6] 王燕 . 应用时间序列分析 [M]. 4 版 . 北京：中国人民大学出版社，2015.

[7] PEARSON K. Regression，Heredity and Panmixia[J]. Philosophical Transactions of the Royal Society of London. Series A，1896，187：253–318.

[8] KENDALL M G. A new measure of rank correlation[J]. Biometrika，1938，30（1–2）：81–93.

[9] GRANGER C W J. Investigating causal relations by econometric models and cross–spectral methods[J]. Econometrica：journal of the Econometric Society，1969，37：424–438.

[10] SPEARMAN C. General intelligence，objectively determined and measured[J]. American Journal of Psychology，1904，15：201–293.

[11] BAUER M，THORNHILL N F. A practical method for identifying the propagation path of plant–wide disturbances[J]. Journal of Process Control，2008，18（7–8）：707–719.

[12] YANG F，DUAN P，SHAH S L，et al. Capturing connectivity and causality in complex industrial processes[M]. Berlin：Springer，2014.

[13] HU W，SHAH S L，Chen T. Framework for a smart data analytics platform towards process monitoring and alarm management[J]. Computers & Chemical Engineering，2018，114：225–244.

[14] HU W，WANG J，CHEN T. A new method to detect and quantify correlated alarms with occurrence delays[J]. Computers & Chemical Engineering，2015，80：189–198.

[15] RUNKLER T A. Data analytics：Models and algorithms for intelligent data analysis[M]. Berlin：Springer Vieweg，2012.

第 3 章　数据预处理

导读

在工业制造过程中采集到的各种数据构成了数据挖掘的信息基础。然而，这些数据往往包含噪声和大量缺失值，会降低数据挖掘的效率，影响结果的可靠性，甚至产生无效的归纳结论。通过对所采集到的原始数据进行预处理，可确保数据挖掘过程使用的数据是干净、准确、简洁的，从而为获得高质量的挖掘结果提供坚实的基础。

本章将对数据预处理技术进行系统性介绍。首先，将探讨工业数据的质量特性及其常见问题，为理解数据预处理的必要性打下基础；随后，详细介绍数据清洗的基本概念和方法，讨论数据集成中需要考虑的关键因素；最后，介绍数据归约技术和数据变换策略。

本章知识点

- 数据质量特性、数据预处理的主要任务
- 数据清洗，包括缺失值填补、噪声清洗、异常值清洗、格式内容及逻辑错误清洗
- 数据集成，将来自多个数据源的数据整合成一致的数据存储
- 数据归约，包括维归约和数量归约，得到原数据的压缩表示
- 数据变换，通过数据规范化或者离散化将数据变换成适于挖掘的形式

3.1　工业数据质量

本节内容主要讨论数据质量特性，并介绍智能制造过程中常见的数据质量问题。针对这些问题，进一步介绍数据预处理的主要任务。

3.1.1　数据质量特性及问题

在工业制造过程中，由于数据来源、数据结构和采集工具的多样性，收集到的数据大多都存在数据不一致、噪声和缺失值等问题。然而，数据挖掘需要高质量的数据来确保结果的可靠性。因此，数据挖掘所处理的数据必须具有准确性、完整性和一致性这三个关键特点。具体来说，数据应该准确反映所描述的事实，其属性应完整无缺，且每个属性应当以一致的原则来表示。除此之外，数据的时效性、可信性和可解释性也是影响数据质量的

重要因素。如图 3-1 所示，这些因素共同决定了数据挖掘结果的有效性和可行度。

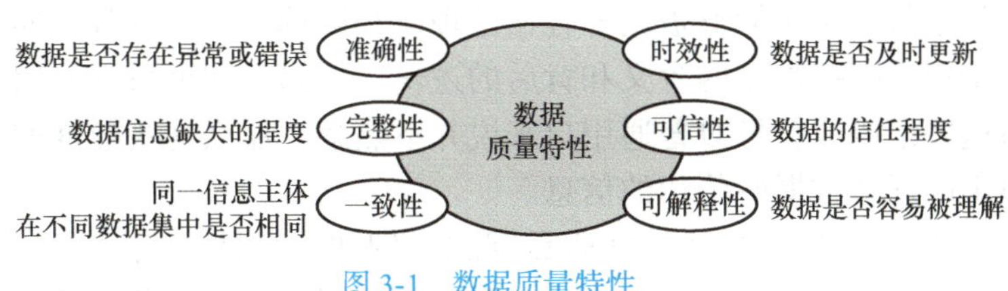

图 3-1　数据质量特性

1. 准确性

准确性是指数据具有正确的属性值，也就是说所获得的数据与真实数据之间的误差必须控制在规定的范围内。这是数据质量特性的核心特性和最基本要求，因为不正确的数据可能导致分析结果的偏差。数据的不准确可能由多种原因导致，例如，收集数据的设备可能出现故障，数据中可能含有噪声，人或计算机在数据输入时出现错误，命名约定或所用的数据代码不一致，输入字段的格式不规范等。

2. 完整性

完整性是指描述对象的数据信息是否全面无缺，特别是关键属性是否存在缺失或者遗漏。数据缺失可能表现为整个属性的缺失，也可能是数据中的某部分缺失。数据不完整的原因多种多样：由于采集数据时的考虑与分析数据时的需求不同，某些属性可能在数据采集过程中被遗漏；采集数据的软硬件可能出现漏洞，致使某些属性值丢失；人工采集数据时的疏忽或错误也可能导致数据不完整。

3. 一致性

一致性是指数据集中属性之间保持逻辑关系的一致性，并且遵循统一的规范和格式，确保数据可比较、可理解。数据的一致性可能会因为多种因素而受到影响，例如，数据是从不同的源头进行采集的，由于采集标准和方法的差异，可能会导致数据格式和结构上的不一致；即使数据来自同一源头，如果采集发生在不同的时间点，环境的变化也可能引起数据的不一致性。

4. 时效性

时效性是指数据是否能够及时反映其描述对象的最新状态，即数据更新的频率和速度。数据时效性越好意味着其更新周期越短，能够更准确地捕捉到对象的实时变化。例如，在监控高炉炉顶温度的场景中，如果数据能够实时或近乎实时地更新，那么它就具有很高的时效性。然而，如果炉顶温度数据更新不及时，那么这些数据的时效性就会受到影响，数据就无法准确反映高炉炉顶温度的最新变化。

5. 可信性

可信性是指用户对数据的信赖程度，取决于数据源是否提供了准确无误的信息，以及数据是否能够经得起验证。例如，某数据库在某一时刻存在错误，尽管这些错误后续得到了更正，但是它们已经对用户产生了负面影响，因此降低了数据的可信性，进而影响用户对数据的信赖程度。

6. 可解释性

可解释性是指数据是否能够被用户轻松地理解和解释，它强调数据的表达方式应该清晰、直观，便于用户把握数据的含义和背后的逻辑。例如，如果数据使用了许多特定的编码或符号，而这些编码或符号对普通用户来说并不熟悉，那么这些数据的可解释性就会很差，导致用户难以理解数据所传达的信息。

正是实际工业数据存在这些数据质量问题，例如，数据不正确（包含错误值或异常值）、不完整（缺少某些属性或数值）、不一致（相同属性的值错误或逻辑矛盾）等问题，会对数据挖掘结果产生显著的负面影响。因此，在进行数据挖掘前，对原始数据进行必要的预处理工作显得尤为重要。通过预处理，可以确保数据满足数据挖掘算法所要求的规范或标准。

3.1.2 数据预处理的主要任务

数据预处理是数据分析和挖掘过程中的一个重要步骤，涉及在执行主要分析与挖掘任务之前，对数据进行一系列处理，目的是提高数据挖掘的质量，并减少实际挖掘所需要的时间。数据预处理的主要任务包括：数据清洗、数据集成、数据归约和数据变换，如图 3-2 所示。

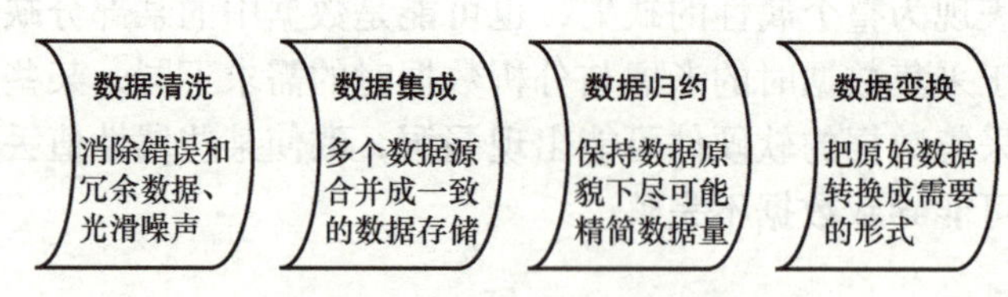

图 3-2　数据预处理的主要任务

1. 数据清洗

数据清洗通过填写缺失值、平滑噪声、识别并删除异常值，以及解决数据的不一致问题，来将“脏”数据转化成干净、可靠的数据。“脏”数据是指包含噪声、存在缺失值和不一致性的数据，会使挖掘过程陷入混乱，造成不可靠的输出。如果数据是“脏”的，用户将对挖掘结果持怀疑态度。针对数据具体任务进行合理的数据清洗，可以有效解决数据在完整性、一致性和准确性方面的质量问题。

2. 数据集成

数据集成是将分散在不同数据源的数据集成到一起的过程。在这一过程中，即使不同数据库、报表或文件中存储的属性数据代表同一概念，它们的格式和表述也可能不同，从而导致不一致和冗余问题。通过数据集成可以将多样化的数据整理为形式统一的数据，从而提升整体数据质量。例如，在整合某高炉炼铁过程数据时，冷风流量的变量名称可能在不同数据库中分别表示为“CBV”和“CBV_ID”，对于这种情况，显然必须采取措施避免数据集成时的冗余，确保数据的一致性。

3. 数据归约

数据归约是指对数据集进行简化表示，来提高数据处理时的计算和存储效率，并且产生几乎同样的分析结果，而不至于在数据挖掘分析的性能上做出大的牺牲。数据归约策略包括维归约和数值归约。维归约是从原始数据集中选择出最相关的特征（维度），并去除冗余或无关的特征；数值归约则使用参数模型或非参数模型，在损失信息不显著的前提下，缩小数据的规模。

4. 数据变换

数据变换是指将数据从一种表示形式变为另一种表示形式的过程，包括数据的规范化和离散化。数据规范化可以把数据压缩到较小的、统一的区间，这对于使用某些对数据尺度敏感的数据处理方法尤为重要；数据离散化则是将连续的数值数据转换为离散的类别，使得数据挖掘可以在不同的抽象层次上进行，有助于揭示数据中的模式和趋势。

总之，数据预处理技术可以提升数据的质量，有助于提高数据挖掘过程的准确性和效率。例如，在数据清洗中，恰当地填写缺失值不仅能够增强数据的完整性，还有助于提高数据的准确性，从而整体提升数据质量。此外，及时检测并纠正数据中的异常，以及通过数据归约减少待分析数据的复杂性，都能够显著提高基于数据做出决策的可靠性。这些预处理步骤是确保数据挖掘成功的关键，为后续分析提供了坚实的基础。

3.2 数据清洗

在现实工业环境中所采集的数据往往是不完整、有噪声且不一致的。数据清洗就是为了解决这些问题，包括填充缺失值、光滑噪声、识别异常值以及纠正数据中的不一致问题。数据清洗是一个包含很多步骤的复杂过程，实际应用中需要根据数据的特性和分析任务的具体需求来制定清洗策略。这意味着，在不同应用场景下，数据清洗的步骤和方法可能会有所不同，而不是一成不变地遵循一套固定的流程。

3.2.1 缺失值填补

工业数据中的样本往往会遇到个别属性值缺失的问题，例如表 3-1 所示的空单元或“NaN”。出现数据缺失的情况时，可以采用以下方法进行处理。

表 3-1　含缺失值的数据表

时间	冷风流量 /$m^3 \cdot min^{-1}$	冷风压力 /kPa
2015-06-01 00：06	5631.67	440.34
2015-06-01 00：07	5621.07	439.89
2015-06-01 00：08		438.63
2015-06-01 00：09	5663.64	433.20
2015-06-01 00：10	5667.24	NaN
2015-06-01 00：11	5658.63	428.45

1. 忽略样本或属性

在数据集中，如果某一样本有多个属性值缺失，或者某一属性的重要性偏低（对数据分析与挖掘影响不大），则通常采用这个策略，忽略这个样本或属性。尤其是在有监督的分类任务中，如果样本缺少类标号，这些样本就无法在训练或测试中使用，此时忽略这些样本就是最佳策略。然而，这种方法的应用场景有限，各属性缺失值的百分比差异较大时，这种处理方式的效果会非常差。

2. 人工填补缺失值

另一种对缺失数据进行处理的简单方法是用人工方式进行填补。这种方法的前提是数据存在一定冗余，即缺失的属性值可以通过其他属性值进行推断。尽管如此，人工填补通常需要投入大量的时间和人力资源，并且受人的主观因素影响，难以准确预估其对数据的影响。尤其当数据集庞大且缺失值很多时，该方法可能行不通。

3. 使用全局常量填充缺失值

该方法是对某一属性所有的缺失值用一个统一的全局常量（如 0、–1 或“Unknown”）进行填补。这种方法最大的优点是操作简便，但缺点是可能会存在程序错误理解数据的问题。例如，将所有缺失值统一用“Unknown”替换时，程序可能会错误地认为这些缺失值是相同的，这降低了此方法的可靠性。

4. 使用属性的中心度量填充缺失值

当数据集中某些属性的缺失值比例和重要性都处于一般水平，可以采用该属性的中心度量来填充缺失值。如果数据分布是对称的，则可以用属性均值来填补；如果数据分布是倾斜的，则属性的中位数可能是更好的选择。这种方法虽然简单高效，但可能会引入一定程度的偏差，从而影响分析结果的准确性。

5. 使用同类样本的属性均值或中位数填充缺失值

在大数据分析与挖掘应用中，常常需要进行分类挖掘任务。对含有分类特性的属性（如标称属性、序数属性等），如果有与分类属性相关的数值属性存在缺失值，此时最适用的缺失值填补方式是利用同类别所有样本的属性均值或中位数进行填补。例如，使用同一运行模态下的其他时刻的均值来填补。同样，如果给定数据是倾斜的，则中位数是更好的选择。

6. 使用最可能的值补充缺失值

填补缺失值还可以是一个合理分析和智能预测的过程，可以利用丰富的数据信息来推断缺失值最有可能的取值。例如，可以使用简单线性回归或多元回归等统计方法来预测缺失值。这种方法能够更准确地反映数据的真实情况，从而提高填补缺失值的质量。

例 3-1 在处理表 3-1 中的冷风流量数据时，发现某些数据缺失，采用第四种方法进行缺失值填补，即求出其余样本的均值进行补充，其结果如图 3-3 所示。

例 3-2 对于图 3-4 左侧表格中的数据，当运行模态 1 中的产量数值缺失时，采用第五种缺失值填补方法，即用同一模态下的均值来进行填补，其结果如图 3-4 右侧表格所示。

AVG(CBV) 冷风流量/$m^3 \cdot min^{-1}$	AVG(CBP) 冷风压力/kPa
5631.67	440.34
5621.07	439.89
	438.63
5663.64	433.20
5667.24	
5658.63	428.45

求5个时刻冷风流量的均值

求5个时刻冷风压力的均值

AVG(CBV) 冷风流量/$m^3 \cdot min^{-1}$	AVG(CBP) 冷风压力/kPa
5631.67	440.34
5621.07	439.89
5648.45	438.63
5663.64	433.20
5667.24	436.10
5658.63	428.45

图 3-3　使用属性的平均值填充缺失值

产量	运行模态
7.6	1
9.3	2
8.1	1
8.6	1
	1
10.4	2

求三个同一模态产量的均值

产量
7.6
9.3
8.1
8.6
8.1
10.4

图 3-4　使用同类样本的属性均值填充缺失值

3.2.2　噪声清洗

由于操作失误或设备故障等，所采集的数据可能与真实值产生偏差，这种偏差即表现为数据中的噪声。含有噪声的数据（特别是错误值和孤立点）会极大影响数据的准确性，从而降低数据分析结果的稳定性和可靠性。因此，为了确保数据分析和挖掘的质量，对数据进行噪声清洗，也称为数据光滑或数据去噪，显得尤为重要。常用的方法包括分箱法、小波变换法和经验模态分解法等。

1. 分箱法

分箱法去噪是一种局部平滑方法，它通过利用被平滑数据点邻近的值，对一组有序数据进行平滑处理。分箱法的主要步骤包括：

1）将有序数据分配到不同的“箱”中。分箱的方式主要有两种，即等宽分箱和等频分箱。如图 3-5 所示，等宽分箱是指将数据按照相同的取值间距分配到各个箱中；等频分箱是指将数据均匀分配到箱中，确保每个箱中的数据量相同。等宽分箱较为直观、易操作，但是可能出现某些箱中完全没有数据的情况。相比之下，等频分箱则不会存在这种情况，具有较好的适应性和可扩展性。

2）数据光滑处理。分箱法在数据光滑中可以采用几种不同策略，包括箱均值光滑、箱中位数光滑和箱边界光滑。其中，箱均值光滑是将箱中的所有值用箱均值替换；箱中位数光滑是将箱中的所有值用箱中位数替换；箱边界光滑是指将箱中的每一个值替换为与其大小最相近的箱边界值，箱边界值是指箱中的最大值和最小值。

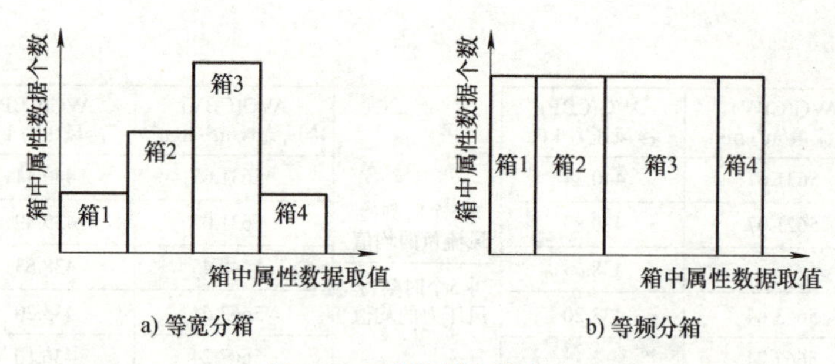

a) 等宽分箱　　b) 等频分箱

图 3-5　两种分箱划分方法

在使用分箱法进行数据光滑时，箱的宽度越大，光滑效果越明显，但同时可能引入较大的偏差。需要说明的是，分箱法除了可以对数据进行噪声清洗外，还可以作为一种数据离散化的方法使用，这将在 3.5.2 节中进行介绍。

例 3-3　考虑以下有序数据：4，8，9，15，21，22，24，25，26，30，30，38，采用分箱法对其进行噪声清洗。如图 3-6 所示，数据首先被划分到大小为 4 的等频的箱中，即每个箱包含 4 个值。然后，利用上述三种光滑策略，对数据进行平滑处理。以箱均值光滑为例，第一个箱中的值 4，8，9，15 都用箱均值 9 替换。图 3-6 给出了采用三种分箱光滑策略的计算结果。

划分为(等频的)箱:	用箱均值光滑:	用箱中位数光滑:	用箱边界光滑:
箱1：4，8，9，15	箱1：9，9，9，9	箱1：8.5，8.5，8.5，8.5	箱1：4，4，4，15
箱2：21，22，24，25	箱2：23，23，23，23	箱2：23，23，23，23	箱2：21，21，25，25
箱3：26，30，30，38	箱3：31，31，31，31	箱3：30，30，30，30	箱3：26，26，26，38

图 3-6　利用分箱法进行数据光滑去噪

2. 小波变换法

小波变换（Wavelet Transform，WT）是采用一组可伸缩、可平移且互相正交的小波函数族对原始信号进行展开的变换分析方法。与傅里叶变换相比，小波变换具有独特的优势。傅里叶变换主要提供信号的频谱分析，反映的是信号整体的时间频谱特性，适合分析平稳信号，但不具备局部化分析能力，无法有效分析非平稳信号；而小波变换则继承和发展了短时傅里叶变换局部化的思想，同时又克服了窗口大小不随频率变化等缺点。它能够提供一个随频率改变的"时间 – 频率"窗口，是进行信号时频分析和处理的理想工具。小波变换法的主要特点包括：

1）通过变换能够揭示信号在特定时间和频率上的细节，实现对信号时间（空间）信息和频率信息局部化特征的分析，这也是小波变换区别于傅里叶变换的关键优势之一。

2）通过伸缩平移运算对信号逐步进行多尺度细化，实现高频处时间细分和低频处频率细分，能自动适应时频信号分析的要求，从而可聚焦到信号的任意细节。

小波变换去噪的基本思想是根据噪声与信号在不同频带上的小波分解系数具有不同强度分布的特点，在各频带上去除噪声对应的小波系数，同时保留原始信号的小波分解系数，然后对处理后的系数进行小波重构，得到去噪后的信号。具体步骤如下：

1）对信号进行小波分解。根据信号的特性和分析需求选择一个合适的小波基，不同的小波基具有不同的特点，适用于不同类型的信号分析；同时，还需确定进行小波分解的

层数 N，对信号进行 N 层小波分解计算，即信号将被分解到 N 个不同尺度的子空间，分解层次的多少会影响分析的精细度。

2）计算小波系数和进行阈值处理。对于每个分解的尺度，计算小波系数，这些系数表示了信号在相应尺度和位置上的能量分布。进一步，对小波分解后的高频系数进行阈值量化处理，以去除不重要的系数或噪声成分，主要包括两种方式：硬阈值量化，它将小于某个阈值的小波系数直接设置为零，这种方法简单易实现，但可能导致信号中的某些细节被过度去除；软阈值量化，它将每个系数减去阈值的相应比例，这种方法相对平滑，能够更好地保留信号的形状和边缘信息。

3）进行信号的小波重构。根据小波分解的第 N 层的低频系数和经过量化处理后的第 1 层到第 N 层的高频系数，进行信号的小波重构。

相比其他去噪方法，小波变换在低信噪比情况下的去噪效果更好，去噪后的信号识别率较高，对时变信号和突变信号的去噪效果尤其显著。

例 3-4　图 3-7a 展示了在某化工生产过程中所采集的原始信号，可以看出该信号具有明显噪声。为了降低噪声对后续分析结果的影响，这里利用本节介绍的小波变换去噪方法，对该信号进行噪声清洗。去噪后的信号如图 3-7b 所示，可以发现去噪信号的波动明显减少，变得更加平滑。

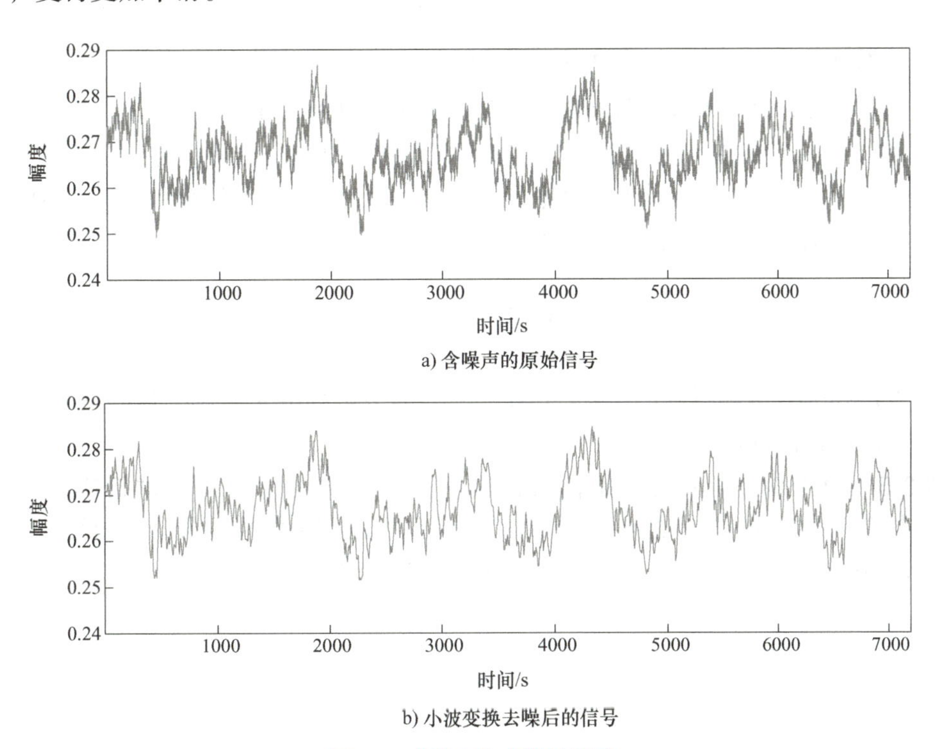

图 3-7　小波变换去噪效果图

3. 经验模态分解法

经验模态分解（Empirical Mode Decomposition，EMD）是依据数据自身的时间尺度特性来进行信号分解，无须预先设定任何基函数。这一点与建立在先验性的谐波基函数和小波基函数上的傅里叶分解与小波分解方法具有本质差别。正是由于这种特性，EMD 方法在理论上可以应用于任何类型信号的分解，尤其是在处理非平稳和非线性数据方面具有明显优势。EMD 的作用是将复杂信号分解为有限个本征模函数（Intrinsic Mode Function，IMF），所分解出来的各 IMF 分量包含了原信号在不同时间尺度的局部特征。EMD 方法的实现主要基于以下假设条件：

1）极值条件：数据至少有两个极值点，即至少有一个最大值和一个最小值，这些极值点是 EMD 中识别和构建局部特征的基础。

2）局部时域特性：数据的局部时域特性由极值点间的时间尺度唯一确定。

3）拐点处理：如果数据没有极值点但存在拐点，则可以通过对数据进行一次或多次微分求得极值，然后再通过积分来获得分解结果。这种方法的本质是通过数据的时间尺度特性来获得本征波动模式，进而实现数据分解。

EMD 方法的具体步骤如下：

1）对于给定信号 $x(t)$，确定其所有的极值点。

2）用三次样条曲线拟合出上下极值点的包络线，分别记为上包络线 $e_{\max}(t)$ 和下包络线 $e_{\min}(t)$，并求出它们的平均值 $m(t)=[e_{\max}(t)+e_{\min}(t)]/2$，在 $x(t)$ 中减去平均值得到 $h(t)$：

$$h(t)=x(t)-m(t) \tag{3-1}$$

3）根据预设判据判断 $h(t)$ 是否为一个 IMF。

4）如果不是，则以 $h(t)$ 代替 $x(t)$，重复以上步骤直到 $h(t)$ 满足判据。

5）每得到一个 IMF，就从原信号中减去它，然后对剩余信号重复以上步骤，直到信号最后剩余部分只是单调序列或常值序列。这样，经过 EMD 方法分解就将原始信号 $x(t)$ 分解成一系列 IMF 以及剩余部分的线性叠加，即

$$x(t)=\sum_{i=1}^{n} f_i(t)+r_n(t) \tag{3-2}$$

式中，$f_i(t)$ 是 EMD 分解得到的第 i 个 IMF；$r_n(t)$ 是分解筛除 n 个 IMF 后的信号残余分量，代表信号的直流分量或趋势。

例 3-5 对于例 3-4 中的原始信号，这里采用经验模态分解法进行噪声清洗。将图 3-7a 中的含噪信号经过上述步骤的 EMD，得到本征模函数与残余分量的线性叠加，然后对本征模函数进行信号重构，去噪后的信号如图 3-8 所示。

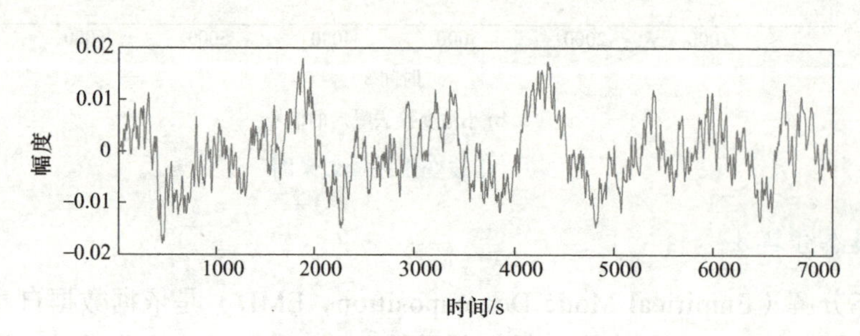

图 3-8　经验模态分解法去噪效果图

3.2.3　异常值清洗

由于数据测量和收集过程中存在误差等，数据集中可能存在一些不合理的值，被称为异常值。异常值通常与其他数据点相隔较远，或者与大部分其他数据显著不同，因此也被称作离群点。由于造成这些异常值的底层原因常常是未知的，异常值清洗技术的重点在于发现与其他数据属性值不同的点，而不受异常产生原因的影响。

基于这种异常值远离其他数据属性值的特性，通过数据可视化可以简单观测出异常值。如图 3-9 所示，展示了一组数据样本，其中圆圈标记了部分异常值。然而，在大数据中，将采集的全部数据可视化十分困难。因此，定义和识别异常值往往需要采取其他方法，下面介绍一些常用的异常值检测方法。

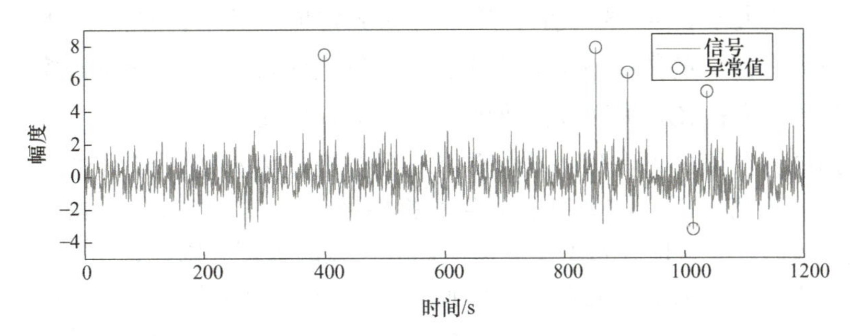

图 3-9　异常值可视化

1. 简单统计分析

对数据属性进行简单的统计分析，并依此设计一些规则来判别数据是否异常，这是一种简单直接的异常值识别方法。例如，对连续数值属性的数据设定某个区间，超出区间范围则是异常值；对离散型的数据则可以设定一个集合范围，超出集合的数据则为异常值。

例 3-6　如图 3-10 所示数据，高炉炼铁过程中的冷风流量属性值不应该是负数，属性值为 −5000 显然不合常理，判定为异常值。这里可以通过删除该行进行简单的异常值清洗，当然也可以通过其他缺失值填补方法，对该值进行修改。

AVG(CBV) 冷风流量/$m^3 \cdot min^{-1}$	AVG(CBP) 冷风压力/kPa
5631.67	440.34
5621.07	439.89
−5000	438.63
5663.64	433.20
5667.24	435.62
5658.63	428.45

删除该行 →

AVG(CBV) 冷风流量/$m^3 \cdot min^{-1}$	AVG(CBP) 冷风压力/kPa
5631.67	440.34
5621.07	439.89
5663.64	433.20
5667.24	435.62
5658.63	428.45

图 3-10　对属性进行简单统计分析实现异常值清洗

2. 3σ 原则

使用 3σ 原则进行异常值判别是一种较为常用的方法。这种方法的应用前提是要求数

据满足或近似满足正态分布，此时在 3σ 原则下，超出 $[\mu-3\sigma,\mu+3\sigma]$（即均值 ±3 倍标准差）的值出现的概率仅为 $P(|x-\mu|>3\sigma)\leqslant 0.3\%$，属于极个别的小概率事件。因此，可以认为一组测定值中与平均值的偏差超过 3 倍标准差的值就是异常值。需要注意的是，这种方法需要在数据量充分大并且近似满足正态分布时才能有效使用。

如果数据不服从正态分布，也可以考虑借鉴这种思想，根据数据集具体情况，识别出距离平均值 N 倍标准差的数据作为异常值。

3. 箱线图分析

箱线图是数据通过其四分位数形成的图形化描述，用于显示数据分散情况，是一种非常简单有效的可视化异常值的方法。箱线图提供了一个识别异常值的标准：如果一个值小于 $Q_1-1.5\times\text{IQR}$ 或大于 $Q_3+1.5\times\text{IQR}$，则被称为异常值。其中，Q_1 表示下四分位数，全部观察值中有四分之一的数据取值比它小；Q_3 表示上四分位数，全部观察值中有四分之一的数据取值比它大；IQR 为四分位数极差，$\text{IQR}=Q_3-Q_1$。

箱线图判断异常值的方法以四分位数和四分位极差为基础。与 3σ 原则的均值和标准差相比，箱线图所需的四分位数具有更强的鲁棒性。例如，25% 的数据可以任意远而不会干扰四分位数的计算，即异常值不会影响四分位数的确定。因此，箱线图识别异常值比较客观，在识别异常值时有一定优势。除此之外，与 3σ 原则相比，箱线图分析异常值不要求数据满足正态分布。关于箱线图的内容已在第 2 章中给出了具体介绍。

4. 基于模型检测

基于模型检测异常值的方法是通过构建数学模型来识别那些与模型不能完美拟合的对象。例如，可以构建数据概率分布模型，计算每个对象符合该模型的概率，将低概率的对象视为异常点。如果模型由多个聚类簇组成，则将不显著属于任何簇的对象视为异常；如果使用回归模型，则将相对远离预测值的对象视为异常。但是，当数据的统计分布未知或者没有模型训练数据可用时，模型建立存在困难，此时就需要采取其他方式来检测异常值。

5. 基于邻近度检测

基于邻近度的异常值检测是在对象之间定义邻近性度量，将那些远离其他对象的对象视为异常。这种邻近性度量通常使用距离度量，因此也称作基于距离的检测，关于距离度量的内容已在第 2 章给出了具体介绍。这种方法也能够应用于多维数据，但是当数据集较为庞大时，这种方法的时间代价可能过高。除此之外，这种邻近性度量作为一个全局阈值，也意味着它难以有效处理不同密度区域的数据集。

6. 基于密度检测

基于密度的异常点检测方法将异常点定义为位于低密度区域的对象。考虑到数据集可能有不同密度的区域，对于这种非均匀分布的数据，则是将一个局部密度显著低于它的大部分近邻的点视为异常值。由于这种密度通常用邻近度定义，因此这种方法与基于邻近度的检测是密切相关的。同样，在数据集较大时，基于密度的检测方法也存在时间复杂度过高的问题。

7. 基于聚类检测

聚类分析是发现强相关的对象，而异常检测是为了发现不与其他对象强相关的对象。因此，聚类方法也被用于异常值检测。如果一个对象不属于任何簇，则判定该对象是一个基于聚类的异常值。然而，由于异常值会影响聚类结果，将会存在聚类结构是否有效的问题。对于这个问题，可以通过对象聚类、删除异常值、对象再次聚类的方式进行处理。

3.2.4　格式内容清洗

工业大数据具有种类多样、数量庞大的特点，其预处理工作往往针对的是大量的异构数据。如果数据来源于系统日志，那么它们在格式和内容方面，通常会与原始数据描述一致。然而，如果数据是由人工收集或用户填写而来，则有很大可能在格式和内容上存在一些差异。具体来说，格式内容问题主要包括以下几类：

1. 时间、日期、数值、全半角等显示格式不一致

这类问题通常在整合多来源数据时可能会遇到，解决办法是将其处理成统一的格式。例如，某一数据库中的时间标注为 24h 制，而在另一数据库中的时间标注为 12h 制，就需要将它们统一为同一种时间表示方式。

2. 内容中有不该存在的字符

在某些情况下，数据可能只包括一部分字符，或者存在一些不应该存在的字符，如汉字、字母、特殊符号等。在这种情况下，需要以半自动校验结合半人工查验的方式来找出存在的问题，并去除不需要的字符。

例 3-7　在图 3-11 左侧表格的冷风压力数据中包含了不该存在的字母，就需要对其进行格式错误清洗，清洗后的结果如图 3-11 中的右侧表格所示。

AVG(CBV) 冷风流量/$m^3 \cdot min^{-1}$	AVG(CBP) 冷风压力/kPa
5631.67	440.34
5621.07	439.89
5658.31	438.63MPa
5663.64	433.20MPa
5667.24	435.62
5658.63	428.45

→

AVG(CBV) 冷风流量/$m^3 \cdot min^{-1}$	AVG(CBP) 冷风压力/kPa
5631.67	440.34
5621.07	439.89
5658.31	438.63
5663.64	433.20
5667.24	435.62
5658.63	428.45

图 3-11　格式错误清洗效果

3. 内容与该字段应有的内容不匹配

例如，在高炉炼铁的数据库中，如果冷风流量的数据被错误地记录为冷风压力的数据。处理该类问题时，不能简单地采用删除错误数据的方法，其原因可能有多种：人工填写错误、前端没有校验、导入数据时部分或全部列没有对齐等。因此，要对问题进行详细分析和识别，以确定具体的出错类型。

3.2.5 逻辑错误清洗

逻辑错误清洗的目的是去掉一些使用简单逻辑推理就可以直接发现存在明显问题的数据，防止分析结果走偏。该过程主要包含以下几个步骤：

1. 去重

有些数据分析过程可能会把去重放在第一步，但通常建议把去重放在格式内容清洗之后进行，这是因为没有经过格式清洗的数据很大可能会在去重时遇到困难。在处理大数据时，去重需要特别小心，有些大数据分析算法可能并不希望去重，甚至可能会有意生成重复数据。一是，人为判断的重复不一定是真正的重复，这些被误认为重复的数据往往可能表达了真实世界中的有用信息；二是，某些场景下的数据重复是必须的，例如，深度学习中的对抗设计，需要生成非真实采集的重复数据。

2. 去除不合理值

在机器收集数据的过程中，偶尔的人工参与带来的偶发性错误可能会导致不合理值的出现。例如，如果冷风流量的实际值为 5000m³/min，但是人工填写的是 500m³/min。处理这类数据时，可以采用处理数据缺失的方法进行处理，如果分析得当，还可以根据数据来源进行数据重构。

除了以上情况，还存在很多未列举的逻辑错误的例子，在实际操作中要根据具体情况灵活处理。另外，这一步骤在后续的数据分析和建模过程中有可能会重复执行，因为即使问题看似很简单，也并非能够一次找出所有问题。为了尽量减少问题的出现，可以利用各种工具和方法加以辅助。

3.3 数据集成

数据集成是指将多个数据源中的数据整合并存放在一个一致的数据存储中的过程。这些数据源包括多个数据库、数据立方体（一种多维数据模型）或一般文件，它们各自可能具有不同的格式特点。当需要对这些数据进行统一处理时，首先需要通过数据集成将它们变成一致的形式，这样不仅能够减少结果数据集的冗余度，也能提高数据的一致性，从而有助于提升数据挖掘的准确性和效率。在数据集成过程中，需要认真考虑实体识别问题、冗余问题以及数据冲突问题等几个关键问题。

3.3.1 实体识别问题

实体识别问题关注的是如何识别并匹配来自不同信息源的等价实体。例如，在高炉炼铁背景下，需要确定一个数据库中存储的 CBV 与另一个数据库中存储的 CBV_ID 是否代表同一个属性。在数据集成过程中，除了匹配等价实体，还必须特别注意不同数据库中属性的数据结构，以保证源系统中的函数依赖和参数约束在目标系统中正确匹配。例如，如果“Pressure”在一个数据库中表示气体静压，在另一个数据库中表示气体总压（包含静压和动压），这种差异若在数据集成时没有发现，则可能会造成错误判断。每个属性的元数据都包含名字、含义、数据类型、允许取值范围，以及处理空白、零、NULL 值的规则等，这些元数据可以帮助避免数据集成时的实体识别错误。

3.3.2 冗余问题

数据冗余是数据集成中的常见问题，识别并处理这些冗余对于确保数据的一致性和减少数据存储空间是非常重要的。数据冗余主要可以分为属性冗余和样本冗余。

1. 属性冗余

如果一个属性能由另外一个或几个属性导出，则这个属性被认为是冗余的。同一属性在不同数据库中的名称不一致，或者某些属性本身就是由其他属性导出的，这些情况都可能导致数据集成时产生冗余。

属性冗余可以通过相关性分析来检测。对于标称属性数据，可以使用 χ^2（卡方）检验对属性之间的相关性进行检测；对于数值属性数据，可以利用相关系数或协方差来评估一个属性值如何随另一个属性值变化。卡方检验、相关系数和协方差的具体内容已在第 2 章中给出了具体介绍。

2. 样本冗余

除了属性之间存在冗余外，样本间也同样可能存在冗余，即对于同一个数据实体，存在两个或多个相同的样本。这种样本间的冗余指的是数据集中存在重复的对象，因此也称为样本重复问题，会造成数据的不一致。例如，数据库可能对同一时刻的数据进行了多次重复记录。造成这种不一致性的主要原因可能是在各种不同的副本之间不正确的数据输入，或者是更新了数据库的部分数据但没有更新全部数据。

3.3.3 数据冲突问题

数据集成中的数据冲突问题通常是由于不同来源的数据在表示方式、度量方法或编码形式上存在区别，导致对于同一概念的数据记录出现不一致的取值，以至于在数据集成时难以决定应该采用哪个来源的数据记录。数据冲突主要包括以下几种类型：

1. 数据类型冲突

数据类型冲突指的是同一属性在不同的数据集中具有不同的数据类型。例如，“性别”这一属性，在一个数据集中被定义为一位二值类型（1 表示男性，2 表示女性），而在另一数据集中被定义为一位字符类型（“f”表示女性，“m”表示男性）。

2. 数据格式冲突

数据格式冲突指的是同一属性在不同数据集中具有不同的数据格式。例如，“日期”这一属性，不同国家、地区，甚至不同计算机系统的格式要求都会有所不同，可能表示为“yyyy 年 mm 月 dd 日”“yyyy-mm-dd”“mm/dd/yyyy”等不同形式。

3. 数据精度冲突

数据精度冲突指的是同一属性在不同数据集中的表示精度不同，导致数据在数值大小或小数点位数上出现差异。这种冲突可能由多种因素引起，例如不同的测量工具、记录习惯或数据存储要求。

4. 数据单位冲突

数据单位冲突指的是同一属性的度量单位在不同的数据集中存在差异。例如，“时间”属性的单位可以是“分”“秒”等。这些单位之间一般都有确定的换算公式，因此这类冲突可以使用公式换算来处理。

5. 默认值冲突

默认值冲突指的是不同数据源对于相同属性可能定义了不同的默认值，这些默认值在特定情况下被采用，从而导致数据在集成后出现不一致的问题。这种冲突一般可以在数据集成前，通过数据清洗或变换来解决。

6. 属性完整性约束冲突

在两个要集成的数据集中，两个对应的属性若有相同的完整性约束条件，则不会发生冲突；如果被两个不同的限制条件约束，就会发生属性的完整性约束冲突。例如，在某一个数据库中“温度”的约束是“>24℃”，在另一个数据库的约束是“>28℃”。对于数据单位冲突和默认值冲突，通常可以通过单位换算或数据清洗、变换来解决。然而，对于属性完整性约束冲突，解决起来就比较复杂，特别是当属性的编码规则和编码位数不同时，可能需要更多的分析和判断来确定两个属性是否匹配。

3.4 数据归约

在大数据分析的应用实践中，面对某些包含海量数据的数据库，若要在全部数据上进行数据分析与挖掘任务，所需要的时间会非常长，使得全面分析不易实现。因此，对于规模较大的数据，在进行数据挖掘之前，实施数据归约是必要的步骤。

数据归约是在尽可能保持数据原貌的基础上，最大限度地对数据集进行简化表示。与原始数据相比，经过归约后的数据规模显著缩小，并且尽可能地保持了原数据的完整性。这意味着，对归约后的数据进行挖掘可以节约大量时间，并产生与原始数据相同或近似相同的分析结果。数据归约策略主要包括维归约（Dimensionality Reduction）、数量归约（Numerosity Reduction）和数据压缩（Data Compression）。其中，数据压缩使用数据编码或数据转换等方法，获得原数据的归约或“压缩”表示。如果原数据可以由压缩后的数据重构得到而不损失信息，则数据压缩是无损的；如果只能近似重构原数据，则称为有损的。维归约和数量归约在某种程度上也可以视为数据压缩的不同形式。在实施数据归约时，需要特别注意的是，投入在数据归约上的处理时间不应该超过或持平于归约后进行数据挖掘所节省的时间。

3.4.1 维归约

用于分析的数据集可能会包含数以百计甚至更多的属性，但其中大部分的属性可能与数据挖掘任务不相关，或者存在冗余。这些不相关或冗余的属性不仅增加了数据量，还可能降低数据挖掘的效率。为了解决这一问题，可以采用维归约方法，通过剔除不相关的属性，只保留对挖掘任务有帮助的属性，从而减少数据量。典型的维归约方法有主成分分析和属性子集选择等。其中，主成分分析通过变换或投影，可以将原数据映射到维度更小的空间，而属性子集选择方法是对不相关、弱相关或冗余的属性进行检测和删除。

1. 主成分分析

主成分分析（Principal Component Analysis，PCA）通过正交变换把由线性相关变量表示的观测数据转换为由一组线性无关变量表示的数据，这些线性无关的变量被称为主成分，其数量通常少于原始变量的数量。PCA 不仅是一种降维方法，还能够发现数据中的基本结构，即变量之间的关系，是数据分析的一种重要工具。

数据集中的样本可以被视为实数空间（正交坐标系）中的一个点，空间中的每个坐标轴表示一个变量。对原坐标系中的数据进行主成分分析等价于进行坐标系旋转变换，将数据投射到新坐标系的坐标轴上。新坐标系的第一坐标轴、第二坐标轴分别表示第一主成分、第二主成分，依此类推。数据在每个新坐标轴上投影长度的平方，代表了相应主成分的方差。另外，这个新坐标系是在经过变换的所有可能的新坐标系中，使得坐标轴上的方差之和最大的那个。

例如，数据由两个变量 x_1 和 x_2 表示，在二维空间中每个样本可以被视为一个点，如图 3-12a 所示。从图中可以观测到，这些数据点分布在以原点为中心的左下至右上倾斜的椭圆区域之内，这表明变量 x_1 和 x_2 是线性相关的，即如果已知其中一个变量 x_1 的取值，对另一个变量 x_2 的预测具有一定的确定性，反之亦然。

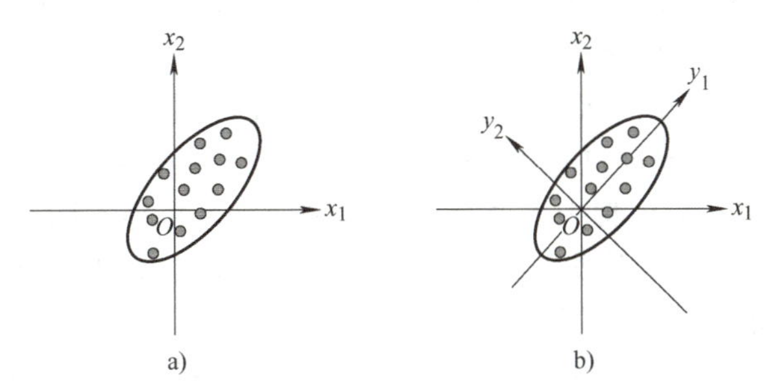

图 3-12　主成分分析的示例

PCA 对数据进行正交变换，即对原坐标系进行旋转，并将数据投射到新坐标系中，如图 3-12b 所示。数据在原坐标系由变量 x_1 和 x_2 表示，通过正交变换后，在新坐标系里由变量 y_1 和 y_2 表示。PCA 选择方差最大的方向（第一主成分）作为新坐标系的第一坐标轴，即 y_1 轴，相当于选择椭圆的长轴作为新坐标系的第一坐标轴；接着，选择与第一坐标轴正交，且方差次之的方向（第二主成分）作为新坐标系的第二坐标轴，即 y_2 轴，相当于选择椭圆的短轴作为新坐标系的第二坐标轴。在新坐标系里，数据中的变量 y_1 和 y_2 是线性无关的，这意味着如果已知其中一个变量的取值，对另一个变量的预测是完全随机的。如果仅保留第一主成分，即新坐标系的 y_1 轴，那么相当于将数据投影在椭圆长轴上，用这个主轴表示数据，就实现了从二维到一维的数据压缩。

对于处于高维空间的样本点，需要用一个超平面（直线在高维空间的推广形式）来适当表达这些样本，可以从以下两个角度入手：最近重构性，即样本点到这个超平面的距离都足够近，也就是降维后忽视的坐标轴带来的信息损失尽可能最少；最大可分性，即样本点在这个超平面的投影尽可能分开，也就是新的坐标系尽可能多地保留原样本点的信息。本质上，这两者目标是一致的。对于 n 条 m 维样本组成的数据矩阵 $\boldsymbol{X}$（n 表示样本数量，m 表示特征数量或维数），经过主成分分析可以被分解为 m 个不同子空间的线性组合，表示为

$$\boldsymbol{X}=\boldsymbol{T}\boldsymbol{P}^{\mathrm{T}}=\sum_{i=1}^{m}\boldsymbol{t}_i\boldsymbol{p}_i^{\mathrm{T}} \tag{3-3}$$

式中，$\boldsymbol{T}$ 为得分矩阵，$\boldsymbol{t}_i$ 为得分向量，也称为主成分向量；$\boldsymbol{P}$ 为负载矩阵，$\boldsymbol{p}_i$ 为特征向量（或被称为负载向量），表示主成分的投影方向。经过坐标变换后的主成分向量之间必须是正交的，也就是对于任意两个主成分向量 $\boldsymbol{t}_i$ 和 $\boldsymbol{t}_j$（$i\neq j$），需要满足 $\boldsymbol{t}_i^{\mathrm{T}}\boldsymbol{t}_j=0$；同时，负载向量也是正交的（$\boldsymbol{p}_i^{\mathrm{T}}\boldsymbol{p}_j=0, i\neq j$）且单位长度为 1（$\boldsymbol{p}_i^{\mathrm{T}}\boldsymbol{p}_i=1$）。利用 PCA 进行数据降维时，其具体算法流程如下：

1）将原始数据按列组成 $n\times m$ 的矩阵 $\boldsymbol{X}$。

2）对 $\boldsymbol{X}$ 进行中心化处理（也称为零均值化），即每个特征值减去该向量的平均值，以确保数据的均值为零。

3）求出中心化后数据的协方差矩阵 $\boldsymbol{\Sigma}$。

4）求出协方差矩阵 $\boldsymbol{\Sigma}$ 的特征根 $\lambda_1,\lambda_2,\cdots,\lambda_m$ 及对应的特征向量。

5）按特征根由大到小，对特征向量进行重新排列，取前 r 个最大的特征根对应的特征向量组成矩阵 $\boldsymbol{P}$，其中 r 是降维后的维数。

6）通过 $\boldsymbol{P}$ 将原始数据矩阵 $\boldsymbol{X}$ 投射到低维空间，即得到降维到 r 维后的数据 $\boldsymbol{Y}=\boldsymbol{X}\boldsymbol{P}$。

需要注意的是，在对数据进行 PCA 降维前，一般还需要对数据集进行规范化处理。这是因为在实际应用中，数据集中各变量的单位和定义域可能不同，为了避免具有较大定义域的变量对 PCA 结果产生不成比例的影响，可以先对数据进行规范化，使得每个变量都落入相同的区间，消除量纲的影响。

例 3-8 对于如下一个三维数据矩阵 $\boldsymbol{X}$，其每一列都已进行了中心化处理，现使用 PCA 方法将该数据矩阵从三维降到二维。

$$\boldsymbol{X}=\begin{pmatrix}2 & -2 & 1\\ -2 & -1 & -1\\ 1 & 3 & 2\\ -1 & 0 & -2\end{pmatrix}$$

首先，得到协方差矩阵：

$$\boldsymbol{\Sigma}=\frac{1}{n-1}\boldsymbol{X}^{\mathrm{T}}\boldsymbol{X}=\frac{1}{4-1}\begin{pmatrix}2 & -2 & 1 & -1\\ -2 & -1 & 3 & 0\\ 1 & -1 & 2 & -2\end{pmatrix}\begin{pmatrix}2 & -2 & 1\\ -2 & -1 & -1\\ 1 & 3 & 2\\ -1 & 0 & -2\end{pmatrix}=\begin{pmatrix}\frac{10}{3} & \frac{1}{3} & \frac{8}{3}\\ \frac{1}{3} & \frac{14}{3} & \frac{5}{3}\\ \frac{8}{3} & \frac{5}{3} & \frac{10}{3}\end{pmatrix}$$

其次，求其特征根和特征向量，求解后的特征根为 $\lambda_1 = 0.4370$， $\lambda_2 = 3.9576$， $\lambda_3 = 6.9388$，对应的特征向量如下：

$$\alpha_1 = \begin{pmatrix} -0.6433 \\ -0.2363 \\ 0.7282 \end{pmatrix}, \quad \alpha_2 = \begin{pmatrix} 0.5539 \\ -0.8003 \\ 0.2297 \end{pmatrix}, \quad \alpha_3 = \begin{pmatrix} 0.5285 \\ 0.5512 \\ 0.6457 \end{pmatrix}$$

因此，取特征值从大到小排序后，对应的两个特征向量组成矩阵 $\boldsymbol{P}$：

$$\boldsymbol{P} = \begin{pmatrix} 0.5285 & 0.5539 \\ 0.5512 & -0.8003 \\ 0.6457 & 0.2297 \end{pmatrix}$$

最后，得到降维后的矩阵 $\boldsymbol{Y}$ 表示为

$$\boldsymbol{Y} = \boldsymbol{XP} = \begin{pmatrix} 2 & -2 & 1 \\ -2 & -1 & -1 \\ 1 & 3 & 2 \\ -1 & 0 & -2 \end{pmatrix} \begin{pmatrix} 0.5285 & 0.5539 \\ 0.5512 & -0.8003 \\ 0.6457 & 0.2297 \end{pmatrix} = \begin{pmatrix} 0.6004 & 2.9381 \\ -2.2539 & -0.5373 \\ 3.4733 & -1.3874 \\ -1.8199 & -1.0133 \end{pmatrix}$$

由此，根据以上计算，将三维数据矩阵 $\boldsymbol{X}$ 按照 PCA 方法降维到二维空间，并得到了降维后的二维数据矩阵 $\boldsymbol{Y}$。

2. 属性子集选择

属性子集选择通过删除不相关或冗余的属性减少数据量。属性子集选择的目标是找出最小属性集，使得属性的概率分布尽可能地接近使用所有属性的原分布。通过在精简后的属性集上进行数据挖掘，不仅简化了属性数量，也使得发现的模式更加易于理解和解释。

寻找一个最优的属性子集是该方法的关键。如果一个数据集有 m 个属性，那将有 2^m 个可能的子集。采用穷举法寻找最优子集显然是不现实的。因此，属性子集选择一般考虑采用压缩搜索空间的启发式算法，主要包括以下几种：

1）逐步向前选择：该过程由空属性集作为归约集的开始，从原属性集中选择对数据集影响最大的属性，将它添加到该归约集中。在其后的每一次迭代中，从原属性集剩余的属性中挑出对数据集影响最大的属性，继续添加到该归约集中，直至满足结束条件。

2）逐步向后删除：与逐步向前选择相反，该过程由整个属性集作为归约集开始，移除对数据集影响最小的属性，得到新的归约集。在之后的每一次迭代中，继续移除归约集中对数据集影响最小的属性，直至满足结束条件。

3）逐步向前选择和逐步向后删除的组合：该过程将逐步向前选择和逐步向后删除方法结合在一起，在每一步中，先添加一个最好的属性，并在剩余属性中移除一个最差的属性，直至满足结束条件。

4）决策树归纳：该方法通过构造决策树来选择属性。决策树的每个内部（非树叶）节点都表示对一个最优分支节点属性的一次测试，其每个分枝都对应于一个测试的结果；每个外部（树叶）节点都表示一个最优预测类。在每个节点，算法选择最优分支属性，将数据划分成类。当决策树归纳用于属性子集选择时，树通常由给定的数据构造，不出现在

树中的属性被认为是不相关的；出现在树中的属性则被认为是相关的，并用于构成归约后的属性子集。

上述方法中的结束条件各不相同，可以使用一个度量阈值来决定何时停止属性选择过程。而对数据集影响最大、最小的属性选择可以通过统计显著性的检验方法确定，这种检验的前提是假设属性之间相互独立。

除了主成分分析和属性子集选择外，还有许多数据降维方法，适用于不同的数据类型和场景。例如，小波变换通过将数据分解为不同时间或空间尺度的成分来进行降维，它可以选择性地保留那些最能代表数据特征的小波系数，而忽略其他不重要的信息；*t*-分布随机邻域嵌入（*t*-distributed Stochastic Neighbor Embedding，*t*-SNE）是一种非线性降维技术，特别适合于将高维数据集嵌入二维或三维空间中进行可视化；局部线性嵌入（Locally Linear Embedding，LLE）是一种基于局部邻域的线性关系来保持数据点之间相对位置的降维方法。在实际应用中，选择哪种降维方法取决于数据的特性和分析的目标。

3.4.2 数量归约

数量归约是用替代的、较小的数据表示形式替换原始数据，以此减少数据量，包括参数数量归约方法和非参数数量归约方法，具体如下。

1. 参数数量归约方法

参数数量归约方法是一种依赖于数据遵循特定分布或模型的方法，即通过建立数学模型来表示数据，因此一般只需要存放模型参数，而不是实际的原始数据，从而显著减少了所需的存储空间，这种方法只对数值型数据有效。一元或多元线性回归以及对数线性模型都属于参数化数量归约方法。

（1）线性回归　在线性回归中，数据集中的两个属性数据被拟合成一条直线。例如，可以用以下一元回归模型，将随机变量 Y（因变量）表示为另一随机变量 X（自变量）的线性函数，即

$$Y = \beta_0 + \beta_1 X + \varepsilon \tag{3-4}$$

式中，β_0 为直线的截距；β_1 是直线的斜率；ε 表示误差项。对于给定的 Y 与 X 的属性数据，可以采用最小二乘法求解该回归模型的系数。得到回归模型后，只需要存储回归系数，而不再需要存储属性的所有数据值，因为对于任何的 X，都可以通过计算得到 Y。多元线性回归是一元线性回归的扩展，它允许用两个或多个自变量的线性函数对因变量 Y 进行建模。关于回归方法的内容在第 7 章中给出了具体介绍。

（2）对数线性模型　对数线性模型适用于分析离散的多维概率分布数据。给定 m 个属性样本的集合，每个样本都可以看作是 m 维空间的一个点。对于一个基于较小维数组合的离散属性集，可以使用对数线性模型估计多维空间中每个点的概率，使得高维数据空间可以由较低维空间的组合来构造。因此，对数线性模型也可以用于降维（由于较低维空间的点通常比原来的数据点占据的空间要少）和数据光滑（因为较低维空间的聚集估计受抽样时间变化影响小）。

2. 非参数数量归约方法

非参数数量归约方法是一种不依赖于数据遵循特定分布假设的方法，包括直方图分析、聚类和抽样等。

（1）直方图分析　直方图使用分箱技术来近似数据分布，能够将属性的数据分布划分为不相交的若干子集或桶，其中每个桶表示给定属性的一个连续区间。如果每个桶仅用来表示单个属性值 / 频率对，则该桶称为单值桶，否则称为多值桶。

与 3.2.2 节介绍的分箱法类似，直方图也可以分为等宽直方图和等频直方图。其中，等宽直方图是将数据取值分成相等分区或区间，每个桶的取值宽度是一致的；等频直方图是将数据个数平均的分配到各个桶中，每个桶包含的邻近数据样本的数量是一致的。

例 3-9　图 3-13 所示的直方图中，给定了高炉炼铁过程中所采集的部分顶炉温度数据，该数据为取整并排序后的数据，单位为℃，具体数值为：169，169，169，178，178，178，178，178，183，183，183，189，189，197，197，197，197，197，202，202，202，202，210，210，210，210，210，210，210，218，218，218，218，218，218，218，218，225，225，225，225，225，225。为进行数据压缩，可以使一个桶代表给定属性的一个连续值域，如图 3-14 所示，将顶炉温度数据划分在每个宽度为 20℃的桶中。

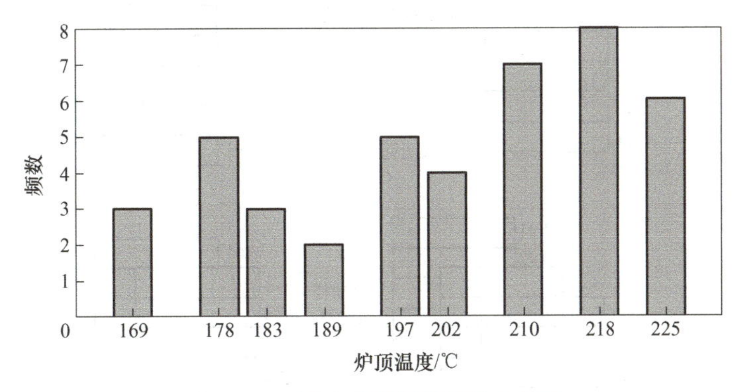

图 3-13　顶炉温度数据的单桶直方图

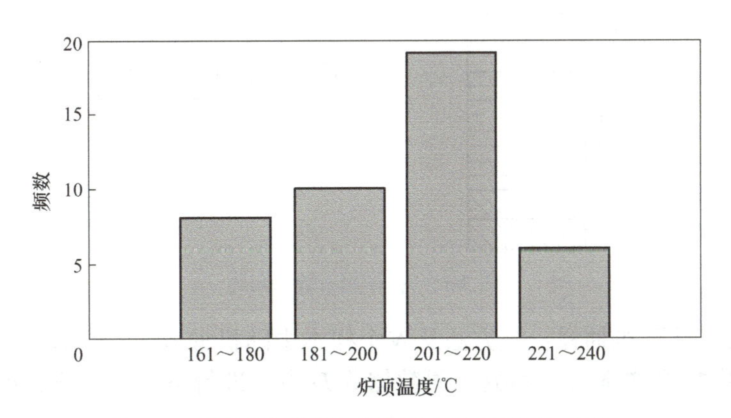

图 3-14　顶炉温度数据的等宽直方图（桶宽为 20℃）

无论数据是稀疏还是稠密的，是倾斜还是均匀分布的，直方图都是非常有效的数量归约方法。除了对单个属性数据进行直方图分析外，还可以推广到多个属性。多维直方图分析不仅能够进行数量归约，还能够表示属性间的依赖关系。

（2）聚类　在聚类分析中，将数据样本视为对象，根据它们的相似性进行聚类分组，形成不同的群或簇，使得在同一簇中的对象“相似”，而不同簇中的对象则“相异”。其中，数据的相似性通常基于对象在空间中的距离进行判断；簇直径指的是簇中两个对象的最大距离，可以用来衡量簇的质量。在聚类分析中，簇直径越小，证明簇越紧密，簇中对象越相似，即聚类效果越好，簇的质量越高。除此之外，形心距离也是一种簇的质量的度量标准，它指的是簇中每个对象到簇中心的平均距离。聚类后，数据集可仅存储簇中心、簇直径等数据，实现了数据量的减少。但是，聚类方法的有效性依赖于数据的内在特性，数据中的噪声或异常值可能会显著影响数据集的聚类效果。

（3）抽样　抽样是一种通过获取远小于原数据集的随机样本集来代表原数据集的方法，可以直接从数量上减少数据量。抽样的有效性取决于样本集的代表性，若样本集能够得到与原数据集相似的结论，那么说明该样本集具有较好的代表性。需要注意的是，对于同一数据集，具有代表性的样本集不是唯一的。

假定某大型数据集 D 中包含 N 个样本，如图 3-15 所示，这里可以采用下面四种常用的抽样方法进行数量归约。

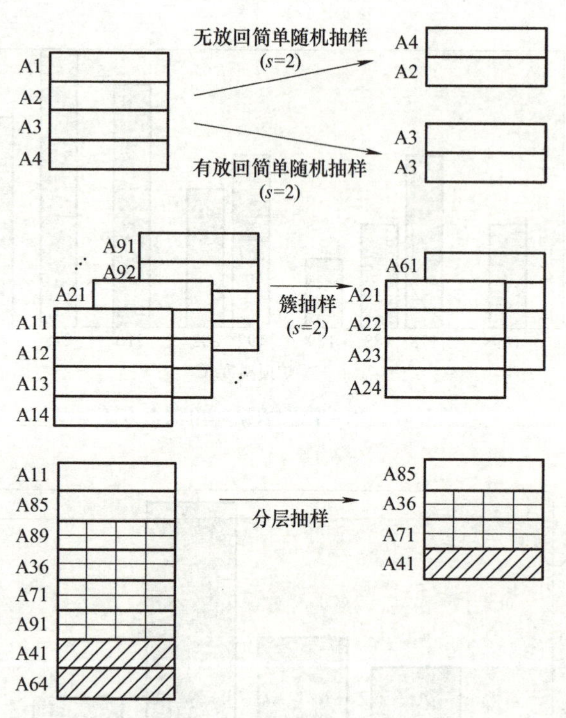

图 3-15　抽样用于数据归约

1）无放回简单随机抽样：该方法从 N 个样本中随机抽取 s（$s<N$）个样本构成样本集。其中，每次抽取样本后，不放回原数据集 D 中，进行下一次抽样，即每次抽样都是独立的。

2）有放回简单随机抽样：该方法类似于无放回简单随机抽样，不同之处在于当一个样本被抽取后，需要将其放回原数据集 D 中，再进行下一次抽样。也就是说，允许样本被重复抽取。

3）簇抽样：如果数据集 D 中的样本被分组放入 M 个互不相交的簇，通过对 M 个簇进行抽样得到 s（$s<M$）个簇的简单随机抽样。这种方法在处理大规模数据集时特别有用，尤其是当数据集的空间分布或自然分组使得随机抽样变得复杂或不切实际时。

4）分层抽样：如果数据集 D 由不同类型的样本组成，通过对每一类型的样本进行简单随机抽样，就可以得到 D 的分层抽样。这种方法从每一层抽取与其规模成比例的样本数量，从而确保了样本的代表性与数据集中各类样本的比例相匹配。因此，分层抽样非常适用于倾斜数据，即某些类别在数据集中分布不均的情况。

3.5　数据变换

数据变换是指对数据集进行一定转化，变换为适当的形式，使得挖掘过程更有效率，并使挖掘出来的模式更易理解。数据变换策略主要包括如下几种：

1）光滑：该策略旨在消除数据中的噪声。常用方法包括分箱、小波变换和经验模态分解等。这些方法的原理在 3.2.2 节进行了具体介绍。

2）属性（特征）构造：该方法通过给定的属性构造新的属性，并将其添加到属性集。与 3.4.1 节介绍的属性子集选择方法不同的是，属性构造方法是使用原数据属性来创造新的属性。根据数据应用需求，由已知的某些属性构造一些新的属性，能够大大增强数据分析与挖掘的准确性，加深对高维数据结构的理解，发现原数据属性间未被发现的联系。例如，已知一个物体的高度属性和宽度属性，可以得到面积这一新属性。

3）聚集：该策略通过对数据进行汇总和聚集，以便于在更高的抽象层面上进行数据分析。例如，通过聚集日销售数据，可以计算月和年销售量。聚集通常用来为多个抽象层的数据分析构造数据立方体。

4）规范化：该方法旨在把属性数据按照比例缩放至一个特定的小区间，如 -1.0 ～ 1.0 或者 0.0 ～ 1.0，从而确保不同属性在数据分析中具有相同的重要性，避免因属性的量纲或数值范围不同而对分析结果产生影响。

5）离散化：该策略把数值属性的原始值用区间标签（如 0 ～ 10，11 ～ 20 等）或概念标签替换。例如，一个年龄属性可以被离散化为“儿童”“青年”“中年”和“老年”。这种转换可以简化数据结构，使其更适合某些类型的数据分析，如基于类别的预测模型。

下面分别介绍数据规范化和离散化方法。

3.5.1　数据规范化

在实际数据集中，不同属性具有不同的评估指标和度量单位，这导致它们的数值范围可能存在较大差异。为了减少属性取值差异过大对数据挖掘的影响，需要对原数据集进行规范化处理，其目的是对属性数据按比例缩放，使之落入特定区间内。

数据规范化的常用方法有三种：最小 - 最大（Min-Max）规范化、Z 分数（Z-Score）规范化和小数定标（Decimal Scaling）规范化。假定 v 是数值属性的变量，具有 n 个观测值，即 $v_1, v_2, \cdots, v_k, \cdots, v_n$，下面分别用这三种方法进行数据规范化处理。

1. 最小 – 最大规范化

最小 – 最大规范化是通过对原始数据进行线性变换来实现数据范围的缩放。假定 $v_{\min}$ 和 $v_{\max}$ 分别为属性 v 的最小值和最大值，进行最小 – 最大规范化得到 v'：

$$v' = \frac{v - v_{\min}}{v_{\max} - v_{\min}}(v'_{\max} - v'_{\min}) + v'_{\min} \tag{3-5}$$

式中，$v'_{\min}$ 和 $v'_{\max}$ 分别为规范化后数值区间的最小值和最大值。

最小 – 最大规范化保持了原始数据值之间的相对联系，是消除量纲和数值取值范围影响的最简单方法。但是，如果数据大部分值都非常接近，仅有个别数据值异常高，那么经过规范化后的数据点，其中大部分会非常接近最小值且差别不大。此外，如果新的输入数据超出当前数据集中的取值范围，那么这种方法将遇到“越界”错误，这时就需要重新选取属性的最小值和最大值。

例 3-10 假设热风温度的最小值与最大值分别为 1114℃和 1326℃，现在的风温值为 1200℃，想把热风温度映射到区间 [0，1]，根据最小 – 最大规范化方法，风温值 1200℃将变换为

$$\frac{1200 - 1114}{1326 - 1114}(1 - 0) + 0 = 0.406$$

2. Z 分数规范化

在 Z 分数规范化中，原属性 v 的每个值根据其平均值 $\bar{v}$ 和标准差 σ_v 进行调整，以获得规范化后的值 v'：

$$v' = \frac{v - \bar{v}}{\sigma_v} \tag{3-6}$$

通过 Z 分数规范化后的属性数据的平均值为 0，标准差为 1。该方法克服了最小 – 最大规范化的不足，即当数据集中属性的实际最大和最小值未知，或者存在异常值时，会导致最小 – 最大规范化所得结果不合理，这时就可以采用 Z 分数规范化。

例 3-11 假设热风温度的均值和标准差分别为 1189℃和 374℃。根据 Z 分数规范化，风温值 1200℃将转换为

$$\frac{1200 - 1189}{374} = 0.029$$

此外，式（3-6）中，v 的标准差 σ_v 可用均值绝对偏差 s_v 进行替换，规范化公式为

$$v' = \frac{v - \bar{v}}{s_v} \tag{3-7}$$

式中，s_v 可以由式（3-8）得到。

$$s_v = \frac{|v_1 - \bar{v}| + |v_2 - \bar{v}| + \cdots + |v_n - \bar{v}|}{n} \tag{3-8}$$

当存在异常点时，均值绝对偏差比标准差更具有鲁棒性，并且由于在计算均值绝对偏差时，不需要求平方根，可以更大地降低异常点对数据规范化的影响。

3. 小数定标规范化

小数定标规范化通过移动属性的小数点位置进行规范化，小数点的移动位数依赖于属性的最大绝对值。对 v 进行小数定标规范化得到 v'：

$$v' = \frac{v}{10^j} \tag{3-9}$$

式中，j 是使得 $(\max|v'|) < 1$ 的最小整数。

例 3-12　假设 v 取值是范围是 −986 ～ 917，v 的最大绝对值为 986。使用小数定标规范化时，用每个值除以 1000（即 $j = 3$）。由此，−986 被规范化为 −0.986，而 917 被规范化为 0.917。

3.5.2　数据离散化

离散化是将连续的数值数据转换为离散的类别或区间的过程。具体地，对于一个属性，将其连续取值范围划分为相邻的离散化的区间，再用不同的离散符号或数值表示落在每个相应子区间中的原数据值。实际上，由于无法存储和处理无限精度的值，能够采集的数据都是离散化的，此处的离散化其实指的是对属性值进行划分并替换为所属部分的标签。这种转换有助于简化数据结构，使其更适合某些类型的数据分析和机器学习算法。

离散化技术可以分为有监督和无监督的离散化，也可以分为分割（自顶向下）与合并（自底向上）两种形式。一些典型的数据离散化方法包括分箱、直方图分析、聚类分析和决策树。

1. 通过分箱离散化

分箱是一种基于指定的箱个数的自顶向下的分裂方式。分箱并不使用类别信息，是一种无监督的离散化技术。它对用户指定的箱个数很敏感，也容易受异常值的影响。在 3.2.2 节介绍的用于数据光滑的分箱法也可以用于数据离散化。例如，通过使用等宽或等频分箱，然后用箱均值或中位数替换箱中的每个值，可以实现数据光滑和离散化。

2. 通过直方图分析离散化

直方图分析同样不使用类别信息，是一种无监督的离散化技术，在 3.4.2 节中进行了具体介绍。直方图分析可以递归地用于每个数据分区，通过对每一层使用最小区间长度来控制递归过程，直到达到预先设定的离散化需求。其中，最小区间长度指的是每层每个分区的最小宽度，或每层每个分区中值的最少数目。

3. 通过聚类分析离散化

聚类分析考虑了属性的取值分布以及数据点的邻近性，通过将属性的值划分成不同的簇，来实现数据离散化，从而产生高质量的离散化结果。该方法不仅可以遵循自顶向下的分割形式，将初始簇进一步分解成若干簇；也可以遵循自底向上的合并形式，对邻近簇进行合并。聚类除了用于数据离散化之外，还可以用于异常值检测（3.2.3 节）、数量归约（3.4.2 节）等，关于聚类的内容将在第 5 章中进行具体介绍。

4. 通过决策树离散化

分类决策树是一种自顶向下的离散化方法。与分箱和直方图分析相比，决策树方法使用类别标号，是一种有监督的离散化技术。类信息能够用于计算和确定属性区间数据值的划分点，其选择划分点的主要思想是使一个给定的结果分区包含尽可能多的同类样本。关于决策树的内容将在第 6 章中进行具体介绍。

本章小结

现实世界中的数据可能是不完整、有噪声和不一致的，数据预处理将有效提升数据质量，保证数据挖掘的效率和结果的可靠性。本章首先对工业数据质量进行阐述，引出数据预处理的主要任务。其中，数据清洗可以用来填补缺失值，去除噪声，纠正不一致数据；数据集成将数据由多个数据源合并成一个一致的数据存储；数据归约技术包括维归约和数量归约，可以使数据进行压缩，并尽量减小信息内容的损失；数据变换可以把数据压缩到较小的区间，或者进行数据离散化。

数据质量特性：准确性、完整性、一致性、时效性、可信性和可解释性。

数据预处理的主要任务：数据清洗、数据集成、数据归约和数据变换。

数据清洗：填补缺失值、光滑噪声、识别异常值、清洗数据格式内容并纠正逻辑错误。

数据集成：将来自多个数据源的数据整合成一个一致的数据存储。

数据归约：得到数据的归约表示，而使得信息内容的损失最小化，包括维归约和数量归约。

数据变换：数据变换通过数据规范化或者离散化将数据变换成适于挖掘的形式。

思考题与习题

3-1　数据质量可以从多方面评估，包括准确性、完整性和一致性问题。对于以上每个问题，请讨论数据质量评估如何依赖于数据的应用目的，给出例子加以说明；此外，还请思考并提出数据质量评估的其他尺度。

3-2　如果不进行数据预处理而直接进行数据挖掘可能带来哪些问题？

3-3　在现实世界的数据中，样本的某些属性存在缺失值是比较常见的。请说明针对这一问题该如何处理。

3-4　如果某一属性包括如下值（以递增序）：13，15，16，16，19，20，20，21，22，22，25，25，25，25，30，33，33，35，35，35，35，36，40，45，46，52，70。

1）使用宽度为 3 的箱，用箱均值光滑以上数据。说明步骤并讨论这种技术对给定数据的效果。

2）如何确定该数据中的异常值？

3）还有什么其他方法可以用来光滑数据？

3-5　识别异常值可以采用哪些方法？进行异常值处理有何好处？

3-6　请说明在进行数据集成时，需要考虑哪些问题。

3-7　现有一个三维矩阵 $\boldsymbol{X}$ 如下所示，其中每一列都进行了中心化处理，请使用 PCA 方法将这组三维数据降至二维。

$$\boldsymbol{X}=\begin{pmatrix} 2 & -1 & -1 \\ -1 & -1 & 1 \\ -1 & 2 & 0 \end{pmatrix}$$

3-8　说明主成分分析的主要特点，以及其是如何实现数据降维的。

3-9　使用流程图概述如下属性子集选择过程。

1）逐步向前选择。

2）逐步向后删除。

3）逐步向前选择和逐步向后删除的组合。

3-10　给定 m 个元素的集合，这些元素划分成了 k 组，其中第 i 组的大小为 m_i。如果目标是得到容量为 n（$n<m$）的样本，下面两种抽样方案有什么区别（假定使用有放回抽样）？

1）从每组随机地选择 $\frac{n\times m_i}{m}$ 个元素。

2）从数据集中随机地选择 n 个元素（不考虑元素属于哪个组）。

3-11　采用如下规范化方法，规范化后的数据的值域是什么？

1）最小 – 最大规范化。

2）Z 分数规范化。

3）Z 分数规范化，使用均值绝对偏差而不是标准差。

4）小数定标规范化。

3-12　使用如下方法规范化数据组：200，300，400，600，1000。

1）令新区间的最小值和最大值分别为 0 和 1，进行最小 – 最大规范化。

2）Z 分数规范化。

3）Z 分数规范化，使用均值绝对偏差而不是标准差。

4）小数定标规范化。

3-13　对于如下 12 个数据样本，需要将它们划分成三个箱，请给出下面三种方法的结果。

5，10，11，13，15，35，50，55，72，90，204，215

1）等频划分。

2）等宽划分。

3）聚类划分。

参考文献

[1] 宋万清，杨寿渊，陈剑雪，等 . 数据挖掘 [M]. 北京：中国铁道出版社，2019.

[2] HAN J，KAMBER M，PEI J. Data mining：Concepts and techniques[M]. San Francisco：Morgan Kaufmann，2012.

[3] LITTLE R J，RUBIN D B. Statistical analysis with missing data[M]. Hoboken：John Wiley & Sons，2019.

[4] 陈封能 . 数据挖掘导论（完整版）[M]. 北京：人民邮电出版社，2011.

[5] 石胜飞 . 大数据分析与挖掘 [M]. 北京：人民邮电出版社，2018.

[6] 赵春晖 . 大数据解析与应用导论 [M]. 北京：化学工业出版社，2022.

[7] 胡广书 . 现代信号处理教程 [M]. 北京：清华大学出版社，2004.

[8] 周志华 . 机器学习 [M]. 北京：清华大学出版社，2016.

[9] 李航 . 统计学习方法 [M]. 北京：清华大学出版社，2019.

[10] 喻梅，于健，王建荣，等 . 数据分析与数据挖掘 [M]. 北京：清华大学出版社，2020.

[11] 徐华 . 数据挖掘：方法与应用 [M]. 北京：清华大学出版社，2022.

[12] 唐世伟，田枫，盖璇，等 . 大数据采集与预处理技术 [M]. 北京：清华大学出版社，2022.

[13] REDMAN T C. Data quality：The field guide[M]. Massachusetts Woburn：Digital Press，2001.

[14] HUANG N E，SHEN Z，LONG S R，et al. The empirical mode decomposition and the Hilbert spectrum for nonlinear and non-stationary time series analysis[J]. Proceedings of the Royal Society of London. Series A：Mathematical，Physical and Engineering Sciences，1998，454（1971）：903-995.

[15] PEARSON K L. LIII. On lines and planes of closest fit to systems of points in space[J]. The London，Edinburgh，and Dublin Philosophical Magazine and Journal of Science，1901，2（11）：559-572.

[16] HOTELLING H. Analysis of a complex of statistical variables into principal components[J]. Journal of Educational Psychology，1933，24（6）：417-441.

[17] KOSANOVICH K A，PIOVOSO M J. PCA of wavelet transformed process data for monitoring[J]. Intelligent Data Analysis，1997，1（1-4）：85-99.

[18] WISE B M，RICKER N L，VELTKAMP D F，et al. A theoretical basis for the use of principal component models for monitoring multivariate processes[J]. Process Control and Quality，1990，1（1）：41-51.

第 4 章　频繁模式挖掘

导读

复杂工业过程中，除了由传感器采集到的数值属性类型的过程数据外，还广泛存在报警日志、操作记录、系统状态变化等大量标称属性类型的数据。这些数据包含了系统运行状态和操作运行经验等的丰富知识，通过对其进行深层次的分析挖掘，提取并发现其中蕴藏的频繁模式和规则，可以揭示报警事件、操作行为、系统状态变化等的关联关系和生成模式，为工业报警系统的优化设计、生产运行过程的操作决策等提供有效决策支持。

本章首先介绍频繁模式挖掘相关的基本概念；其次，展开讲解频繁项集挖掘技术，包括三种经典的频繁项集挖掘算法以及频繁项集模式压缩方法；接着，进一步引入关联规则挖掘任务，并利用常用的模式评估指标揭示模式或规则在支持度－置信度框架之外真实有效的内在联系；最后，进一步介绍序列模式挖掘技术。

本章知识点

- 频繁模式挖掘的基本概念，包括术语定义、支持度计算和频繁模式概念
- 频繁项集挖掘，包括 Apriori 算法、FP-Growth 算法和垂直数据结构算法
- 关联规则挖掘，包括关联规则的产生和评估
- 序列模式挖掘，包括基本概念和 PrefixSpan 算法

4.1　频繁模式挖掘的基本概念

本节主要介绍频繁模式的基本概念，包括项与项集、事务、事务数据库、模式支持度与频繁项集。这些概念是理解频繁项集挖掘的基础，同时也是掌握关联规则挖掘和序列模式挖掘等高级分析方法的前提。通过本节基本概念的学习，有利于把握后续内容，帮助理解如何利用各类算法发现数据中的隐含关系或模式。

4.1.1　项与项集、事务、事务数据库

频繁模式挖掘是一种数据分析方法，旨在从数据集中识别出项集、子序列或子结构

等重复出现的模式。要想深入理解频繁模式，必须先认识模式的构成和来源。在工业生产过程中，模式的构成通常反映了生产设备、原料和成品之间的复杂关系。例如，项集可能表示某种原料组合经常用于生产特定的产品；子序列可能表示生产流程中的特定步骤顺序；子结构可能为生产网络中资源分配和利用情况。这些模式来源于数据集中的各种事务、记录或实体间的关联和交互，例如工业生产中的报警日志、操作记录和系统状态变化等。接下来，将借助表 4-1 来进一步了解频繁模式挖掘的基本概念。

表 4-1　事务数据库

TID	事务
1	$\{A, B, E\}$
2	$\{B, D\}$
3	$\{B, C\}$
4	$\{A, B, D\}$
5	$\{A, C\}$

1）项（item）：组成频繁模式的最小单元，同时也是事务数据库的最小单元，通常用于表示数据库的具有唯一区分标签的事务。项在工业过程中可以代表具体事件或状态，如一个报警事件、操作记录或者系统状态变化等。

2）项集（itemset）：由多个项组成的非空集合。例如，表 4-1 中的 $\{A,B\}$ 为一个项集，其子集 $\{A,B\}$ 也是一个项集。

3）事务（transaction）：在事务数据库中存在对应唯一标识符（Transaction IDentifier，TID）的项集，一条事务通常代表数据库中单次行为的含义。例如，表 4-1 的第三行 $T_3=\{B,C\}$ 为一条事务，其对应的标识符 TID 为 3。

4）事务数据库：全体事务构成的集合，也是频繁模式挖掘的对象，记作 $\mathbb{D}=\{T_1,T_2,\cdots,T_m\}$，其中，$m$ 为数据库 $\mathbb{D}$ 中全体事务的总数。

5）超集与子集：若项集 X、Y 满足 $X\subseteq Y$，则 Y 是 X 的一个超集，X 是 Y 的一个子集。例如，$\{A,B,D\}$ 是 $\{B,D\}$ 的一个超集；相应地，$\{B,D\}$ 是 $\{A,B,D\}$ 的一个子集。

6）真超集与真子集：若项集 X 中每个项都包含在 Y 中，Y 中至少有一个项不包含在 X 中，则 Y 是 X 的真超集，X 是 Y 的一个真子集，记为 $X\subset Y$。

由表 4-1 可知，每一条事务 T_i（$i=1,2,\cdots,m$）都对应项的集合 $I=\{I_1,I_2,\cdots,I_n\}$ 上的一个子集，事务数据库 $\mathbb{D}=\{T_1,T_2,\cdots,T_m\}$ 则是由一系列具有唯一标识符 TID 的事务组成。

图 4-1 给出了一个工业报警事件数据的例子，在工业生产运行过程中，当系统出现异常或故障时，会产生报警信号并以事件形式记录在历史日志库中，包括报警发生时间、报警标签和设备单元等信息。通过对该数据库进行数据挖掘，可以发现图右侧所示的报警模式，如 {Tag04.PVHI，Tag44.PVHI，Tag02.PVHI}，表示这三个报警事件在生产运营过程中经常一起发生。分析这些报警频繁模式有助于揭示报警事件间的关系，为报警响应策略和维护检修计划的制订提供决策支持，对于提升报警系统效率和降低生产运营风险具有重要作用。由于工业数据集往往较为庞大，通过人工方式获得频繁模式的

难度较大且不可靠，因此迫切需要数据挖掘技术，从大规模数据集中高效准确地发现这些模式。

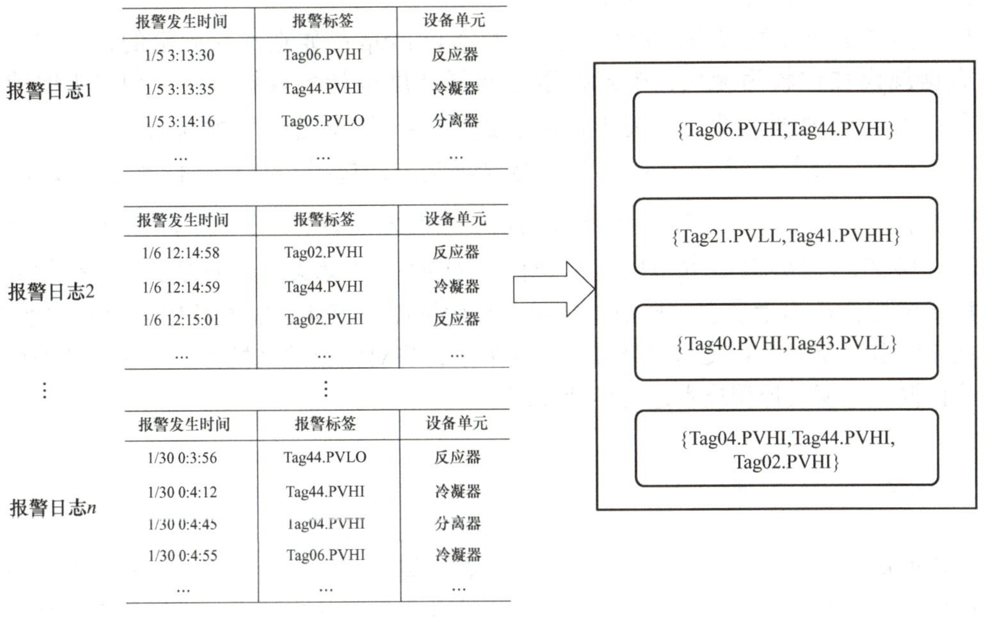

图 4-1　报警事件数据库中的频繁项集

4.1.2　模式支持度与频繁模式

判断某种模式是否为频繁模式需要一个评估标准，最直接的判断方式是：当一个模式出现的次数超过设定阈值，则视其为频繁模式。模式的支持度由此而来，它直观地反映了模式出现频次水平的高低。根据计算方法的不同，支持度又分为绝对支持度和相对支持度。

1）绝对支持度：表示模式出现在事务中的次数。对于一个模式，单条事务只有存在或者不存在两种结果，即单次事务最多出现一次该模式。例如，观察表 4-1 可以发现项 A 在事务 T_1、T_4、T_5 中出现，故项 A 的绝对支持度为 3，即

$$\text{Sup}(A)_{\text{绝对}} = |T_1, T_4, T_5| = 3 \tag{4-1}$$

2）相对支持度：表示模式出现在事务中的次数与事务总数之比。例如，在表 4-1 中项 A 出现了 3 次，而事务总数为 5 个，故相对支持度为 0.6，即

$$\text{Sup}(A)_{\text{相对}} = 3/5 = 0.6 \tag{4-2}$$

3）频繁模式：表示绝对支持度不小于最小支持度阈值（minsup）的模式，其中包含 k 项的频繁模式称为频繁 k－模式，由频繁 k－模式构成的集合记作 L_k。根据数据结构不同，频繁模式的形式可以是多样的，包括频繁项集、频繁序列或关联规则等。例如，设定最小支持度阈值 minsup=2，由于表 4-1 中项集 $\{A,B\}$ 的绝对支持度为 2，所以 $\{A,B\}$ 就是一个频繁 2- 项集。

4）候选模式：表示用于获取频繁模式的模式，由包含 k 项的候选模式构成的集合称为候选集，记作 C_k。候选集一般是在频繁模式挖掘过程中存在的中间模式集合，其中满足支持度条件的模式保留，否则舍弃。

频繁模式是通过发现满足最小支持度阈值 minsup 的候选集来确定的，但实际工业中的数据规模往往较为庞大，模式搜索空间复杂度呈指数规模。对于包含 k 项的数据库，存在 2^k-1 个候选项集。以表 4-1 中的数据库为例，数据库一共包含 5 项，可以产生 $C_5^1+C_5^2+C_5^3+C_5^4+C_5^5=2^5-1=31$ 个候选项集，即包括 $C_5^1=5$ 个 1- 候选项集为 $\{A\}$、$\{B\}$、$\{C\}$、$\{D\}$、$\{E\}$，$C_5^2=10$ 个 2- 候选项集为 $\{A,B\}$、$\{A,C\}$、$\{A,D\}$、$\{A,E\}$、$\{B,C\}$、$\{B,D\}$、$\{B,E\}$、$\{C,D\}$、$\{C,E\}$、$\{D,E\}$，依此类推。通过人工穷举的形式来进行模式挖掘往往不太现实，特别是针对大型数据库。因此，需要选用合适的挖掘算法，从数据库中自动获得有意义的频繁模式。接下来，将对频繁项集挖掘、关联规则挖掘和序列模式挖掘三种模式挖掘技术进行详细介绍。

4.2 频繁项集挖掘

频繁项集模式是一类最普遍也是最简单的频繁模式范式。为从事务数据库中发现频繁项集模式，可以遍历数据库，检测所有可能候选项集模式的支持度，进而搜索出全部的频繁模式，但这种方式在面向规模庞大的工业数据库时效率非常低。为实现对频繁模式的高效挖掘，已发展出诸多频繁项集挖掘算法，例如 Apriori 算法、频繁模式增长（Frequent Pattern Growth，FP-Growth）算法和垂直数据结构算法。其中，Apriori 算法和 FP-Growth 算法的挖掘对象都是 TID- 项集数据库，也称为水平数据格式，即每一条记录表示一条事务，包含 TID 和项集。但二者在搜索策略上有所不同，前者是采用广度优先的方式，后者则使用深度优先。垂直数据结构算法的挖掘对象则是项集 -TID 数据库，也称为垂直数据格式，即每一条记录表示一个项集，包含项和出现该项集的 TID 集合。

实际上，挖掘出的频繁项集仍然存在冗余度较高而导致整体模式价值密度较低的问题，不仅会影响对模式结果的分析，而且造成大量计算资源的浪费。针对该问题，需要对频繁模式进行压缩，一种朴素的解决思想是在挖掘频繁模式的过程中，不选择遍历输出所有频繁模式，而仅选择部分具有代表性的模式，这些模式在数量上相比全部的频繁模式大大降低，但是信息损失很少，因此可以代表全部的频繁模式。除了上述思想，还可以找出相似的频繁项集，并对它们进行合并或选择输出一个具有代表性的频繁项集，进而减少输出模式的数量。本节将依次对以上内容进行介绍，并结合具体例子说明其分析计算过程。

4.2.1 Apriori 算法

Apriori 算法使用逐层搜索的方法，通过 k - 项集产生 $(k+1)$ - 项集的候选集，有效抑制了候选集的指数级增长。该算法首先从 $k=1$ 开始，扫描事务数据库 $\mathbb{D}$，统计各项的支持度，找出频繁 1- 项集的集合 L_1；接着利用 L_k 逐层连接生成候选项集 C_{k+1}，统计各项集的支持度，得到长度为 $(k+1)$ 的频繁项集的集合 L_{k+1}；以此类推，直到无法再生成频繁项集。为降低计算复杂度，可以利用先验性质来减少候选项集的数量，避免不必要搜索带来的计算开销。

先验性质：如果一个模式是频繁的，则它的所有子模式也一定是频繁的；相反，如果一个模式不是频繁的，则它的所有超模式也一定不是频繁的。

基于先验性质，Apriori 算法通过连接步和剪枝步，在每次迭代过程中从 L_{k-1} 找出 L_k（$k \geqslant 2$），该算法的主要步骤如下：

1. 连接步

连接步的目的是对 Apriori 算法每次搜索得到的 L_{k-1}，将其中的频繁项集相互连接，从而生成长度为 k 的频繁模式候选集 C_k。执行连接时首先假定项集中的元素按字典排序，即包含 $k-1$ 个元素的项集 I_i，存在顺序 $I_i[1] < I_i[2] < \cdots < I_i[k-1]$，其中 $I_i[j]$ 为项集 I_i 的第 j 项。对于频繁项集的集合 L_{k-1}，若其中的两个频繁项集 I_1 与 I_2 的前 $(k-2)$ 个项均相同而最后一项不同，则认为 I_1 和 I_2 可连接，需要将最后一项不同的项进行连接生成长度为 k 的项集，例如连接 I_1 和 I_2 产生的结果项集是 $\{I_1[1], I_1[2], \cdots, I_1[k-1], I_2[k-1]\}$。

2. 剪枝步

剪枝步的目的是对长度为 k 的频繁模式候选集 C_k 进行支持度计算，从而确定频繁项集构成的集合 L_k。在高阶（3 阶及以上）项集的剪枝步骤中，可运用先验性质对 C_k 进行压缩，即当 C_k 中一个项集 I_i 的 $(k-1)$ – 项子集不在 L_{k-1} 中时，可以将 I_i 从 C_k 中删除，因为任何非频繁的 $(k-1)$ – 项集都不可能是频繁 k – 项集的子集。由于所有的候选 2– 项集都是由频繁 1– 项集直接连接得到的，而所有 1– 项子集已经被验证为频繁的，因此无需使用先验性质。例如，频繁 2– 项集的集合为 $\{A, B\}$、$\{A, C\}$、$\{A, D\}$，相互连接产生的候选 3– 项集有 $\{A, B, C\}$、$\{A, B, D\}$ 和 $\{A, C, D\}$，而根据先验性质，$\{A, B, D\}$ 会被删除（因为其子集 $\{B, D\}$ 不是频繁项集），将不参与在候选项集的支持度计数中。

Apriori 算法具体流程：首先，扫描数据库，生成初始候选 1– 项集的集合 C_1，删除支持度小于最小支持度阈值 minsup 的项集，得到频繁 1– 项集的集合 L_1；接着，将 L_1 与自身进行连接产生长度为 2 的候选 2– 项集的集合 C_2，通过对其进行剪枝操作，删除支持度小于 minsup 的项集，得到频繁 2– 项集的集合 L_2；迭代并重复该过程，直到无法再生产新的频繁项集。在每轮迭代中，新的频繁模式候选项集都由前一次迭代挖掘的频繁项集的集合连接产生。

Apriori 算法伪代码如下：

输入：事务数据库 $\mathbb{D}$，最小支持度阈值 minsup
输出：所有的频繁项集 L_k

---

1. 扫描数据库得到 L_1，赋值 $k=2$，$L=L_1$
2. repeat
3. 连接步骤：从 L_{k-1} 中生成候选集 C_k

4. 剪枝步骤：压缩 C_k，删除支持度小于 minsup 的项集，生成 L_k

5. 更新变量：$k=k+1$，$L=L\cup L_k$

6. until 不能生成频繁集或候选集为止

7. 返回 L

为更好地理解 Apriori 算法的挖掘过程，下面将通过一个例子具体阐述如何执行连接和剪枝步骤，以及搜索产生频繁项集。

例 4-1 表 4-2 是一个事务数据库 $\mathbb{D}$，共包含 4 条事务和 5 个项，设 minsup=2，请使用 Apriori 算法挖掘 $\mathbb{D}$ 中的频繁项集。

表 4-2 事务数据库 $\mathbb{D}$

TID	事务
1	$\{A, C, D\}$
2	$\{B, C, E\}$
3	$\{A, B, C, E\}$
4	$\{B, E\}$

1）扫描数据库构成候选集 C_1，统计各单项的支持度，其中项 D 的支持度为 1（小于 minsup），因此将其删除得到 L_1。

2）将 L_1 中的频繁项集连接产生候选集 C_2，统计各项集的支持度，其中项集 $\{A,B\}$ 和 $\{A,E\}$ 的支持度为 1（小于 minsup），因此将其剪枝删除得到 L_2。

3）将 L_2 中的频繁项集连接产生候选集 C_3，由于 L_2 中第一项相同的项集只有 $\{B, C\}$ 和 $\{B, E\}$，因此 C_3 中只有一个候选项集 $\{B,C,E\}$，统计其支持度为 2（等于 minsup），得到 $L_3=\{B,C,E\}$。

4）L_3 仅含有一个频繁项集，无法进一步执行连接步，算法结束，输出所有频繁项集，该挖掘过程如图 4-2 所示。

Apriori 算法的优点在于原理简单且易实现，适合于数据量较小的稀疏数据集，其缺点在于需要多次遍历数据集，且产生候选集时计算代价较大。这就导致了该算法面对大数据集时，存在算法复杂度高、效率低、耗时等缺点。为避免产生候选项集时消耗巨大的计算开销，可以考虑使用频繁模式增长（FP-Growth）算法。

4.2.2 FP-Growth 算法

频繁模式增长（FP-Growth）算法采用分治策略，以自底向上的方式进行搜索，并通过频繁模式树（FP 树）产生频繁项集。与 Apriori 算法相比，FP-Growth 算法无需重复扫描数据库，而是在 FP 树上递归地搜索频繁项，并为每个频繁项添加后缀，使频繁模式不断增长，从而得到以某个频繁项为前缀的频繁模式。FP-Growth 算法在执行过程中仅搜索与当前模式所关联的条件数据库。随着模式的增长，搜索空间的大小得到了显著压缩，因此该算法对于长频繁模式的挖掘具有更高的效率。

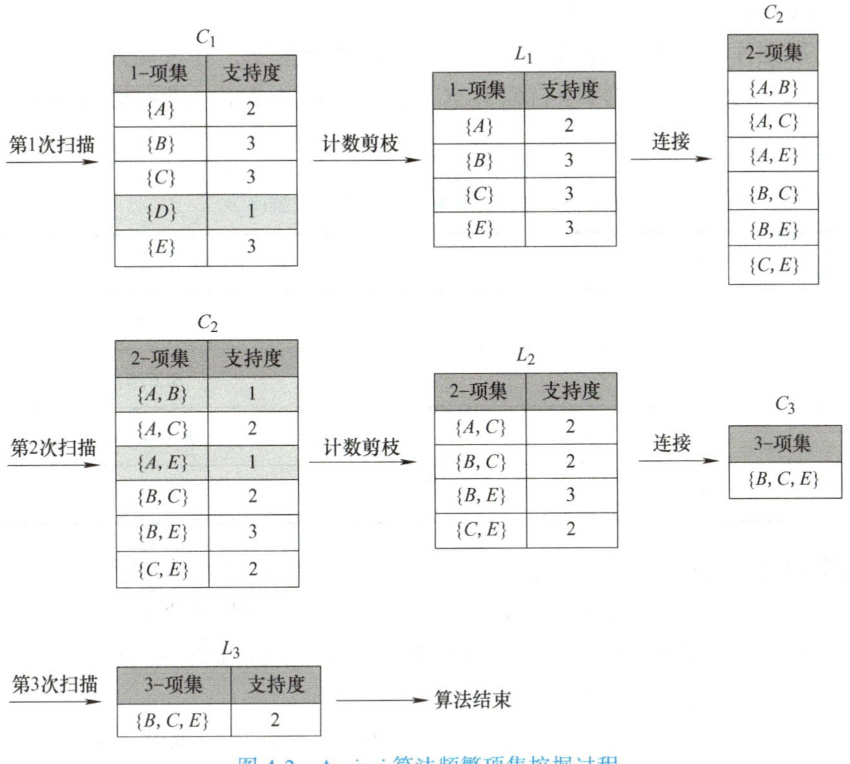

图 4-2 Apriori 算法频繁项集挖掘过程

FP-Growth 算法具体流程：首先，扫描数据库得到所有频繁项并按支持度降序排列；之后，以空节点作为根节点建立 FP 树，对数据库中每条事务创建分支，其中沿共同前缀的每个节点支持度计数加一，为前缀之后的项创建节点和链接；最后，以项头表的结构自底依次向上地遍历 FP 树，根据频繁项寻找对应的条件模式基和条件 FP 树，递归挖掘频繁项集，直到 FP 树中没有元素为止。FP-Growth 算法伪代码如下：

输入：事务数据库 $\mathbb{D}$，最小支持度阈值 minsup
输出：所有的频繁模式

---

1. 扫描数据库得到频繁项（按支持度降序排序）的集合 L
2. 创造 FP-Tree 根节点，标记为“null”
3. 根据 $\mathbb{D}$ 中每条事务对 FP 树添加分支
4. 对各节点建立项头表，从支持度最低的项进行回溯
5. repeat
6. 寻找条件模式基：FP 树尾缀的前缀路径
7. 构造条件 FP 树：删除路径中小于 minsup 的节点
8. until 条件 FP 树没有元素
9. 返回所有频繁模式

为了便于理解，下面将结合具体例子介绍条件模式基和条件 FP 树这两个概念。

例 4-2 使用 FP-Growth 算法对例 4-1 中的事务数据库进行频繁项集挖掘，其中频繁

项集的支持度阈值 minsup 设为 2。

1）扫描数据库 $\mathbb{D}$，统计各项的支持度，删除非频繁项，并按照递减降序的方式对频繁项进行排序，得到的集合为 $L=\{\{B:3\},\{C:3\},\{E:3\},\{A:2\}\}$，进而更新事务数据库 $\mathbb{D}$ 得到表 4-3。

表 4-3　去除非频繁项后的事务数据库 $\mathbb{D}$

TID	事务
1	$\{C, A\}$
2	$\{B, C, E\}$
3	$\{B, C, E, A\}$
4	$\{B, E\}$

2）构建 FP 树。首先创建根节点（用“null”标记），接着再次扫描数据库，各事务中的项都按 L 中的次序处理，并对每条事务创建分支。具体步骤如下：

① 读取第一条事务 $T_1=\{C,A\}$，构造树的第一个分支，包含 C 和 A 两个节点，路径为 null $\rightarrow C\rightarrow A$，该路径上所有节点的频度计数为 1。

② 读取第二条事务 $T_2=\{B,C,E\}$，由于 B 和 C 为不同项，因此需要创建一个新的分支，包含 B、C、E 三个节点，路径为 null $\rightarrow B\rightarrow C\rightarrow E$，该路径上所有节点的频度计数为 1。

③ 读取第三条事务 $T_3=\{B,C,E,A\}$，由于与事务 T_2 共享前缀 B，因此无需创建新的分支，包含 B、C、E、A 四个节点，路径为 null $\rightarrow B\rightarrow C\rightarrow E\rightarrow A$，该路径上节点 B、C、E 的频度计数加 1，并创建一个新节点 A 连接至 E，其频度计数为 1。

④ 读取第四条事务 $T_4=\{B,E\}$，由于与事务 T_2 共享前缀 B，因此无需创建新的分支，包含 B、E 两个节点，路径为 null $\rightarrow B\rightarrow E$，该路径上节点 B 的频度计数增加 1，并创建一个新节点 E 连接至 B。

构造的 FP 树如图 4-3 所示。

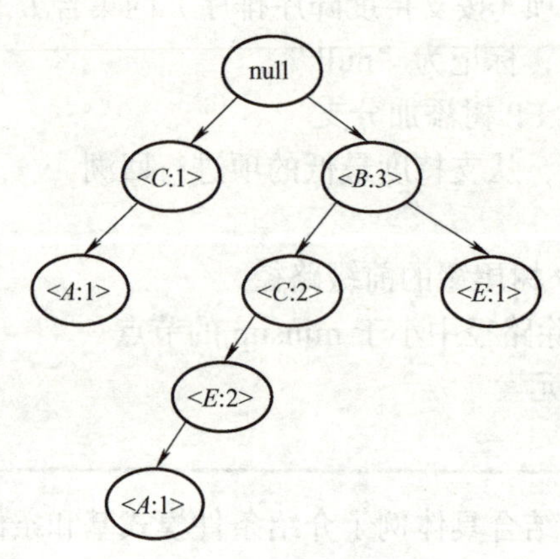

图 4-3　FP 树的构造

3）按支持度递减排序创建项头表，由 FP 树可知，节点 B 在第二分支，节点 C 和 A 在第一分支和第二分支，节点 E 在第二分支和第三分支，用虚线（节点链）连接 FP 树与表头，使每个项指向它在树中的位置，如图 4-4 所示。

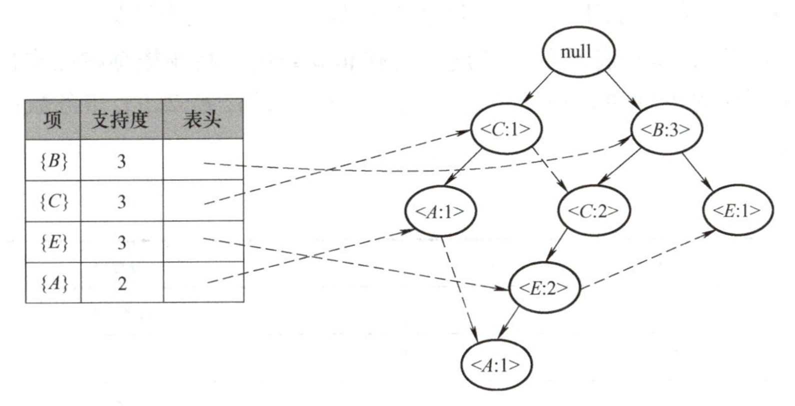

图 4-4　FP 树的项头表

4）对图 4-4 中的项头表按支持度从低到高构造各项的条件模式基（由 FP 树中与某个项作为后缀的所有前缀路径组成），依次构造条件 FP 树（FP 树中与某个项对应的频繁项集相关的子树），最后通过条件 FP 树与项组合得到频繁项集。获取条件模式基的方法是对项头表中每一个项，都沿着 FP 树向上回溯并得到该项对应的所有前缀路径。具体步骤如下：

① 从项 A 开始，该项在 FP 树中有两条前缀路径，分别为 $C \to A$（即 <C : 1>）和 $B \to C \to E \to A$（即 <B, C, E : 1>），对路径中各项支持度重新计数，确定条件模式基为 $\{\{C:1\},\{B,C,E:1\}\}$；在构建条件 FP 树时，仅保留条件模式基中共同路径支持度计数不低于 minsup 的部分（删除节点 B 和 E），因此 A 项对应的条件 FP 树为 <C : 2>。通过将 A 项与条件 FP 树中的项（只有 C）进行组合生成频繁项集，则有 $\{C,A:2\}$。

② 项 E 在 FP 树中有两条前缀路径，分别为 $B \to C \to E$（即 <B, C : 2>）和 $B \to E$（即 <B : 1>），条件模式基为 $\{\{B,C:2\},\{B:1\}\}$，对应的条件 FP 树为 <B : 3, C : 2>。通过将 E 项与条件 FP 树中的项进行组合生成频繁项集，则有 $\{B,E:3\}$、$\{C,E:2\}$、$\{B,C,E:2\}$。

③ 项 C 在 FP 树中只有一条前缀路径，为 $B \to C$（即 <B : 2>），条件模式基为 $\{\{B:2\}\}$，对应的条件 FP 树为 <B : 2>。通过将项 C 与条件 FP 树中的项（只有 B）进行组合生成频繁项集，则有 $\{B,C:2\}$。通过 FP 树挖掘出的频繁模式，如表 4-4 所示，由表 4-4 可知，所发现的频繁项集模式与 Apriori 算法是相同的。

表 4-4　FP 树挖掘出的频繁模式

项	条件模式基	条件 FP 树	产生的频繁模式
$\{A\}$	$\{\{C:1\}, \{B,C,E:1\}\}$	<C : 2>	$\{C,A:2\}$
$\{E\}$	$\{\{B,C:2\}, \{B:1\}\}$	<B : 3, C : 2>	$\{B,E:3\}$，$\{C,E:2\}$，$\{B,C,E:2\}$
$\{C\}$	$\{\{B:2\}\}$	<B : 2>	$\{B,C:2\}$

为了强化对 FP-Growth 算法的理解，下面再给出一个更为复杂的例子来说明该算法的计算过程。在该例中，包含了更多的事务条数和项数。

例 4-3 表 4-5 给出了一个新的事务数据库 $\mathbb{D}$，共有 9 条事务和 5 个项。设最小支持度阈值 minsup = 2，请使用 FP-Growth 算法挖掘 $\mathbb{D}$ 中的所有频繁项集。

1）扫描数据库，统计各项的支持度，没有非频繁项，将频繁项按照支持度计数递减排序，得到频繁项的集合为 $L=\{\{B:7\},\{A:6\},\{C:6\},\{D:2\},\{E:2\}\}$，事务数据库 $\mathbb{D}$ 更新后如表 4-6 所示。

表 4-5 事务数据库 $\mathbb{D}$

TID	事务
1	$\{A, B, E\}$
2	$\{B, D\}$
3	$\{B, C\}$
4	$\{A, B, D\}$
5	$\{A, C\}$
6	$\{B, C\}$
7	$\{A, C\}$
8	$\{A, B, C, E\}$
9	$\{A, B, C\}$

表 4-6 更新后的事务数据库 $\mathbb{D}$

TID	事务
1	$\{B, A, E\}$
2	$\{B, D\}$
3	$\{B, C\}$
4	$\{B, A, D\}$
5	$\{A, C\}$
6	$\{B, C\}$
7	$\{A, C\}$
8	$\{B, A, C, E\}$
9	$\{B, A, C\}$

2）构造 FP 树和建立项头表。创建树的根节点“null”，再次扫描数据库 $\mathbb{D}$ 并依次添加事务，例如，读取第一条事务 $T_1=\{B,A,E\}$，构造树的第一个分支，包含 B、A、E 三个节点，路径为 null $\rightarrow B \rightarrow A \rightarrow E$，该路径上的频度计数为 1，接着读取第二条事务 $T_2=\{B,D\}$，由于与事务 T_1 共享前缀 B，因此无需创建新的分支，包含 B、D 两个节点，

路径为 null $\to B \to D$，该路径上节点 B 的频度计数增加 1，并创建一个新节点 D 连接至 B，其频度计数为 1，依此类推，可以得到如图 4-5 所示的 FP 树。

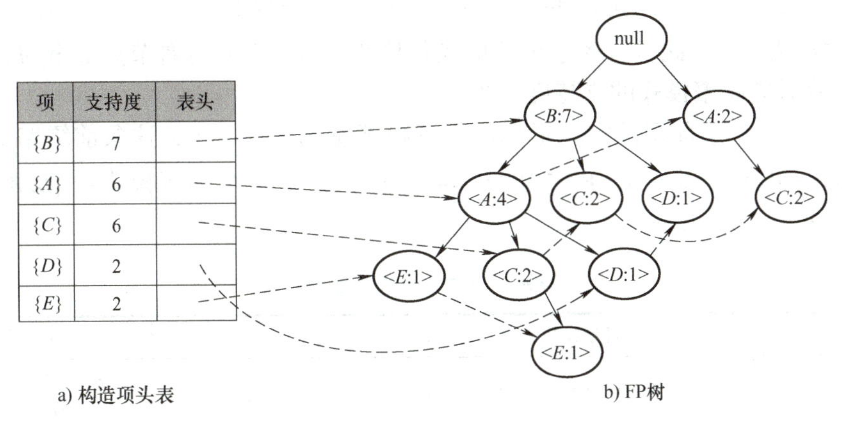

图 4-5　构造项头表和 FP 树

3）根据 FP 树建立项头表，如图 4-5 所示，按支持度由低到高遍历项头表，构造条件模式基和条件 FP 树，进而生成频繁项集。具体步骤如下：

① 从项 E 开始，在 FP 树中寻找前缀路径组合并对路径中的各项支持度重新计数，分别为 $B \to A \to E$（即 <B, A : 1>）和 $B \to A \to C \to E$（即 <B, A, C : 1>），如图 4-6 所示。对路径中各项频度重新计数，以确定条件模式基为 $\{\{B,A:1\},\{B,A,C:1\}\}$；构建条件 FP 树时，仅保留条件模式基中共同路径频度计数不低于 minsup 的部分（删除节点 C），因此项 E 对应的条件 FP 树为 <B : 2, A : 2>；通过将项 E 与条件 FP 树中的项（B 和 A）进行组合生成频繁项集，则有 $\{B,E:2\}$、$\{A,E:2\}$、$\{B,A,E:2\}$。

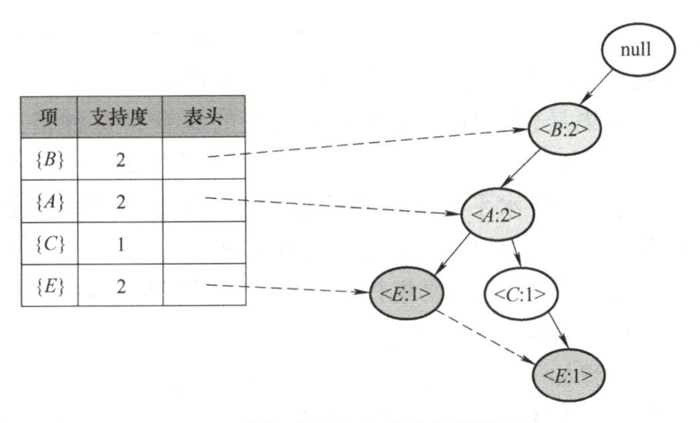

图 4-6　前缀路径组合形成条件模式基

② 项 D 的两个前缀路径形成条件模式基为 $\{\{B,A:1\},\{B:1\}\}$，由于这两条路径属于以 B 为节点的第一分支，并且只共享一个单节点 B，其条件 FP 树为 <B : 2>，通过与项 D 进行组合只能找到一个频繁模式：$\{B,D:2\}$。

③ 项 C 的三个前缀路径形成条件模式基为 $\{\{B,A:2\},\{B:2\},\{A:2\}\}$，其中，$B \to A \to C$ 和 $B \to C$ 这两条前缀路径属于以 B 为节点的第一分支，构成的条件 FP 树为

<B : 4, A : 2>，$A \to C$ 这条前缀路径属于以 A 为节点的第二分支，构成的条件 FP 树为 <A : 2>；将这两个条件 FP 树与项 C 进行组合可以得到三个频繁模式：$\{B,C:4\}$，$\{A,C:4\}$，$\{B,A,C:2\}$。这里需要说明的是，由于在条件 FP 树中，单独看节点 B 和 A，其频度计数都为 4，因此对应频繁模式的支持度也为 4，而同时看节点 B 和 A，其频度计数则为 2，故对应频繁模式的支持度也为 2。

④ 项 A 只有一条前缀路径，形成的条件模式基为 $\{\{B:4\}\}$，这条前缀路径属于以 B 为节点的第一分支，其条件 FP 树为 <B : 4>，因此产生一个频繁模式：$\{B,A:4\}$。频繁模式挖掘结果如表 4-7 所示。

表 4-7　FP 树挖掘频繁模式

项	条件模式基	条件 FP 树	频繁模式
$\{E\}$	$\{\{B,A:1\},\{B,A,C:1\}\}$	<B : 2, A : 2>	$\{B,E:2\}$，$\{A,E:2\}$，$\{B,A,E:2\}$
$\{D\}$	$\{\{B,A:1\},\{B:1\}\}$	<B : 2>	$\{B,D:2\}$
$\{C\}$	$\{\{B,A:2\},\{B:2\},\{A:2\}\}$	<B : 4, A : 2> <A : 2>	$\{B,C:4\}$，$\{A,C:4\}$，$\{B,A,C:2\}$
$\{A\}$	$\{\{B:4\}\}$	<B : 4>	$\{B,A:4\}$

FP-Growth 算法将挖掘长频繁模式问题转换成在较小的条件数据库中递归搜索一些较短模式，再通过连接后缀使频繁模式不断增长。FP-Growth 算法的优点在于不产生候选集，并且只需要两次遍历数据库，大大提高了搜索效率。

4.2.3　垂直数据结构算法

从数据库格式的角度分析，Apriori 算法和 FP-Growth 算法处理的数据库都属于 TID- 项集格式，也称为水平数据格式（见表 4-2）。除此以外，数据库也可以用项 -TID 集格式表示，其中 TID 集是包含项的事务的标识符的集合，这种格式也称为垂直数据格式（见表 4-8）。数据的水平结构和垂直结构在信息表达方面完全等价，仅存在结构的区别，但是在一些情况下，将水平数据结构转化为垂直结构后进行数据挖掘和分析存在显著优势，因此有必要学习针对垂直数据的挖掘算法的基本原理与流程。下面结合例子，对适用于垂直数据结构的频繁项集挖掘方法，即等价类变换（Equivalence CLAss Transformation，ECLAT）算法进行介绍。

ECLAT 算法具体流程如下：首先，通过扫描数据库将水平格式的数据转换为垂直格式，转换后的各项都有对应的 TID 集；从 k=1 开始，对频繁 k – 项集执行连接步骤以构造（k+1）– 项集，对应的 TID 集通过取频繁 k– 项集的 TID 集的交集得到（可利用频繁项集的先验性质避免支持度检测时多次扫描数据库）；（k+1）– 项集对应的 TID 集进行支持度检测确定频繁（k+1）– 项集；重复上述过程直到无法再生成频繁项集，并输出所有频繁项集。

例 4-4　对于例 4-1 中的事务数据库，使用垂直数据结构算法，挖掘出所有的频繁项集，这里同样设 minsup = 2 。

1）将水平数据格式转换为垂直数据结构，结果如表 4-8 所示。

表 4-8　垂直数据结构的事务数据库

项集	TID 集
$\{A\}$	$\{T_1,T_3\}$
$\{B\}$	$\{T_2,T_3,T_4\}$
$\{C\}$	$\{T_1,T_2,T_3\}$
$\{D\}$	$\{T_1\}$
$\{E\}$	$\{T_2,T_3,T_4\}$

2）删除数据库中的非频繁项 D 后对剩余项集互相连接，生成的 2- 项集对应的 TID 集等于这两个项集对应 TID 集的交集运算，通过对 TID 集进行支持度检测确定频繁 2- 项集的垂直数据结构表，结果如表 4-9 所示。

表 4-9　频繁 2- 项集的垂直数据结构表

项集	TID 集
$\{A,C\}$	$\{T_1,T_3\}$
$\{B,C\}$	$\{T_2,T_3\}$
$\{B,E\}$	$\{T_2,T_3,T_4\}$
$\{C,E\}$	$\{T_2,T_3\}$

3）令 k=2，重复上一步的过程得到频繁 3- 项集的垂直数据结构表，其结果如表 4-10 所示。由于此时仅有 1 项频繁 3- 项集，无法进一步进行交集运算，算法结束并输出所有频繁项集，其结果与例 4-1 中的挖掘结果一致。

表 4-10　频繁 3- 项集的垂直数据结构表

项集	TID 集
$\{B,C,E\}$	$\{T_2,T_3\}$

为了更好地理解垂直数据结构算法的实现过程，接下来对例 4-3 中的事务数据库也同样进行频繁模式挖掘。

例 4-5　对于例 4-3 中的事务数据库 $\mathbb{D}$，使用垂直数据结构算法，挖掘出所有的频繁项集，这里同样设 $\text{minsup}=2$。

1）将水平数据格式转换成垂直数据结构，如表 4-11 所示。

表 4-11　垂直数据结构的事务数据库

项集	TID 集
$\{A\}$	$\{T_1,T_4,T_5,T_7,T_8,T_9\}$
$\{B\}$	$\{T_1,T_2,T_3,T_4,T_6,T_8,T_9\}$
$\{C\}$	$\{T_3,T_5,T_6,T_7,T_8,T_9\}$
$\{D\}$	$\{T_2,T_4\}$
$\{E\}$	$\{T_1,T_8\}$

2）数据库中的各项都是频繁的，对任意两项进行连接（共进行 10 次运算），接着根据支持度检测删除非频繁项集 $\{A,D\}$ 、$\{C,D\}$ 、$\{C,E\}$ 和 $\{D,E\}$ ，结果如表 4-12 所示。

表 4-12　频繁 2- 项集的垂直数据结构表

项集	TID 集
$\{A,B\}$	$\{T_1,T_4,T_8,T_9\}$
$\{A,C\}$	$\{T_5,T_7,T_8,T_9\}$
$\{A,E\}$	$\{T_1,T_8\}$
$\{B,C\}$	$\{T_3,T_6,T_8,T_9\}$
$\{B,D\}$	$\{T_2,T_4\}$
$\{B,E\}$	$\{T_1,T_8\}$

3）根据先验性质可知，由于 $\{C,E\}$ 非频繁，因此无需对 $\{A,C\}$ 和 $\{A,E\}$ 执行连接；同理，$\{B,C\}$ 和 $\{B,D\}$ 、$\{B,C\}$ 和 $\{B,E\}$ 、$\{B,D\}$ 和 $\{B,E\}$ 这三对也无需连接。其余项集通过执行连接步生成候选 3- 项集：$\{A,B,C\}$ 和 $\{A,B,E\}$ 。通过支持度检测可得出它们都是频繁 3- 项集，结果如表 4-13 所示。

表 4-13　频繁 3- 项集的垂直数据结构表

频繁项集	TID 集
$\{A,B,C\}$	$\{T_8,T_9\}$
$\{A,B,E\}$	$\{T_1,T_8\}$

垂直结构数据算法的主要优点在于无需扫描数据库来确定候选项集的支持度，这是因为项集的 TID 集已经包含了支持度的信息，只需要通过简单的集合运算就可以判断支持度，因此数据垂直结构非常适合用于项多但事务数量较少的数据库。但如果数据的 TID 集本身规模较大，则需要大量内存空间，同时集合运算也带来了大量时间开销，这种情况下采用数据水平结构会明显更具优势。因此，根据数据库的特点选择合适的频繁项集挖掘算法是十分必要的。

4.2.4　模式压缩

在实际大型工业过程的数据集的频繁模式挖掘任务中，面临一个共同问题，就是产生频繁项集的数量往往会很多而难以做出有效决策。在数据库规模一定的情况下，频繁模式的数量仅由支持度阈值决定，当阈值过低时，长项集包含了指数级别数量的短频繁子模式，导致模式数量爆炸，这种情况下不利于频繁模式的分析和存储。但借助提高支持度阈值以降低模式数量时，又将会导致另一个问题，当阈值过高时，挖掘出的模式过于常识性，造成有用信息的损失。为了减少挖掘产生的巨大频繁模式集，同时维持高质量模式，可以采用一些策略对模式进行压缩，找出具有代表性的模式。模式压缩是用一部分模式作为整体的表示，同时保证信息量尽可能少的丢失，提升模式质量。接下来，将介绍两种具有代表性的模式：极大频繁项集和闭合频繁项集。

极大频繁项集：频繁项集 X 在事务数据集 $\mathbb{D}$ 中不存在真超集 Y，则 X 是一个极大频繁项集。

闭合频繁项集：频繁项集 X 在事务数据集 $\mathbb{D}$ 中不存在满足 $\mathrm{Sup}(Y)=\mathrm{Sup}(X)$ 的真超集 Y，则 X 是一个闭合频繁项集。

根据上述两个定义可知，极大频繁项集是闭合频繁项集的充分不必要条件，因此一个极大频繁项集必定是一个闭合频繁项集。

例 4-6　表 4-14 给出了一个包含 8 个频繁项集模式的事务数据库 $\mathbb{D}$，需要找出其中的闭合频繁项集和极大频繁项集。

表 4-14　事务数据库 $\mathbb{D}$

ID	频繁项集	支持度
P_1	$\{B,C,D,E\}$	35
P_2	$\{B,C,D,E,F\}$	30
P_3	$\{A,B,C,D,E,F\}$	30
P_4	$\{A,C,D,E,F\}$	30
P_5	$\{A,C,D,E,G\}$	38
P_6	$\{A,C,D,G\}$	52
P_7	$\{A,C,G\}$	52
P_8	$\{A,D,G\}$	52

事务数据库 $\mathbb{D}$ 中 P_1、P_2、P_4 存在真超集 P_3，P_6、P_7、P_8 存在真超集 P_5，而项集 P_3 和 P_5 不存在真超集，根据上述定义得出 P_3 和 P_5 是极大频繁项集。由于项集 P_1 的支持度 $\mathrm{Sup}(P_1)$ =35，与其全部真超集 P_2、P_3、P_4 的支持度均不相等（$\mathrm{Sup}(P_2)$ = $\mathrm{Sup}(P_3)$ = $\mathrm{Sup}(P_4)$ =30），因此 P_1 是一个闭合频繁项集；同理，P_6 也是闭合频繁项集。根据以上分析可以整理出基于表 4-14 的所有极大频繁项集和闭合频繁项集，如表 4-15 所示。

表 4-15　极大频繁项集和闭合频繁项集

ID	极大频繁项集	ID	闭合频繁项集
P_3	$\{A,B,C,D,E,F\}$	P_1	$\{B,C,D,E\}$
P_5	$\{A,C,D,E,G\}$	P_3	$\{A,B,C,D,E,F\}$
		P_5	$\{A,C,D,E,G\}$
		P_6	$\{A,C,D,G\}$

通过例 4-6 能够发现这两种代表性项集的特点：极大频繁项集可以大大降低模式数量，但压缩后的模式会损失部分支持度信息，因此不适用于支持度差距显著的情形；闭合频繁项集则是一种无损压缩，不会丢失模式的支持度信息，但是闭合频繁项集往往压缩不彻底，剩余模式仍有较高冗余，不适用于模式支持度差距较小的情形。

例 4-7　表 4-16 给出了一个大型数据集的频繁项集的一个子集，共有 5 条频繁项集，需要对该表中的频繁模式进行压缩。

表 4-16 频繁项集的子集

ID	频繁项集	支持度
P_1	$\{B,C,D,E\}$	205227
P_2	$\{B,C,D,E,F\}$	205211
P_3	$\{A,B,C,D,E,F\}$	101758
P_4	$\{A,C,D,E,F\}$	161563
P_5	$\{C,D,E\}$	161576

根据上述定义，表 4-16 中是已经使用闭合频繁项集压缩后的结果，可以看出闭合频繁项集显然会导致剩余模式的高冗余，压缩效果十分不理想。项集 P_2、P_3 和 P_4 的支持度与表 4-16 中唯一的极大频繁项集 P_3 存在显著差异，如果使用 P_3 代表整体的频繁模式，将导致损失大量其他模式的支持度信息。

通过观察，注意到两对模式（P_1，P_2）和（P_4，P_5）中的项元素和支持度大小都比较相似，因此可以直观地将 P_2、P_3 和 P_4 当作该数据集的一个最优压缩结果。综合上述两种代表性项集的特点，这种压缩策略可以看作是在频繁模式支持度相差较小的情形下，使用极大频繁项集对闭合频繁项集的结果进一步压缩。

在使用闭合频繁项集压缩的基础上，为了严谨地描述这种直观的压缩策略，需要设计一个与支持度的差值有关的指标 ξ，根据 ξ 是否大于设定阈值选择是否使用极大频繁项集。给定两个频繁项集 P_1 和 P_2，其中 $P_1 \subseteq P_2$，那么两者的支持度满足 $\mathrm{Sup}(P_1) \geqslant \mathrm{Sup}(P_2)$，$P_1$ 和 P_2 的支持度差异指标 ξ 定义为

$$\xi(P_1,P_2)=\frac{\mathrm{Sup}(P_1)-\mathrm{Sup}(P_2)}{\mathrm{Sup}(P_2)} \tag{4-3}$$

当 $\xi(P_1,P_2)$ 过大时，即模式 P_1 和 P_2 支持度差异过大，应该同时保留 P_1 和 P_2 以避免损失 P_1 的支持度信息，这种情形下不应该再使用极大频繁项集进一步压缩模式；反之，当 $\xi(P_1,P_2)$ 较小时，模式 P_1 和 P_2 支持度差异也比较小，只需要保留模式 P_2 代替 P_1 和 P_2，即应该使用极大频繁项集进一步压缩频繁模式。$\xi(P_1,P_2)=0$ 是一种极端情况，此时 P_1 不再是闭合频繁项集，因此在压缩时直接选择用 P_2 代替 P_1 和 P_2 即可。

为了衡量模式 P_1 和 P_2 的支持度信息是否差异过大，需要一个比对阈值 $\xi_{\min}$。在例 4-7 中，设 $\xi_{\min}=0.1$，则模式压缩过程如图 4-7 所示。

除了以上方法，还可以通过模式聚类的方式在闭合频繁项集的基础上压缩频繁模式。模式聚类是将频繁模式按照模式间的距离，将它们分到若干个簇中，使同一个簇内的频繁模式之间具有较高相似性，而来自不同簇中的模式之间不相似，从而在每个簇中选取并输出一个频繁模式集作为代表模式。为了合理恰当地量化模式之间的相似度，需要定义模式距离。

ID	频繁项集	支持度
P_1	$\{B, C, D, E\}$	205227
P_2	$\{B, C, D, E, F\}$	205211
P_3	$\{A, B, C, D, E, F\}$	101758
P_4	$\{A, C, D, E, F\}$	161563
P_5	$\{A, C, D, E\}$	161576
P_6	$\{A, C, D, F\}$	161563

$\xi_{min}=0.1$ ⇒

$P_1 \subseteq P_2$；$\xi(P_1, P_2)<\xi_{min}$；$P_1 \to P_2$
$P_5 \subseteq P_4$；$\xi(P_4, P_5)<\xi_{min}$；$P_5 \to P_4$

⇓

ID	频繁项集
P_2	$\{B, C, D, E, F\}$
P_3	$\{A, B, C, D, E, F\}$
P_4	$\{A, C, D, E, F\}$

图 4-7　频繁模式压缩过程

模式距离：假设 P_1 和 P_2 是两个闭合频繁项集，令 $T(P_1)$ 和 $T(P_2)$ 为模式 P_1 和 P_2 的事务集合，模式距离的计算公式如下：

$$D(P_1,P_2)=1-\frac{|T(P_1)\cap T(P_2)|}{|T(P_1)\cup T(P_2)|} \tag{4-4}$$

式中，$|T(P_1)\cap T(P_2)|$ 表示模式 P_1 和 P_2 的事务交集中的事务条数；$|T(P_1)\cup T(P_2)|$ 表示模式 P_1 和 P_2 的事务并集中的事务条数。这种模式距离定义有效包含了两个模式共同以及各自的支持度信息，如果距离度量比较小则说明了模式之间的相似度较高，即两个模式就很可能在相同的事务中同时出现，因此将这两个模式分在同一个簇中。

例 4-8　表 4-17 给出一个频繁项集数据集，并且每个频繁项集都有其对应的 TID 集，给定距离阈值 δ =0.45，试对频繁项集进行简单聚类分析。

表 4-17　频繁项集的子集

ID	频繁项集	TID 集
P_1	$\{B,C,D,E\}$	$\{T_1,T_2,T_3,T_4\}$
P_2	$\{A,B,C,D,E,F\}$	$\{T_2,T_3,T_4\}$
P_3	$\{C,D,E\}$	$\{T_1,T_2,T_3,T_4,T_5,T_6,T_7,T_8,T_9\}$
P_4	$\{A,C,D,E\}$	$\{T_2,T_3,T_4,T_5,T_6,T_8\}$
P_5	$\{D,E,F,G\}$	$\{T_3,T_4,T_5,T_6,T_8\}$

首先，计算两两频繁项集之间的模式距离，例如计算 P_1 和 P_2 的距离时，得出两者的公共 TID 集为 $\{T_2,T_3,T_4\}$，$|T(P_1)\cap T(P_2)|$ =3，P_1 和 P_2 的事务并集为 $\{T_1,T_2,T_3,T_4\}$，即 $|T(P_1)\cup T(P_2)|$ =4，因此 $D(P_1,P_2)$ =1−3/4=0.25。

然后，依次类推，计算其他的模式距离并将结果以三角矩阵的形式列出，之后对比各模式与其他模式的距离并与 δ 比较，从而确定簇划分的情况：P_1 和 P_2 为一簇，P_3、P_4 和 P_5 为另一簇。

最后，考虑到该例子中的频繁模式为项集模式，因此划分为簇后，可以直接通过项集合并对两个簇中的频繁项集进行压缩，即对于第一个簇有 $P_1'=P_1\cup P_2=\{A,B,C,D,E,F\}$，对于第二个簇有 $P_2'=P_3\cup P_4\cup P_5=\{A,C,D,E,F,G\}$，具体过程如图 4-8 所示。经过模式聚类后，原模式可以用P_1'、P_2'两个模式代替。

ID	频繁项集	TID集
P_1	$\{B, C, D, E\}$	$\{T_1, T_2, T_3, T_4\}$
P_2	$\{A, B, C, D, E, F\}$	$\{T_2, T_3, T_4\}$
P_3	$\{C, D, E\}$	$\{T_1, T_2, T_3, T_4, T_5, T_6, T_7, T_8, T_9\}$
P_4	$\{A, C, D, E\}$	$\{T_2, T_3, T_4, T_5, T_6, T_7\}$
P_5	$\{D, E, F, G\}$	$\{T_3, T_4, T_5, T_6, T_8\}$

ID	P_1	P_2	P_3	P_4	P_5
P_1	0				
P_2	0.25	0			
P_3	0.56	0.67	0		
P_4	0.57	0.5	0.33	0	
P_5	0.71	0.67	0.44	0.43	0

模式距离

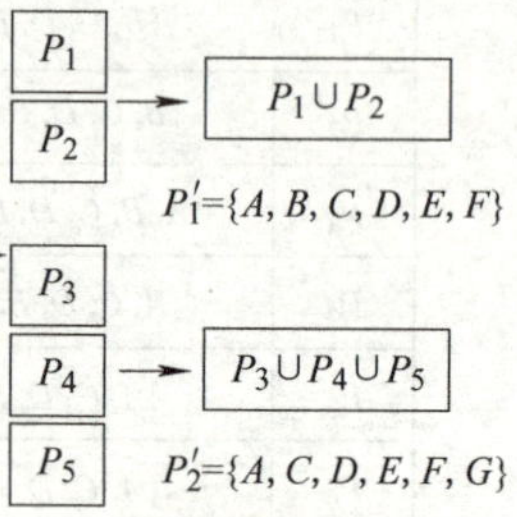

P_1, P_2 → $P_1 \cup P_2$

$P_1'=\{A, B, C, D, E, F\}$

P_3, P_4, P_5 → $P_3 \cup P_4 \cup P_5$

$P_2'=\{A, C, D, E, F, G\}$

模式聚类

图 4-8 模式聚类过程以及结果

4.3 关联规则挖掘

关联规则反映一个事物与其他事物之间的相互依存性和关联性，关联规则挖掘有助于发现数据集中数据之间的相关联系。通过对工厂在生产运行的过程中产生的海量历史数据进行关联规则挖掘和分析，可以发现工业数据（包括报警事件、操作记录、系统状态变化等）之间的联系，从而帮助决策者分析和解决问题。例如，建立操作模式与报警变量之间的联系，可以根据操作模式的状态切换，对报警进行动态抑制，以消除由正常操作导致的虚假报警。关联规则挖掘与频繁项集挖掘的不同之处在于，后者是在数据库中搜索频繁出现的项集模式，前者则是在频繁项集挖掘的基础上发现频繁项集之间的关联性。

4.3.1 关联规则的产生

在掌握频繁项集挖掘的基础上，可以借助以下概念理解关联规则挖掘的内涵和具体流程，再结合具体例子加深理解。

关联规则：形如$X \rightarrow Y$的表达式，X和Y是两个互不相交的频繁项集，其中X是关联规则的条件（又称为先导），Y则是在条件X下导致的后验结果（又称为后继）。关联规则$X \rightarrow Y$描述了在项集X代表的事件发生的情况下，项集Y代表的事件可能发生的关联性，当这种关联性达到一定水平时，可以认为关联规则$X \rightarrow Y$是一个强关联规则。

置信度（confidence）：判断关联规则是否为强关联规则的指标，关联规则的置信度越高则表明该关联规则越值得信任，一般通过条件概率计算关联规则$X \rightarrow Y$的置信度：

$$\mathrm{Conf}(X \rightarrow Y) = P(X|Y) = \frac{\mathrm{Sup}(X \cup Y)}{\mathrm{Sup}(X)} \tag{4-5}$$

式中，X和Y是频繁项集；$\mathrm{Sup}(X \cup Y)$是包含X和Y的事务数；$\mathrm{Sup}(X)$是包含项集X的事务数；$\mathrm{Conf}(X \rightarrow Y)$是同时包含$X$和$Y$的事务数量占包含$X$的事务数量的百分比。

式（4-5）在已知频繁项集时可直接用于发现强关联规则。

强关联规则挖掘过程：首先，扫描数据库得到项集集合L。然后，通过迭代以下两个步骤产生关联规则：第一步，对L中的每个项集X，产生X的所有非空真子集；第二步，

对 X 的每个非空真子集 Y，判断关联规则 $Y \rightarrow (X-Y)$ 是否满足其置信度不小于最小置信度阈值 minconf，即

$$\mathrm{Conf}(Y \rightarrow X-Y)=\frac{\mathrm{Sup}(X)}{\mathrm{Sup}(Y)} \geqslant \mathrm{minconf} \tag{4-6}$$

如果满足式（4-6），则输出强关联规则 $Y \rightarrow (X-Y)$。当频繁项集包含很多项时会产生大量候选关联规则，可利用先验性质提前剪枝以减少计算量。

关联规则的先验性质：设 X 为频繁项集且 $\varnothing \subset Y' \subset Y \subset X$，若 $Y \rightarrow (X-Y)$ 不是强关联规则，则 $Y' \rightarrow (X-Y')$ 也不是强关联规则。

例 4-9　以例 4-3 的事务数据库 $\mathbb{D}$ 挖掘出的频繁项集 $X=\{A,B,E\}$ 为例，对频繁项集 X 和它的非空真子集进行关联规则挖掘，设最小置信度阈值 minconf=70%。

频繁项集 X 的非空真子集是 $\{A\}$、$\{B\}$、$\{E\}$、$\{A,B\}$、$\{A,E\}$ 和 $\{B,E\}$。首先，产生后验结果仅包含一项的关联规则；其次，根据先验性质提前将低于置信度阈值的弱关联规则剔除；然后，合并后验结果生成两个项的关联规则，如图 4-9 所示。

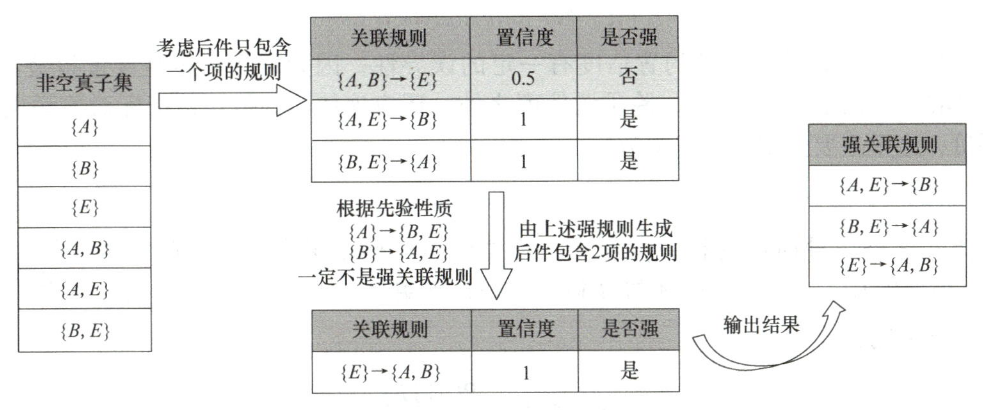

图 4-9　生成关联规则

依此类推，所有的关联规则挖掘结果如表 4-18 所示，只有 $\{A,E\} \rightarrow \{B\}$、$\{B,E\} \rightarrow \{A\}$ 以及 $\{E\} \rightarrow \{A,B\}$ 可以作为强关联规则。

表 4-18　关联规则挖掘结果

关联规则	置信度	是否强关联规则
$\{A,B\} \rightarrow \{E\}$	0.5	否
$\{A,E\} \rightarrow \{B\}$	1	是
$\{B,E\} \rightarrow \{A\}$	1	是
$\{A\} \rightarrow \{B,E\}$	0.33	否
$\{B\} \rightarrow \{A,E\}$	0.29	否
$\{E\} \rightarrow \{A,B\}$	1	是

4.3.2 关联规则的评估

目前大部分关联规则都使用支持度和置信度的评估框架判断强关联规则，然而仅使用这两种指标仍然会导致一些错误的规则。下面以工厂运行过程中的报警事件之间的关联规则为例，分析支持度－置信度评估框架的不足。

例 4-10 针对化工过程中的两个监控过程变量，产品分离器温度和产品分离器压力，采集了其历史报警事件数据。这里用 *TH* 表示产品分离器的温度过高（即监测数值超过上限阈值），用 *PL* 表示产品分离器的压力过小（即监测数值小于下限阈值）。假设 100 条工业报警事务中，60 条报警事务包含 *TH*，75 条报警事务包含 *PL*，而 40 条报警事务同时包含 *TH* 和 *PL*。设置最小相对支持度阈值为 30%，最小置信度阈值为 60%，找出其关联规则。

通过计算分析，可以发现这样的强关联规则：$TH \rightarrow PL$。因为，它的支持度为 40%，置信度为 66%，分别满足最小支持度阈值和最小置信度阈值。然而，实际上该关联规则是误导性的，因为产品分离器的压力变小的概率是 75%，比 66% 还高。事实上，*TH* 和 *PL* 是负相关的，因为产品分离器的温度上升实际上降低了产品分离器的压力变小的可能性。

本质上来说，关联规则的置信度有一定的误导性，因为它无法客观度量报警 *TH* 和 *PL* 之间的实际关联性。因此，除了置信度之外，还应该使用其他评估指标对关联规则进行评价，这里主要介绍以下几类指标。

1. 提升度（lift）

提升度是一种简单的相关性度量，首先用条件概率考察事件之间的独立性，如果 $P(A \cup B) = P(A)P(B)$，则项集 *A* 与 *B* 独立，否则项集 *A*、*B* 具有一定相关性，在此基础上给出提升度的公式为

$$\text{lift}(A,B) = \frac{P(A \cup B)}{P(A)P(B)} \tag{4-7}$$

根据计算结果，有以下几种情况：① $\text{lift}(A,B) > 1$，则 *A* 和 *B* 正相关，且值越大正相关性越高，即一个项集出现可能导致另一个项集出现；② $\text{lift}(A,B) < 1$，则 *A* 和 *B* 负相关，且值越小负相关性越高，即一个项集出现可能导致另一个项集不出现；③ $\text{lift}(A,B) = 1$，则 *A* 和 *B* 独立。可以利用提升度来筛选类似 $TH \rightarrow PL$ 的错误关联规则。

例 4-11 基于例 4-10，设 $\neg TH$ 表示不包含产品分离器温度过高的事务，$\neg PL$ 表示不包含产品分离器压力过小的事务，将这些报警事件汇总在一个相依表中，如表 4-19 所示。

表 4-19 报警事件相依表

	TH	$\neg TH$	$\sum$ row
PL	40	35	75
$\neg PL$	20	5	25
$\sum$ col	60	40	100

由表 4-19 可以看出，产品分离器温度过高的概率 $P(TH)=0.6$，产品分离器压力过小的概率 $P(PL)=0.75$，而两者同时发生的概率 $P(TH\cup PL)=0.4$。

提升度 $\text{lift}(TH,PL)=P(TH\cup PL)/(P(TH)P(PL))=0.4/(0.75\times0.6)=0.89<1$，因此 TH 和 PL 存在负相关，而这种负相关是不能被支持度 - 置信度框架识别的。

2. 卡方距离（χ^2）

卡方距离度量是观察频数与期望频数之间距离的一种度量指标，也是假设成立（两个对象之间是彼此独立的）与否的度量指标。它是另一种相关性度量，计算公式为

$$\chi^2=\sum\frac{(O-E)^2}{E} \tag{4-8}$$

式中，O 为观望值；E 为期望值。

根据计算结果，有以下几种情况：① $\chi^2=0$，则表明两个分布一致；② χ^2 越小，则表明观察频数与期望频数越接近，两者差异越小，即表明接近假设；③ χ^2 越大，说明观察频数与期望频数差别越大，两者差异越大，即表明远离假设。

例 4-12　使用 χ^2 对表 4-20 所示的相依表进行相关性分析。

表 4-20　报警事件相依表

	TH	$\neg TH$	$\sum$ row
PL	4000（4500）	3500（3000）	7500
$\neg PL$	2000（1500）	500（1000）	2500
$\sum$ col	6000	4000	10000

相依表每个位置对应观测值，为了方便计算，将期望值显示在括号内。此时，很容易计算其卡方距离度量为

$$\chi^2=\frac{(4000-4500)^2}{4500}+\frac{(3500-3000)^2}{3000}+\frac{(2000-1500)^2}{1500}+\frac{(500-1000)^2}{1000}=555.56$$

由于卡方值显著较大，并且（TH，PL）的观测值等于 4000，小于期望值 4500，因此 TH 与 PL 是负相关的。从上面的两个例子可发现提升度或者卡方距离可以揭示更多的模式内在联系。

3. 全置信度、最大置信度、Kulczynski 和余弦

给定两个项集 A 和 B，它们的全置信度定义为

$$\text{allconf}(A,B)=\frac{\text{Sup}(A\cup B)}{\max\{\text{Sup}(A),\text{Sup}(B)\}} \tag{4-9}$$

式中，$\max\{\text{Sup}(A),\text{Sup}(B)\}$ 是 A 和 B 的最大支持度。因此，$\text{allconf}(A,B)$ 又称为两个与 A 和 B 相关的关联规则“$A\rightarrow B$”和“$B\rightarrow A$”的最小置信度。

最大置信度定义为

$$\text{maxconf}(A,B) = \max\{P(A|B), P(B|A)\} \tag{4-10}$$

Kulczynski 对两个置信度求平均值，定义为

$$\text{Kulc}(A,B) = \frac{1}{2}(P(A|B) + P(B|A)) \tag{4-11}$$

余弦度量对 A 和 B 的概率的乘积取平方根，定义为

$$\cos(A,B) = \sqrt{P(A|B)P(B|A)} \tag{4-12}$$

这四种度量有两个共同性质：①仅受条件概率的影响，而不受事务总个数的影响；②取值范围为 [0，1]，值越大相关性越强。

以上六种模式评估度量中，lift 和 χ^2 会受到零事务的影响。零事务是指不包含任何项集的事务，当数据集中存在大量零事务时，选择不受到零事务影响的度量对于挖掘有意义的关联规则至关重要。

对于这四种零不变度量，哪种度量能更好地发现有意义的关联模式，还需要引入不平衡比（IR）来评估规则蕴含式中两个项集 A 和 B 的不平衡程度，定义为

$$\text{IR}(A,B) = \frac{|\text{Sup}(A) - \text{Sup}(B)|}{\text{Sup}(A) + \text{Sup}(B) - \text{Sup}(A \cup B)} \tag{4-13}$$

式中，分子是项集 A 和 B 的支持度之差的绝对值，而分母是包含项集 A 或 B 的事务数。如果 A 和 B 的两个方向的蕴含相同，则 $\text{IR}(A,B)$ 为 0；否则，两者之差越大，即 IR 值越大，说明两个项集之间越不平衡。

接下来，将通过例子考察这几种度量的性能，并通过分析度量值评估所发现的关联模式之间的联系。

例 4-13　基于例 4-11 把产品分离器温度和产品分离器压力的历史特征记录汇总在表 4-21 中，其中，TP 代表包含 TH 和 PL 的事务，$(\neg T)P$ 代表不包含 TH 但包含 PL 的事务，$T(\neg P)$ 代表包含 TH 但不包含 PL 的事务，$\neg(TP)$ 代表既不包含 TH 又不包含 PL 的事务。表 4-22 中显示了六组报警事务数据集的相依表，要求计算以上模式评估指标并对结果进行分析，确定哪种度量为合适的评估指标。

表 4-21　报警事件的相依表

	TH	$\neg TH$	$\sum$ row
PL	TP	$(\neg T)P$	P
$\neg PL$	$T(\neg P)$	$\neg(TP)$	$\neg P$
$\sum$ col	T	$\neg T$	$\sum$

表 4-22　6 个不同数据集的相依表

数据集	TP	$(\neg T)P$	$T(\neg P)$	$\neg(TP)$
D_1	10000	1000	1000	100000

（续）

数据集	TP	$(\neg T)P$	$T(\neg P)$	$\neg(TP)$
D_2	10000	1000	1000	100
D_3	100	1000	1000	100000
D_4	1000	1000	1000	100000
D_5	1000	100	10000	100000
D_6	1000	10	100000	100000

通过计算能够得到六个评估度量的值，如表 4-23 所示。先考察前四个数据集 $D_1 \sim D_4$，从表 4-22 以看出，TH 和 PL 在数据集 D_1 和 D_2 中是正关联的，因为 $TP = 10000$ 显著大于 $(\neg T)P = 1000$ 和 $T(\neg P) = 1000$。直观地，对于包含 TH 的事务数（$T = 10000 + 1000 = 11000$）而言，产品分离器压力也极有可能过小（$TP / T = 10000 / 11000 = 91\%$），反之亦然。在 D_3 中是负关联的，而在 D_4 中是中性的。

表 4-23　模式评估度量

数据集	lift	χ^2	全置信度	最大置信度	Kulczynski	余弦
D_1	9.26	90557	0.91	0.91	0.91	0.91
D_2	1	0	0.91	0.91	0.91	0.91
D_3	8.44	670	0.09	0.09	0.09	0.09
D_4	25.75	24740	0.5	0.5	0.5	0.5
D_5	9.18	8173	0.09	0.91	0.5	0.29
D_6	1.97	965	0.01	0.99	0.5	0.1

全置信度、最大置信度、Kulczynski 和余弦这四个度量在数据集 D_1 和 D_2 上的度量值为 0.91，这表明 TH 和 PL 是强正关联的。由于 lift 和 χ^2 这两个度量对零事务 $\neg(TP)$ 敏感，在 D_1 和 D_2 上的度量值显著不同。然而在许多实际情况下，$\neg(TP)$ 通常都很大且不稳定。例如，在工业报警历史数据库中，报警事务总数可能按天波动，并且显著超过包含任意特定项集的事务数。因此，好的度量不应该受不包含目标的事务影响，否则就如 D_1 和 D_2 所示，会产生不稳定的结果。

类似地，在 D_3 中，全置信度、最大置信度、Kulczynski 和余弦这四个度量都表明 TH 和 PL 是强负关联的，因为 TP 与 PL 之比等于 TP 与 TH 之比，即 $100/1100 = 9.1\%$。然而 lift 和 χ^2 都与此相悖，对于 D_3，它们的值都介于对应的 D_1 和 D_2 的值之间。对于数据集 D_4，lift 和 χ^2 都显示了 TH 和 PL 之间强正关联，而其他度量都指示中性关联，因为 TP 与 $(\neg T)P$ 之比等于 TP 与 $T(\neg P)$ 之比等于 1，即在这个数据集中，如果产品分离器温度过高发生高阈值报警，则其压力过小发生低阈值报警的概率为 50%。

为了避免 lift 和 χ^2 识别上述事务数据集中的模式关联关系的能力差的问题，必须考虑零事务。lift 和 χ^2 很难识别有意义的模式关联关系，因为它们都受 $\neg(TP)$ 的影响很大。典型地，零事务的个数可能大大超过单个过程变量发生变化的个数，因为许多事务都既不包含 TH 也不包含 PL。而另外四个度量的定义消除了 $\neg(TP)$ 的影响（即它们不受零事务个数的影响），能更好发现有意义的模式关联关系。

对于数据集 D_5 和 D_6，这两个报警具有不平衡的条件概率，即 TP 与 PL 的比大于 0.9，这意味 PL 出现的同时，TH 极大可能出现。TP 与 TH 的比小于 0.1，表明 TH 出现的同时，PL 很可能不出现。对于这两种情况，全置信度和余弦度量都视两个数据集为负关联，而最大置信度视其为强正关联，只有 Kulc 度量视其为中性。

之所以会出现如此不同的结果，是由于数据“平衡地”倾斜，因此很难通过这四个度量的结果来说明两个数据集具有正的还是负的关联性。从一个角度分析，D_5 中只有 $TP/(TP+T(\neg P))=1000/(1000+10000)=9.09\%$ 的与 TH 相关的事务包含 PL；而在 D_6 中这个比例为 $1000/(1000+100000)=0.99\%$，两者都指示 TH 与 PL 之间的负关联。而 D_5 中 99.9% 和 D_6 中 9% 包含 PL 的事务也包含 TH，这表明 TH 与 PL 正相关。

对于这种“平衡的”倾斜，Kulczynski 把它看作是中性可能会更客观，同时用不平衡比（IR）指出它的倾斜型。对于 D_4，有 $\mathrm{IR}(TH,PL)=0$，则说明该数据集是一种很好的平衡情况；对于 D_5 和 D_6，$\mathrm{IR}(TH,PL)$ 分别为 0.89 和 0.99，则说明这两个数据集都是相当不平衡的情况；因此，将 Kulc 和 IR 这两个度量一起使用，可以为数据集 $D_4 \sim D_6$ 提供清晰描绘。

总之，仅使用支持度和置信度度量来挖掘关联规则可能会产生错误的结果，而利用附加的模式评估度量不仅能显著减少所产生规则的数量，还可以发现更有意义的关联规则。考虑零不变性是重要的，在四个零不变度量（即全置信度、最大置信度、Kulczynski 和余弦）中，通常推荐 Kulczynski 与 IR 配合使用。

4.4 序列模式挖掘

序列模式挖掘是指从序列数据库中发现频繁子序列模式的过程，这些模式在序列数据库中出现的频率超过了用户定义的阈值。生活中存在很多序列模式挖掘的应用场景，例如电商或超市通过对销售数据库进行序列模式挖掘，发现商品之间的序列关系，并以此进行组合促销和商品推荐，以获得更大利润。除此之外，序列模式挖掘还被应用在包括网络访问模式分析、科学实验分析、自然灾害的预测等方面。

工业过程中采集的传感器数据往往都包含时间戳属性，利用该信息可以将一段时间内发生的事件拼成序列。事件之间可能存在某种序列关系，通常表现为基于时间或空间的先后次序，工厂可根据该关系制定操作策略，为操作员提供决策支持。之前介绍的频繁项集挖掘和关联模式挖掘都是针对项集，并未考虑到其中的序列信息。但序列信息对于识别动态系统的重要特征以及预测特定事件的未来发生非常有价值。因此，本节将展开介绍序列模式的基本概念及其挖掘算法。

4.4.1 序列模式挖掘的基本概念

序列（sequence）：由不同的元素按照一定顺序排列组成，其中，每一个元素可以是简单项或者项集，记作

$$s=<I_1,I_2,\cdots,I_n> \tag{4-14}$$

序列数据库：由多条序列组成的数据库，记作 $\mathbb{S}=<s_1,s_2,\cdots,s_n>$。与事务数据库不同，序列数据库中的每一条记录不再用 TID 表示，而是使用 SID（Sequence IDentifier）作为数据库标识符。

子序列性质：对于两个序列 $s_1=<q_1,q_2,\cdots,q_m>$ 与 $s_2=<p_1,p_2,\cdots,p_n>$，如果存在整数 $1\leqslant i_1<i_2<\cdots<i_m\leqslant n$，满足以下约束条件 $q_1\subseteq p_{i_1},q_2\subseteq p_{i_2},\cdots,q_m\subseteq p_{i_m}$，则序列 s_2 包含序列 s_1，称 s_1 为 s_2 的子序列。

频繁序列模式：在序列数据库中，若一条序列出现的次数超过设定的最小支持度阈值时，就称这个序列是一个频繁序列模式。序列模式中的元素之间是有序的，而且单个项可能会出现多次。

为了更好地理解序列和项集之间的差异，这里以工业报警事件为例进行说明。在频繁项集挖掘中，事务数据库 $\mathbb{D}$ 的每一条记录称为事务（由不同项组成）。以工业生产过程中的报警事件数据为例，假设过程设备在上午发生了报警 A、B、C，在下午发生了报警 A、C、D，在晚上发生了报警 A、D、E，于是，该设备产生了三条报警事件记录。如果对应到事务数据库 $\mathbb{D}$ 中，就是三条事务，即 $T_1=\{A,B,C\}$，$T_2=\{A,C,D\}$，$T_3=\{A,D,E\}$。而在序列数据库 $\mathbb{S}$ 中，每一条记录称为序列（由不同项或项集按时间先后顺序排列）。该过程设备在不同时间段发生了三次报警事件，对应到序列数据库 $\mathbb{S}$ 中，需要将其记录在一个序列之中，即 $S_1=<\{A,B,C\},\{A,C,D\},\{A,D,E\}>$，即同一时间段内的所有报警事件用项集表示，这些项集再按发生时间排序。

4.4.2 PrefixSpan 算法

本小节介绍一种经典的序列模式挖掘算法，PrefixSpan 算法，其全称是 Prefix-Projected Pattern Growth，即前缀投影的模式挖掘。其基本思想为通过前缀投影序列挖掘频繁序列模式，从长度为 1 的前缀开始挖掘序列模式，搜索对应的投影数据库得到前缀对应的频繁序列，然后递归地挖掘长度为 2 的前缀所对应的频繁序列；依此类推，直到无法挖掘到更长的序列模式。为理解 PrefixSpan 算法的执行过程，首先需要了解以下概念：

前缀：即序列中从第一个元素开始的连续子序列。对于序列数据库 $\mathbb{S}$ 中的一个序列 $\alpha=<e_1,e_2,\cdots,e_n>$（其中，$e_i$ 为一个项或项集，项集元素按照字母顺序排列），若序列 $\beta=<e_1',e_2',\cdots,e_m'>,m\leqslant n$，满足：①对于任意 $1\leqslant i\leqslant m-1$，总有 $e_i'=e_i$；② $e_m'\subseteq e_m$；③ (e_m-e_m') 中所有的项按字母顺序排列在 e_m' 之后，则 β 是 α 的一个前缀。

例如，序列 $\alpha=<\{a\},\{a,b,c\},\{a,c\},\{d\},\{c,f\}>$，$\beta=<\{a\},\{a,b,c\},\{a\}>$，则 β 是 α 的前缀。除 β 以外，$<\{a\}>$、$<\{a\},\{a\}>$ 和 $<\{a\},\{a,b\}>$ 等也是 α 的前缀。

后缀：在序列中，紧跟在前缀之后的子序列即为该前缀对应的后缀。对于前缀

$\beta=<e_1,e_2,\cdots,e_{m-1},e'_m>,m\leqslant n$，序列 $\gamma=<e''_m,e_{m+1},\cdots,e_n>$ 称为 α 对于 β 的后缀，表示为 $\gamma=\alpha|\beta$，其中，$e''_m=e_m-e'_m$。若 $\beta=\alpha$，则 α 对于 β 的后缀为空集。如果前缀最后的项是其中某个项集的一部分，则用一个下标符“_”来占位表示。例如，对于序列 $\alpha=<\{a\},\{a,b,c\},\{a,c\},\{d\},\{c,f\}>$，以 $<\{a\}>$ 为前缀对应的后缀为 $<\{a,b,c\},\{a,c\},\{d\},\{c,f\}>$；以 $<\{a\},\{a\}>$ 为前缀对应的后缀为 $<\{\_,b,c\},\{a,c\},\{d\},\{c,f\}>$。

投影数据库：在 PrefixSpan 算法中，相同前缀对应的所有后缀的结合称为前缀对应的投影数据库。令 α 是序列数据库 $\mathbb{S}$ 的一个序列模式，α - 投影数据库为 $\mathbb{S}|_\alpha$，表示关于前缀 α 对应的后缀序列集合。

投影数据库中的支持度计数：令 α 是序列数据库 $\mathbb{S}$ 的一个序列模式，如果 β 是以 α 为前缀的一个序列，那么 β 的支持度计算表示为 $\text{Sup}_{\mathbb{S}|\alpha}(\beta)$，表示 α - 投影数据库 $\mathbb{S}|_\alpha$ 中序列 γ 的数量，记为 $\beta\subseteq\alpha\cdot\gamma$。

PrefixSpan 算法的伪代码如下。递归调用 PrefixSpan 算法过程中，第一项为前缀序列 α，第二项表示 α - 投影数据库。初始 α=<>，即 $\mathbb{S}|_\alpha$ 即为序列数据库 $\mathbb{S}$。

输入：序列数据库 $\mathbb{S}$，最小支持度阈值 minsup

输出：全部序列模式

PrefixSpan（α，$\mathbb{S}|_\alpha$）

1. 扫描一次 $\mathbb{S}|_\alpha$，找到每一个频繁项集 β
   （a）β 能够被组装到 α 的最后一个元素，形成一个序列模式
   （b）$<\beta>$ 能够被追加到 α，形成一个序列模式
2. 对于每一个频繁项 β，把它加到 α 中形成序列模式 α'，并且输出 α'
3. 对于每一个 α'，构 α' - 投影数据库 $\mathbb{S}|_{\alpha'}$，并且调用 PrefixSpan（α'，$\mathbb{S}|_{\alpha'}$）

例 4-14 表 4-24 给出了一个序列数据库 $\mathbb{S}$，其中共有七个项和四条序列。设最小支持度阈值为 minsup=2，使用 PrefixSpan 算法对 $\mathbb{S}$ 进行序列模式挖掘。

表 4-24 序列数据库 $\mathbb{S}$

SID	序列
1	$<\{A\},\{A,B,C\},\{A,C\},\{D\},\{C,F\}>$
2	$<\{A,D\},\{C\},\{B,C\},\{A,E\}>$
3	$<\{E,F\},\{A,B\},\{D,F\},\{C\},\{B\}>$
4	$<\{E\},\{G\},\{A,F\},\{C\},\{B\},\{C\}>$

1）扫描数据库获得长度为 1 的序列模式，即频繁项。需要注意的是，一个项在单条序列中最多出现一次，例如 A 项在 $S_1=<\{A\},\{A,B,C\},\{A,C\},\{D\},\{C,F\}>$ 序列中出现了多次，但仍计数一次。结果如表 4-25 所示。

表 4-25　长度为 1 的序列模式

序列模式	$<\{A\}>$	$<\{B\}>$	$<\{C\}>$	$<\{D\}>$	$<\{E\}>$	$<\{F\}>$
支持度	4	4	4	3	3	3

2）划分搜索空间。根据这六个前缀，序列模式集合被划分为以下六个子集：前缀为 $<\{A\}>$ 的子集，前缀为 $<\{B\}>$ 的子集……前缀为 $<\{F\}>$ 的子集。

3）通过构造对应投影数据的集合，递归挖掘序列模式的子集。具体挖掘过程如下：

① 找到前缀为 $<\{A\}>$ 的序列模式。构成 A 的投影数据库，包括四个后缀序列：$<\{A,B,C\},\{A,C\},\{D\},\{C,F\}>$，$<\{\_,D\},\{C\},\{B,C\},\{A,E\}>$，$<\{\_,B\},\{D,F\},\{C\},\{B\}>$，$<\{\_,F\},\{C\},\{B\},\{C\}>$。在投影数据库中，对 A 的后缀进行计数得到频繁项 $\{A:2$，$B:4$，$\_B:2$，$C:4$，$D:2$，$F:2\}$。此时可以得到所有长度为 2 的以 $<\{A\}>$ 为前缀的序列模式：$\{<\{A\},\{A\}>:2$，$<\{A\},\{B\}>:4$，$<\{A,B\}>:2$，$<\{A\},\{C\}>:4$，$<\{A\},\{D\}>:2$，$<\{A\},\{F\}>:2\}$。

所有前缀为 $<\{A\}>$ 的序列模式划分为六个子集，即前缀为 $<\{A\},\{A\}>$ 的子集，前缀为 $<\{A\},\{B\}>$ 的子集……前缀为 $<\{A\},\{F\}>$ 的子集，分别构造其投影数据库进行递归挖掘，步骤如下。

a. $<\{A\},\{A\}>$ 的投影数据库由两个前缀为 $<\{A\},\{A\}>$ 的非空（后缀）子序列组成，即 $<\{\_,B,C\},\{A,C\},\{D\},\{C,F\}>$，$<\{\_,E\}>$。由于不可能从这个投影数据库中生成任何频繁的子序列，所以对 $<\{A\},\{A\}>$ 的投影数据库的处理终止。

b. $<\{A\},\{B\}>$ 的投影数据库由三个后缀序列组成，即 $<\{\_,C\},\{A,C\},\{D\},\{C,F\}>$，$<\{\_,C\},\{A,E\}>$，$<\{C\}>$。递归 $<\{A\},\{B\}>$ 的投影数据库生成四个序列模式：$\{<\{A\},\{B,C\}>,<\{A\},\{B,C\},\{A\}>,<\{A\},\{B\},\{A\}>,<\{A\},\{B\},\{C\}>\}$。

c. $<\{A,B\}>$ 的投影数据库仅包含 $<\{\_C\},\{A,C\},\{D\},\{C,F\}>$ 和 $<\{D,F\},\{C\},\{B\}>$ 这两个序列。进而发现以 $<\{A,B\}>$ 为前缀形成以下序列模式：$<\{A,B\},\{C\}>$，$<\{A,B\},\{D\}>$，$<\{A,B\},\{F\}>$，$<\{A,B\},\{D\},\{C\}>$。

d. 依此类推，递归挖掘 $<\{A\},\{C\}>$，$<\{A\},\{D\}>$，$<\{A\},\{F\}>$ 的投影数据库，得到对应的序列模式。

② 继续找到以 $<\{B\}>$，$<\{C\}>$，$<\{D\}>$ 以及 $<\{F\}>$ 为前缀的序列模式。该过程与上一步一致，最终全部的序列模式是上述步骤结果的并集。

采用 PrefixSpan 算法对 $\mathbb{S}$ 进行序列模式挖掘的结果如表 4-26 所示。

表 4-26　序列模式

前缀	投影数据库（后缀）	序列模式
$<\{A\}>$	$<\{A,B,C\},\{A,C\},\{D\},\{C,F\}>$， $<\{\_,D\},\{C\},\{B,C\},\{A,E\}>$， $<\{\_,B\},\{D,F\},\{C\},\{B\}>$， $<\{\_,F\},\{C\},\{B\},\{C\}>$	$<\{A\}>$，$<\{A\},\{A\}>$，$<\{A\},\{B\}>$，$<\{A\},\{B,C\}>$， $<\{A\},\{B,C\},\{A\}>$，$<\{A\},\{B\},\{A\}>$，$<\{A\},\{B\},\{C\}>$，$<\{A,B\}>$， $<\{A,B\},\{C\}>$，$<\{A,B\},\{D\}>$，$<\{A,B\},\{F\}>$， $<\{A,B\},\{D\},\{C\}>$，$<\{A\},\{C\}>$，$<\{A\},\{C\},\{A\}>$，$<\{A\},\{C\},\{B\}>$， $<\{A\},\{C\},\{C\}>$，$<\{A\},\{D\}>$，$<\{A\},\{D\},\{C\}>$，$<\{A\},\{F\}>$

（续）

前缀	投影数据库（后缀）	序列模式
<{B}>	<{_C},{A,C},{D},{C,F}>，<{_C},{A,E}>，<{D,F},{C},{B}>，<{C}>	<{B}>，<{B},{A}>，<{B},{C}>，<{B,C}>，<{B,C},{A}>，<{B},{D}>，<{B},{D},{C}>，<{B},{F}>
<{C}>	<{A,C},{D},{C,F}>，<{B,C},{A,E}>，<{B}>，<{C}>	<{C}>，<{C},{A}>，<{C},{B}>，<{C},{C}>
<{D}>	<{C,F}>，<{C},{D,F},{A,E}>，<{_F},{C},{B}>	<{D}>，<{D},{B}>，<{D},{C}>，<{D},{C},{B}>
<{E}>	<{_F},{A,B},{D,F},{C},{B}>，<{A,F},{C},{B},{C}>	<{E}>，<{E},{A}>，<{E},{A},{B}>，<{E},{A},{C}>，<{E},{A},{C},{B}>，<{E},{B}>，<{E},{B},{C}>，<{E},{C}>，<{E},{C},{B}>，<{E},{F}>，<{E},{F},{B}>，<{E},{F},{C}>，<{E},{F},{C},{B}>
<{F}>	<{A,B},{D,F},{C},{B}>，<{C},{B},{C}>	<{F}>，<{F},{B}>，<{F},{B},{C}>，<{F},{C}>，<{F},{C},{B}>

通过以上的例子可以发现，PrefixSpan 算法涉及对序列数据的扫描、前缀投影的构建和频繁序列的提取。由于不生成大量的候选序列，且不需要反复扫描数据库，PrefixSpan 算法的计算效率高。

本章小结

频繁模式挖掘是通过挖掘出数据集中的频繁模式来分析数据之间的相关性的过程。本章首先介绍频繁模式的基本概念，针对项集模式挖掘，详细阐述了三种频繁项集挖掘算法以及模式压缩和模式聚类方法；为了获得模式之间的关系，介绍了关联规则挖掘方法和模式评估指标；针对序列数据库，介绍了序列模式的基本概念和一种经典的序列挖掘算法。具体内容如下。

基本概念：包括项、事务、数据库以及模式支持度等基本概念。

频繁项集挖掘：包括频繁项集、极大频繁项集、闭合频繁项集等的基本概念，Apriori 算法、FP-Growth 算法和垂直数据结构算法的原理、算法流程和实例，以及模式压缩和模式聚类方法。

关联规则挖掘：包括关联规则的概念和产生方法，以及模式评估指标，如提升度、卡方距离、全置信度、最大置信度、Kulczynski、余弦、不平衡比等评估指标。

序列模式挖掘：包括序列模式的基本概念和序列模式挖掘算法 PrefixSpan。

思考题与习题

4-1　请对比 Apriori 算法和 FP-Growth 算法的异同，分析两种算法的优缺点。

4-2　对于表 4-27 中的事务数据库，设最小支持度阈值为 40%，请找出闭合频繁项集。

表 4-27　事务数据库 $\mathbb{D}$

TID	事务
1	$\{A, B, C\}$
2	$\{A, B, C, D\}$
3	$\{B, C, E\}$
4	$\{A, C, D, E\}$
5	$\{D, E\}$

4-3　假定数据集中只有五个项，针对频繁 3- 项集的集合：$\{A, B, C\}$，$\{A, B, D\}$，$\{A, B, E\}$，$\{A, C, D\}$，$\{A, C, E\}$，$\{B, C, D\}$，$\{B, C, E\}$，$\{C, D, E\}$，请使用合并策略，由候选产生过程得到所有候选 4- 项集，并列出由 Apriori 算法的候选产生过程得到的所有候选 4- 项集，以及剪枝操作后的所有候选 4- 项集。

4-4　对于下面每一个问题，请在工业领域举出一个满足下面条件的关联规则的例子。此外，指出这些规则是否为强关联规则。

1）具有高支持度和高置信度的规则。

2）具有相当高的支持度却有较低置信度的规则。

3）具有低支持度和低置信度的规则。

4）具有低支持度和高置信度的规则。

4-5　对表 4-28 的事务数据库 $\mathbb{D}$，设最小置信度阈值为 70%，最小支持度阈值为 50%。使用 Apriori 算法找出频繁项集并找出强关联规则。

表 4-28　事务数据库 $\mathbb{D}$

TID	事务
1	$\{A, B, C, D, E\}$
2	$\{B, E\}$
3	$\{A, B, C, E\}$
4	$\{B, D, E\}$
5	$\{B, C, D\}$

4-6　假设有一个数据集，包含 100 条事务和 20 个项。其中 A 和 B 为其中的两项，假设 A 的支持度为 25%，B 的支持度为 90%，且 $\{A, B\}$ 的支持度为 20%。令最小支持度阈值和最小置信度阈值分别为 10% 和 60%，计算关联规则 $\{A\} \rightarrow \{B\}$ 的置信度，并根据置信度，判断这条规则是否为强关联规则。

4-7　对于表 4-29 中的事务数据库，设最小支持度阈值和最小置信度阈值分别为 33.3% 和 50%，给出 Apriori 算法每次扫描后得到的所有频繁项集，并产生强关联规则。

表 4-29　事务数据库 $\mathbb{D}$

TID	事务
1	$\{A, B, C, D, E\}$

（续）

TID	事务
2	$\{A, B, D, E\}$
3	$\{B, C, D\}$
4	$\{C, D, E\}$
5	$\{A, C, E\}$
6	$\{A, B, D\}$

4-8 如表 4-30 所示的事务数据库 $\mathbb{D}$ 有五条事务，设最小置信度阈值为 80%，最小支持度阈值为 60%，分别使用 Apriori 算法、FP–Growth 算法以及垂直数据结构算法找出所有的频繁项集，并找出满足 $\{X, Y\} \rightarrow Z$ 形式的强关联规则。

表 4-30 事务数据库 $\mathbb{D}$

TID	事务
1	$\{D, F, G, H, I, K\}$
2	$\{C, D, F, H, I, K\}$
3	$\{A, D, F, G\}$
4	$\{B, F, G, J, K\}$
5	$\{B, D, E, F, I\}$

4-9 针对表 4-31 中的八个数据集，计算提升度、卡方、全置信度、最大置信度、Kulczynski、余弦和不平衡比等模式评估度量指标，并对结果进行分析。

表 4-31 工业报警事件数据库相依表

数据集	TP	$(\neg T)P$	$T(\neg P)$	$\neg(TP)$
E_1	8123	83	424	1370
E_2	8330	2	622	1046
E_3	3954	3080	5	2961
E_4	2886	1363	1320	4431
E_5	1500	2000	500	6000
E_6	4000	2000	1000	3000
E_7	9481	298	127	94
E_8	4000	2000	2000	2000

4-10 针对 PrefixSpan 算法，思考当序列数据集很大，不同的项数又较多，且每个序列都需要建立一个投影数据库时，如何减少投影数据库的数量和大小。

参考文献

[1] 陈封能 . 数据挖掘导论 [M]. 北京：机械工业出版社，2019.

[2] 石胜飞 . 大数据分析与挖掘 [M]. 北京：人民邮电出版社，2018.

[3] 田春华 . 工业大数据分析实战 [M]. 北京：机械工业出版社，2021.

[4] HAN J W，KAMBER M. 数据挖掘：概念与技术　第 3 版 [M]. 范明，孟小峰，译 . 北京：机械工业出版社，2012.

[5] MICHALSKI R S，TECUCI G. Machine learning：A multistrategy approach[M]. San Francisco：Morgan Kaufmann，1994.

[6] AGRAWAL R，MANNILA H，SRIKANT R，et al. Fast discovery of association rules[J]. Advances in Knowledge Discovery and Data Mining，1996，12（1）：307–328.

[7] HAN J，PEI J，YIN Y. Mining frequent patterns without candidate generation[J]. ACM Sigmod Record，2000，29（2）：1–12.

[8] ZAKI M J. Scalable algorithms for association mining[J]. IEEE Transactions on Knowledge and Data Engineering，2000，12（3）：372–390.

[9] CHEN M S，HAN J，YU P S. Data mining：An overview from a database perspective[J]. IEEE Transactions on Knowledge and data Engineering，1996，8（6）：866–883.

[10] AHMED K M，EL–MAKKY N M，TAHA Y. A note on “Beyond market baskets：Generalizing association rules to correlations”[J]. The Proceedings of SIGKDD Explorations，2000，1（2）：46–48.

[11] OMIECINSKI E R. Alternative interest measures for mining associations in databases[J]. IEEE Transactions on Knowledge and Data Engineering，2003，15（1）：57–69.

[12] WU T，CHEN Y，HAN J. Re–examination of interestingness measures in pattern mining：A unified framework[J]. Data Mining and Knowledge Discovery，2010，21（3）：371–397.

[13] APILETTI D，BARALIS E，CERQUITELLI T，et al. Frequent itemsets mining for big data：A comparative analysis[J]. Big Data Research，2017，9：67–83.

[14] HU W，CHEN T，SHAH S L. Detection of frequent alarm patterns in industrial alarm floods using itemset mining methods[J]. IEEE Transactions on Industrial Electronics，2018，65（9）：7290–7300.

[15] ZHOU B，HU W，CHEN T. Pattern extraction from industrial alarm flood sequences by a modified CloFAST algorithm[J]. IEEE Transactions on Industrial Informatics，2021，18（1）：288–296.

第 5 章　聚类分析

导读

聚类是将物理或抽象对象的集合划分为由类似对象组成的多个属类。聚类分析按照一定的算法规则，将判定为较近和相似的对象，或具有相互依赖和关联关系的数据聚集为自相似的组群，构成不同的簇。聚类分析在工业数据的分析方面有着广泛的应用。例如，在流程工业故障检测方面，通过聚类可以判断系统内部是否发生异常状况；在电力负荷预测方面，聚类可以对用户用电行为进行模式识别。另外，在进行工业数据的异常点处理时，聚类算法也经常被使用。

本章首先介绍聚类的基本概念，阐述聚类算法的性能要求；然后，具体介绍划分聚类、层次聚类和基于密度的聚类三类方法，并通过实例来展示各种方法的应用场景和优势；最后，介绍聚类结果性能评估方法和指标。

本章知识点

- 聚类分析的概念与作用，以及聚类算法的性能要求
- 划分聚类方法，包括 *K*-means、*K*-means++、*K*-medoids 算法
- 层次聚类方法，包括算法中的距离度量、凝聚和分裂两种层次聚类方法
- 基于密度的聚类方法，主要介绍 DBSCAN 中的基本定义与计算过程
- 聚类分析性能评估，常用指标包括轮廓系数和 CH 指数

5.1　聚类分析的基本概念

聚类（Clustering）分析是数据挖掘的主要任务之一，它是一个把数据集划分成多个组或者簇的过程，使得同一个簇中的对象具有较高的相似性，而不同簇的对象则很不相似。为了更好地学习聚类算法，本节首先介绍聚类分析中的一些基本概念和算法性能要求。

5.1.1　聚类分析的概念与作用

聚类是利用物理或抽象对象之间的相似度或距离作为度量，将它们的集合分成由类似对象组成的多个类或者簇的过程。由聚类所生成的簇是一组数据对象的集合，这些对象与

同一簇中对象具有较高的相似度或较近的距离，与其他簇中的对象具有较低相似度或较远距离。

对于一个给定的数据集，如何通过聚类将它们合理划分为不同的簇是聚类算法需要解决的问题。例如，图 5-1a 显示了一个原始数据集，采用不同的聚类算法可能得到多种不同形式的聚类划分，在图 5-1b、c、d 中分别以不同形状标记。评判聚类划分的效果，又需要合适的性能评估方法。以上这些都是本章将要介绍的内容。

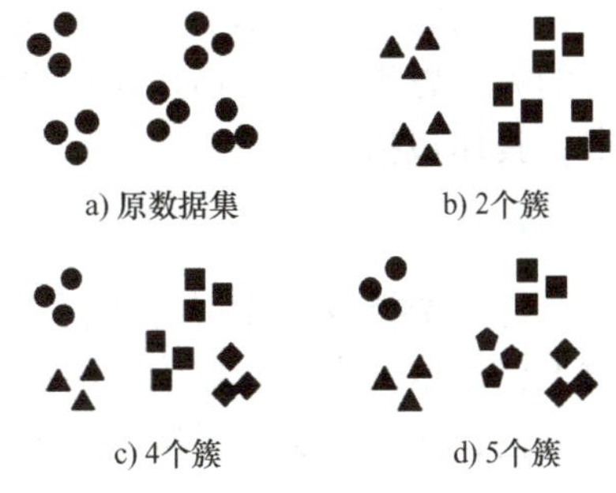

图 5-1　相同数据集的不同聚类结果

聚类分析方法在数据挖掘的各个过程中都有广泛的应用，例如：

1）数据预处理：在数据挖掘的早期阶段，聚类分析可用于识别和处理异常值，帮助数据清洗和预处理。通过将数据点聚类到不同的类别中，可以识别出与其他数据点差异较大的异常值，并进行相应的处理。

2）特征工程：在特征选择和降维过程中，聚类分析可以帮助识别具有相似特征的数据点，从而减少特征空间的维度。例如，可以使用聚类分析来识别高度相关的特征，并选择其中代表性的特征，以降低数据维度并提高模型的泛化能力。

3）数据分析和探索：聚类分析可以帮助发现数据中的隐藏模式和结构，为后续的数据分析和挖掘提供指导。通过将数据点聚类到不同的类别中，可以发现数据中的群集和簇，从而更好地理解数据的内在结构和特征。

4）分类和预测：在监督学习中，聚类分析可以作为无监督学习的预处理步骤，帮助发现数据中的潜在类别，并将数据点分配到不同的类别中。这些类别信息可以作为特征输入到分类器或预测模型中，从而提高模型的性能和准确率。

图 5-2 显示了通过基于密度的聚类方法检测风力发电过程数据异常点的过程。对于图 5-2a 中的功率与风速的原始数据，采用聚类分析能有效识别出不符合功率和风速分布规律的异常点（图 5-2b 中的菱形点），从而帮助监测风电系统的健康状况，或通过校正异常值为后续的数据分析建模提供支撑。

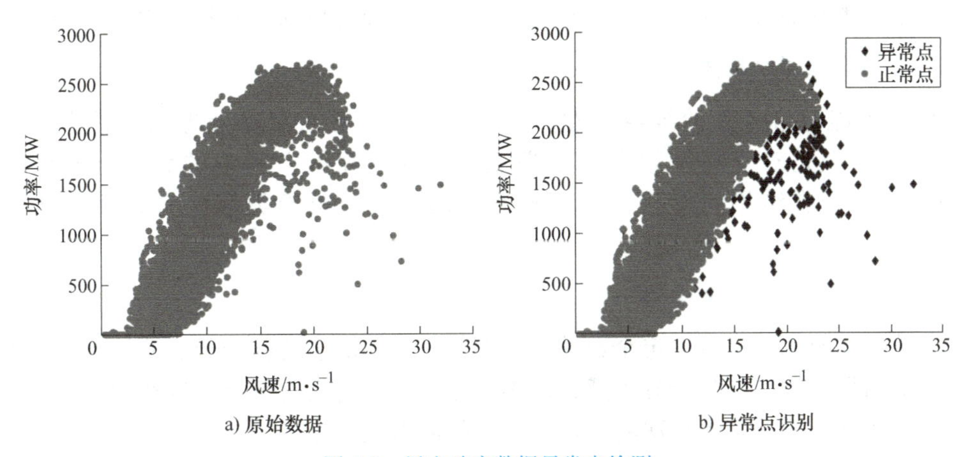

图 5-2　风电功率数据异常点检测

5.1.2 聚类算法的性能要求

不同的聚类算法有不同的应用背景，有的适合于大数据集，可以发现任意形状的簇；有的算法思想简单，适用于小数据集。总的来说，应用场景对聚类分析算法提出了特别要求，具体包括：

1. 伸缩性

许多聚类算法在仅有几百个数据对象的小数据集上运行良好，但是在包含数百万甚至数十亿样本的大型数据库运行时可能会存在较大偏差。因此，要求聚类算法具有高度的可伸缩性，使得聚类结果准确度不会因为数据量的大小而变化。

2. 处理不同字段类型的能力

实际上人们处理的数据类型是多样的，处理常见的数值型，还有二元的、对称的、序数的，甚至是图、序列、文档等。这就要求聚类算法不仅要处理数值型的字段，还要有处理其他类型字段的能力。对于不同的数据类型，只有选择合适的聚类算法，才能达到好的聚类效果。

3. 发现任意形状的簇的能力

许多聚类方法基于欧几里德或曼哈顿距离度量来量化对象的相似度。基于这些距离度量的算法往往只能发现相似尺寸和密度的球状簇或者凸形簇。然而，一个簇可能是任意形状的。因此，在这种情况下，要求聚类算法有发现任意形状的簇的能力。

4. 处理异常数据的能力

实际采集得到的数据集常常包含异常点，例如离群点、缺失值、未知或错误的数据等。一些聚类算法对这样的异常数据非常敏感，会导致低质量的聚类结果。此时，要求聚类算法能够容忍异常数据，或者具备识别和处理异常数据的能力。

5. 对增量聚类和输入次序不敏感

一些聚类算法不能将新加入的数据快速插入到已有的聚类结果中，或是针对不同次序的数据输入，产生的聚类结果差异很大。因此，在这种需要加入新数据的情况，要求聚类算法对增量聚类和输入次序不敏感，从而根据新数据及时更新，并保证聚类性能。

6. 处理高维数据的能力

数据集可能包含大量的维或属性。一些聚类分析算法只在处理维数较少的数据集时效果较好，但是对于高维数据的处理能力很弱，高维空间中的数据十分稀疏，且高度倾斜，即聚类结果的形状极其不规则。因此，要求聚类算法有处理高维数据的能力。

7. 初始化参数的需求最小化

很多算法需要用户提供一定个数的初始参数，比如期望的簇个数、簇初始中心点的设定。聚类的结果对这些参数十分敏感，调参数需要大量的人力负担，也非常影响聚类结果的准确性。因此，要求聚类算法将初始化参数的需求最小化。

8. 可解释性和可用性

聚类的结果最后都是要面向用户的，所以结果应该是容易解释和理解的，并且是可应用的。故而，要求聚类算法必须与一定的语义环境及语义解释相关联。

基于以上的要求，对聚类算法进行比较和研究时，应考察以下几方面的问题：

1）算法是否适用于大数据量，算法的效率是否满足大数据量、高复杂性的要求。

2）算法是否能够应对不同的数据类型、能否处理特定的数据属性。

3）算法是否能发现不同类型的聚类。

4）算法是否能处理脏数据或异常数据。

5）算法是否对数据的输入顺序不敏感。

聚类算法是否能满足上述要求，处理效能如何，可以通过对簇的评估来进行评价。聚类分析性能评估方法将在本章 5.5 节详细介绍。

选择合适的聚类算法取决于数据的类型、聚类的目的以及对结果的解释性需求。不同的聚类算法在处理不同类型的数据和问题上可能会有不同的表现。因此，尝试多种聚类算法并比较结果是一种有效的策略，可以帮助发现数据中潜在的结构和规律。主要的聚类算法有三类，即划分聚类方法、层次聚类方法和基于密度的聚类方法。下面对这三类聚类方法进行详细介绍。

5.2　划分聚类方法

划分聚类（Partitioning Clustering）方法是聚类分析中最简单、最基本的一类方法，它把对象组织成多个互斥的组或簇。给定一个含有 n 个对象的数据集，以及要生成的簇数目 k，且 $k<n$。这 k 个分组至少包含一个数据记录，每一个数据记录有且仅有一个所属分组。对于给定的 k，算法首先的任务是将数据构建成 k 个划分，然后通过反复迭代从而改变分组的重定位技术，使得每一次改进之后的分组方案都较前一次变好。将对象在不同的簇中移动，直至满足一定的准则。一个划分效果较好的一般准则是：在同一个簇中的对象尽可能“相似”，不同簇中的对象尽可能“相异”。划分聚类的含义就是简单地将数据对象集划分成不重叠的子集，使得每个数据对象恰在一个子集，如图 5-3 所示。

在划分聚类算法中，最经典的就是 K–means 算法，在该算法的基础上衍生出了很多改进方法，适应不同聚类分析任务、数据类型和数据规模的需求。本节从 K–means 算法出发，进而介绍 K–means++ 算法和 K–medoids 算法。

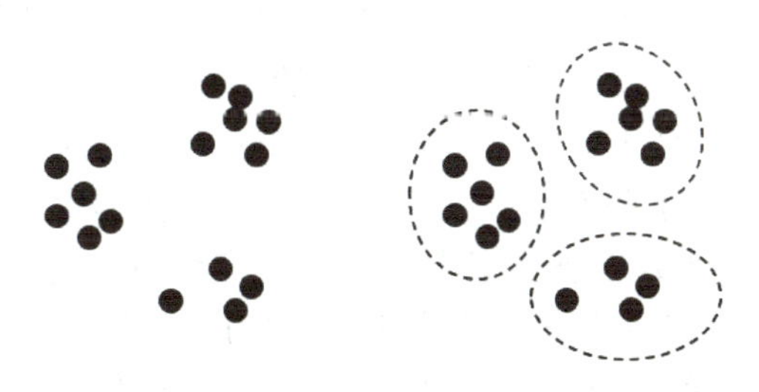

图 5-3　简单的划分聚类

5.2.1 *K*–means 算法

K–means 算法（*K*–means Clustering Algorithm）也称为 *K*– 平均算法或 *K*– 均值算法，由 J. B MacQueen 于 1967 年提出，是最常用也最为经典的一种基于划分的聚类算法，在图像分析、工业生产、生物信息学等领域得到了广泛的应用。

该算法的主要思想是：随机从数据集中选取 k 个点作为初始聚类中心，计算各个样本到聚类中心的距离，通过距离大小把样本归到离它最近聚类中心所在的类。计算新形成的每个聚类中所有数据对象的平均值，得到新的聚类中心，直到收敛或达到预设的迭代次数。

该算法的特点是在每次迭代中都要考察每次样本的分类是否正确。若不正确，就要调整，在全部样本调整完后，再修改聚类中心，进入下一次迭代。如果在一次迭代算法中，所有的样本被正确分类，则不会有调整，聚类中心也不会有任何变化，算法结束。

K–means 算法的伪代码如下：

```
输入：簇的个数 k 和数据集 D
输出：k 个簇的集合
---
1. 从 D 中随机选择 k 个点作为初始簇中心
2. repeat
3. 根据簇中对象的均值，将每个点分配到最近的簇中，形成 k 个簇
4. 更新均值，重新计算每个簇的质心
5. until 质心不发生变化
```


K–means 算法是典型的基于距离的聚类算法，通常采用欧几里德距离衡量数据对象与聚类中心之间的相似度。根据应用场合的不同，也可以选择其他的相似性度量方法，如对于文本，采用余弦相似度或者 Jaccard 系数的效果更好。

在 *K*–means 算法中，每一轮迭代完成后，都需要判断聚类结果是否收敛。为此，通常会定义一个准则函数，该函数也称为目标函数。其中，最常用的是误差平方和函数（Sum of the Squared Error，SSE），定义如下：

$$\mathrm{SSE}=\sum_{i=1}^{k}\sum_{x\in C_i}d(x,c_i)^2 \tag{5-1}$$

式中，x 是集合 D 中的一个对象；C_i 代表第 i 个簇；c_i 是 C_i 的中心；$c_i=\frac{1}{m_i}\sum_{x\in C_i}x$；$m_i$ 是 C_i 中心数据对象的个数。*K*–means 算法迭代执行过程中，SSE 的值会不断减小。当前后两轮迭代所得到的 SSE 保持不变，或者二者之间的差异小于某个预设的门限值 ε，就可以认为算法已收敛。下面以一个工业实例说明 *K*–means 算法的计算过程。

例 5-1 假设有一家汽车制造公司，专门生产两种型号的发动机。为了优化生产过程，公司希望将零件的尺寸数据进行聚类分析，对零件进行分类，以便分别加工两种型号的发动机所需的零件。表 5-1 是某批生产工序中生产出的零件尺寸数据，共 30 个零件，每个零件有两个特征：直径（cm）和长度（cm）。要求使用 *K*–means 聚类将这些零件分成两个簇。

表 5-1　样本数据点

编号	直径 /cm	长度 /cm	编号	直径 /cm	长度 /cm	编号	直径 /cm	长度 /cm
1	4.5	3.6	11	4.9	3.7	21	4.5	3.4
2	4.9	3.8	12	5.1	4	22	4.4	3.3
3	5.1	3.9	13	4.8	3.6	23	5.2	4
4	5	4	14	4.7	3.8	24	4.8	3.7
5	5.2	4.1	15	5.2	4.2	25	4.7	3.9
6	4.8	3.7	16	4.6	3.5	26	5.3	4.2
7	4.7	3.5	17	5	3.8	27	4.6	3.6
8	5.3	4.2	18	4.9	3.6	28	5	3.5
9	4.6	3.4	19	5.1	3.7	29	4.9	4.1
10	5	3.9	20	5.3	4.1	30	5.1	3.8

聚类过程如图 5-4 所示，具体步骤如下：

1）初始化聚类中心：随机选择两个零件作为初始聚类中心。例如，这里选择（4.5，3.6）和（4.9，3.8）作为初始聚类中心。

2）样本点分配：计算每个零件到聚类中心的距离，将每个零件分配给最近的聚类中心，并根据已分配的零件更新聚类中心的位置。

3）更新聚类中心：根据簇中的当前对象，重新计算每个簇的均值，得到新的簇中心，把对象重新分配到离聚类中心最近的簇中。

4）重复步骤 3)，直到对象的重新分配不再发生，输出聚类结果。

迭代结束后，获得最终的聚类中心分别为（4.70，3.59）和（5.11，3.99）。根据聚类结果，可以看到通过 *K*-means 算法将这些零件成功分成了两个簇。每个簇可代表一种零件类型，同簇中的零件具有相似的尺寸特征。

从上述结果可以得出以下分析：簇 1 的平均尺寸略小于簇 2，这意味着这两种零件型号在直径和长度上有一些差异。根据聚类结果，可以将不同型号的零件分别分配给不同的生产线或加工工序。这样可以更好地优化生产过程，提高生产率。

K-means 算法的优点是计算简单、快速，算法的时间复杂度和空间复杂度都相对较低，能处理大型数据集，结果簇内紧凑，簇和簇之间明显分离。其中，空间复杂度为 $O((n+k)d)$，这里 n 是数据对象的个数，d 是数据的维度，k 是分簇个数；时间复杂度为 $O(tknd)$，t 是迭代次数。通常有 $k \ll n, d \ll n, t \ll n$，即算法执行时间基本与数据集的规模呈线性关系，因此处理大数据集时的效率较高。

但 *K*-means 算法也存在不足，概括如下：

1）算法要求用户事先给出分簇的数目 k，如果用户没有关于数据集的先验信息，k 值的估计将非常困难。

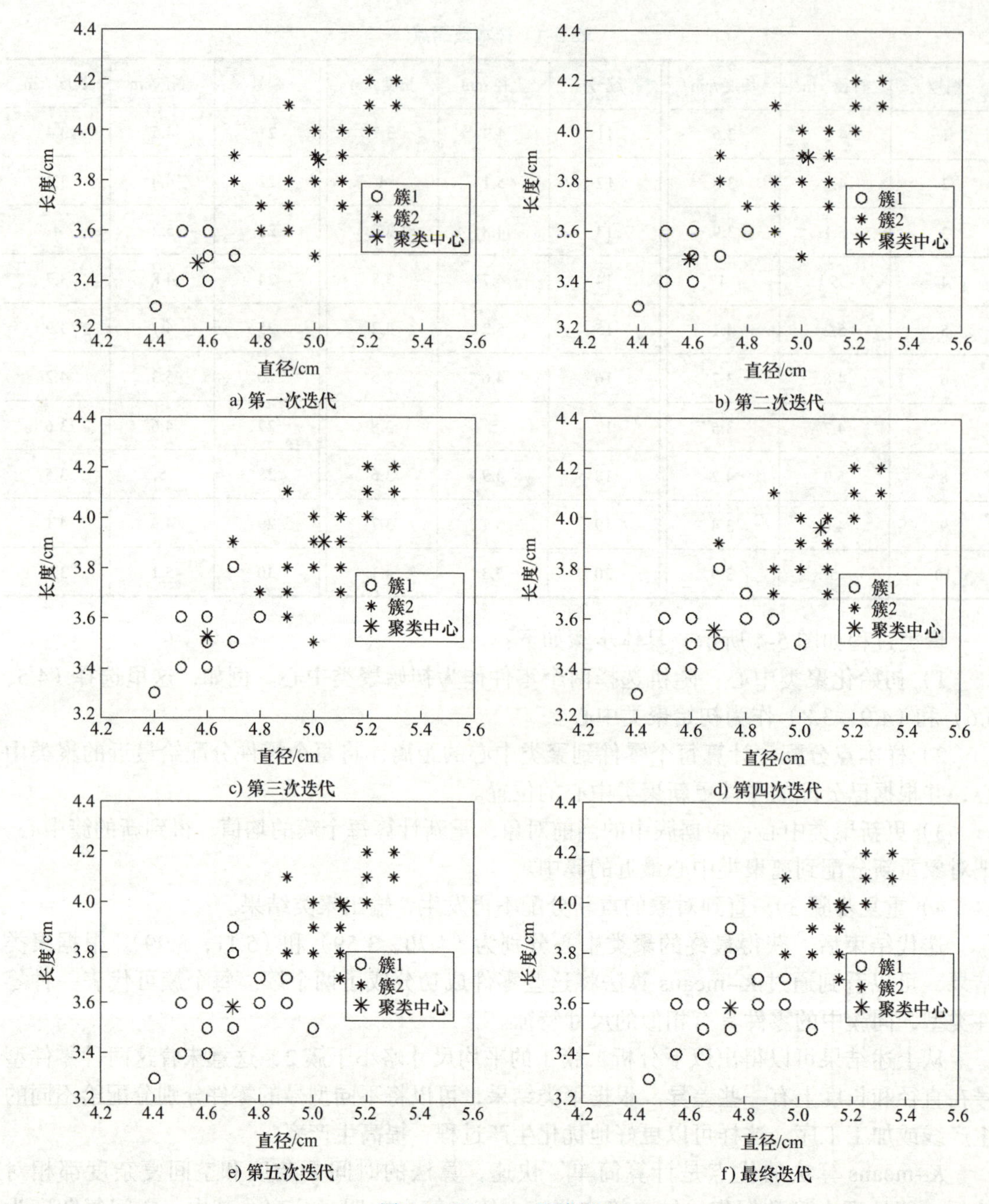

图 5-4　*K*-means 聚类过程

2）算法对初始聚类中心的选取较为敏感，不同的初始值会造成不同的聚类结果。当初始聚类中心的选择不合适时，会导致产生局部最优解，无法获得全局最优解和较小的 SSE。

3）算法只有在簇的均值被定义的情况下才能使用，而无法直接处理离散型数据。

4）算法采用欧几里德距离度量数据对象之间的相似性，以误差平方和最小化为优化目标，导致该算法对球状簇有较好的聚类效果，不适合非球状的簇。

5）算法对于离群点敏感。由于 K-means 算法是以均值作为聚类的中心，在计算时容易受到离群点的影响造成中心偏移，产生聚类分布上的误差。

在聚类算法中，对于最佳聚类数 k 的选取方法，特别是 K-均值聚类，使用 SSE 来寻找最优的 k 值是一种常见的方法，这种方法被称为“肘部法”。SSE 是指每个点到其最近的聚类中心的距离的平方和。当选择不同的 k 值时，SSE 通常会随着 k 值的增加而减少，因为更多的聚类意味着每个聚类中的点更接近其中心。在达到第一个临界转折点处，SSE 减小速度变缓，这个临界转折点就可以考虑为最佳聚类性能的点，该点对应的 k 就是最佳聚类数。如图 5-5 所示，考虑最佳聚类数为 4。

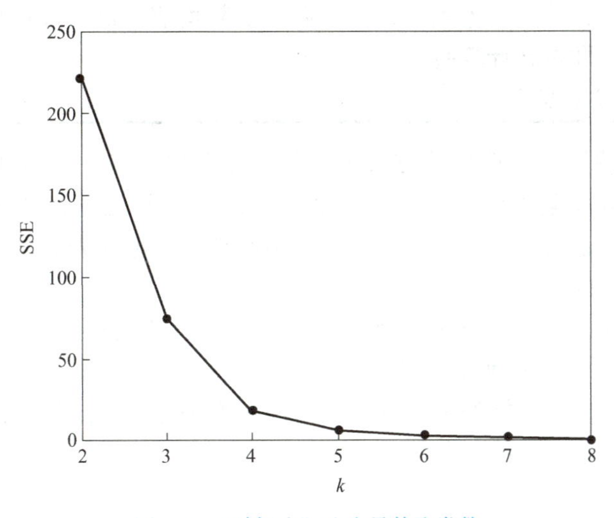

图 5-5　“肘部法”选取最佳聚类数

5.2.2　*K*-means++ 算法

K-means++（K-均值 ++）算法是 K-means 的改进方法，其主要区别在于确定初始聚类中心的方法不同。K-means 算法是随机确定初始聚类中心，如果初始中心选择不当，可能会导致聚类结果不理想；而 K-means++ 通过逐个选取初始簇中心的方式，解决了这一问题。K-means++ 是根据当前样本点到簇中心的距离，计算该样本点成为下一个聚类中心的概率，公式如下：

$$P(x)=\frac{\sum_{c_i\in C}d(x,c_i)^2}{\sum_{c_i\in C}\sum_{x_i\in D}d(x_i,c_i)^2} \tag{5-2}$$

式中，x 为当前样本点；c_i 代表第 i 个簇中心；C 代表已确定的簇中心集合。距离越大则概率越大，然后根据概率大小抽取下一个聚类中心，不断重复直至抽取 k 个聚类中心。选出初始聚类中心后，使用标准的 K-means 算法进行聚类。K-means++ 算法的伪代码如下：

输入：簇的个数 k 和数据集 D

输出：k 个簇的集合

1. 从 D 中随机选择一个点作为簇中心 c_1
2. repeat
3. 计算每个点被选为聚类中心的概率 $P(x)$
4. 选取概率 $P(x)$ 最大的点作为聚类中心
5. until 选出 k 个聚类中心
6. repeat
7. 根据簇中均值，分配对象到最相似的簇中更新均值，重新计算每个簇的质心
8. 更新簇均值，即重新计算每个簇中均值
9. until 质心不发生变化

K-means 算法使用随机选择的方式来初始化聚类中心点，这可能导致结果对初始点的选择非常敏感，容易陷入局部最优解。而 *K*-means++ 算法通过选择离已选择中心点距离较远的点来逐步确定初始中心点，使得初始中心点更好地代表数据的整体分布，从而减少了陷入局部最优解的风险。

图 5-6 所示为分别利用 *K*-means 和 *K*-means++ 聚类算法对某个工厂在一段时间内运营数据的聚类结果。根据两种聚类结果可知，*K*-means++ 算法通过改进选择初始中心点的方式，可以更好地代表数据的整体分布，从而更准确地将不同的运营工况划分出来，帮助运营人员更好地了解工厂的运营情况。

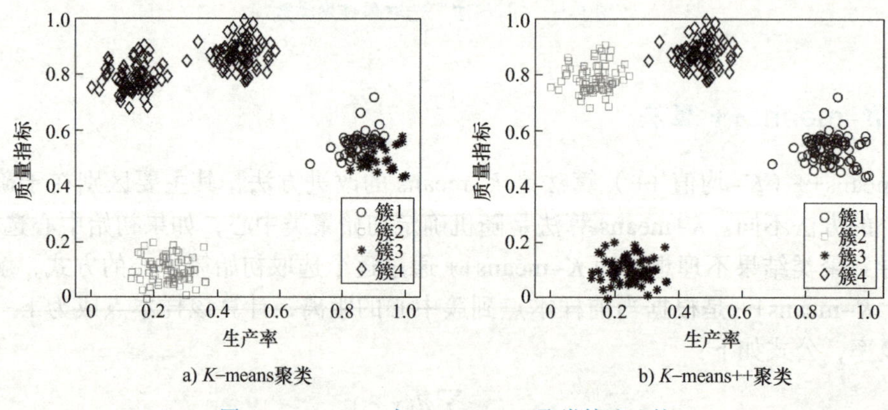

图 5-6　*K*-means 与 *K*-means++ 聚类算法比较

例 5-2　某工厂监测了 30 个工业设备的温度和湿度数据。现需要对这些设备进行聚类，以便更好地了解设备的工作状态。其中，温度数据的范围为 20 ～ 30℃，湿度数据的范围为 55% ～ 65%。这些数据代表了不同设备的工作环境条件。为了避免由于特征大小范围差别带来的聚类误差，对数据集进行最大最小归一化，归一化后的数据集如表 5-2 所示。基于归一化后的数据，可用“肘部法”判断最佳聚类数，在本例中，可使用 *K*-means++ 聚类算法将这些设备分成三个簇，并给出每个簇的中心点坐标。

表 5-2　归一化后的温度和湿度数据集

设备	温度	湿度	设备	温度	湿度	设备	温度	湿度
1	0.479	0.856	11	0.156	0.635	21	0.502	0.465
2	0.701	0.401	12	0.907	0.604	22	0.180	0.675
3	0	0.419	13	0.511	0.729	23	0.510	0.386
4	0.535	0.477	14	0.376	0.728	24	0.666	0.409
5	0.442	0	15	0.509	0.464	25	0.471	0.656
6	0.163	0.979	16	0.352	0.651	26	0.564	1
7	0.313	0.730	17	0.366	0.621	27	0.511	0.486
8	0.446	0.489	18	0.642	0.798	28	0.335	0.741
9	1	0.964	19	0.628	0.902	29	0.437	0.607
10	0.861	0.275	20	0.630	0.905	30	0.252	0.907

K-means++ 算法聚类步骤如下：

1）随机选择一个簇中心（0，0.419）。利用式（5-2）计算出其他样本点成为下一个簇中心的概率，计算结果如表 5-3 所示。

表 5-3　各点选为第二个簇中心的概率

点	1	2	3	4	5	6	7	8	9	10
概率	0.038	0.041	0.000	0.031	0.035	0.034	0.026	0.026	0.066	0.051
点	11	12	13	14	15	16	17	18	19	20
概率	0.015	0.054	0.035	0.028	0.030	0.024	0.024	0.043	0.046	0.046
点	21	22	23	24	25	26	27	28	29	30
概率	0.029	0.018	0.030	0.039	0.031	0.047	0.030	0.027	0.028	0.032

根据表 5-3 结果显示，概率最大点为点 9，故选择点 9 为第二个簇中心点。同理，通过计算，得出第三个簇中心点为点 5。故而，初始簇中心分别为（0，0.419）、（1，0.964）和（0.442，0），根据与簇中心的距离，其他对象被分配到最近的一个簇。

2）更新簇中心。即根据簇中的当前对象，重新计算每个簇的均值。使用这些新的簇中心，把对象重新分配到离簇中心最近的簇中。

重复这一过程，直到对象的重新分配不再发生，输出聚类结果。聚类迭代过程如图 5-7 所示。

根据聚类散点图可以观察到不同工业设备的聚类情况。聚类结束后，可获得三个聚类中心（0.283，0.696）、（0.670，0.845）和（0.568，0.3853），三个簇分别为：簇 1{3, 6, 7, 11, 14, 16, 17, 22, 25, 28, 29, 30}，簇 2{1, 9, 12, 13, 18, 19, 20, 26}，簇 3{2, 4, 5, 8, 10, 15, 21, 23, 24, 27}。

由迭代过程可以发现，*K*-means++ 算法的迭代次数较少，这是由于初始簇中心选择尽可能分散导致的，提高了计算效率。根据聚类结构可以看出所获得的三个簇所对应的设备工作状态分别是高温高湿、低温高湿和高温低湿。由此可知，通过聚类，可以合理划分每个设备的工况类型，方便及时发现设备的异常，采取相应的维护措施，以提高设备的稳定性和工作效率。

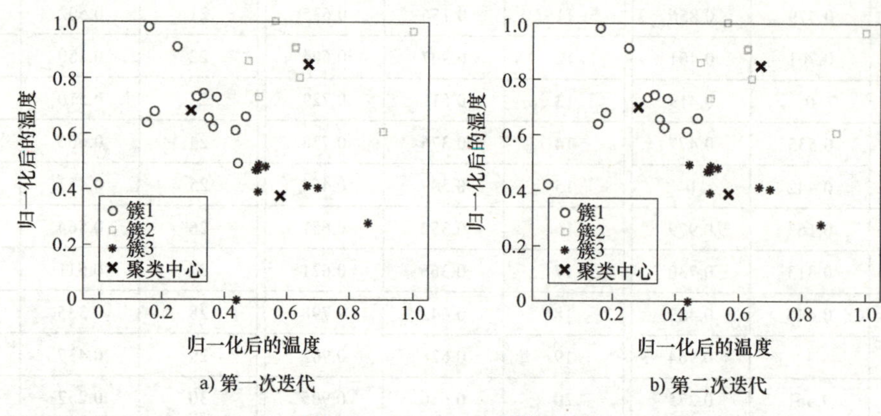

图 5-7　*K*-means++ 聚类过程

作为对比，直接利用 *K*-means 聚类算法对该数据集进行聚类，初始聚类中心选择为点 1、点 2 和点 3。聚类结束后，将获得三个簇分别为簇 1{1, 6, 7, 9, 13, 14, 16, 17, 18, 19, 20, 25, 26, 28, 29, 30}，簇 2{2, 4, 5, 8, 10, 12, 15, 21, 23, 24, 27}，簇 3{3, 11, 22}。分别计算 *K*-means++ 和 *K*-means 聚类结果的 SSE 值，分别为 1.15 和 1.42，即 *K*-means++ 聚类的 SSE 值更小，表示其聚类结果更合理。这可以证明 *K*-means++ 算法在选择初始聚类中心时更加有效。

K-means++ 算法改进了传统 *K*-means 算法中随机选择初始聚类中心的问题，通过引入概率权重的方式选择初始聚类中心，使得初始聚类中心更加分散且能更好地代表整个数据集，对于提升聚类效果具有重要作用。

5.2.3　*K*-medoids 算法

K-medoids 算法也称为 *K*- 中心点算法，是基于“代表对象”的聚类方法，它在 *K*-means 算法基础上，利用簇的中心点代替均值点作为聚类中心，然后根据各数据对象与这些聚类中心之间的距离之和最小化的原则，进行簇的划分。*K*-medoids 算法实质上是对 *K*-means 算法的改进和优化，选择数据集中的点作为聚类中心，而不是计算平均值。这使得 *K*-medoids 算法对异常值和噪声的鲁棒性更好，因为 *K*-medoids 总是实际存在于数据中的点。

K-medoids 算法的伪代码如下：

输入：簇的个数 k 和数据集 D

输出：k 个簇的集合

---

1. 从 D 中随机选择 k 个点作为初始代表对象
2. repeat
3. 根据与中心点最近的原则，将剩余点分配到当前最佳的中心点代表的簇中
4. 在每一个簇中，计算每个样本点对应的准则函数

5. 选取准则函数最小时对应的点作为新的中心点
6. until 中心点不发生变化或达到设定的最大迭代次数

PAM（Partitioning Around Medoid）算法是聚类算法中基于划分的一种聚类方法，是最早提出的 K-medoids 算法之一。该算法的基本思想为：选用簇中位置最中心的对象，试图对 n 个对象给出 k 个划分。其中，代表对象也被称为中心点，其他对象则被称为非代表对象。

最初随机选择 k 个对象作为中心点，该算法反复地用非代表对象来代替代表对象，试图找出更好的中心点，以改进聚类的质量。在每次迭代中，当前某个对象被一个非代表对象替代后，数据集中所有其他的数据对象需要重新归类，并计算交换前后各数据点与所在簇的中心点之间的距离差，以此作为该点因簇的代表变化而产生的代价。交换的总代价是所有对象的代价之和。如果总代价为负值，则表明交换后的类内聚合度更好，原来的代表对象将被替代；如果总代价为正值，则表明原来的代表对象更好，不应被取代。

为了确定任意一个非代表对象 c_{random} 是否可以替换当前的某个代表对象 c_j，需要对数据集中的所有非代表对象 x 进行检查，以确定 x 是否要重新归类。根据 x 位置的不同，分为 4 种情况，如图 5-8 所示。

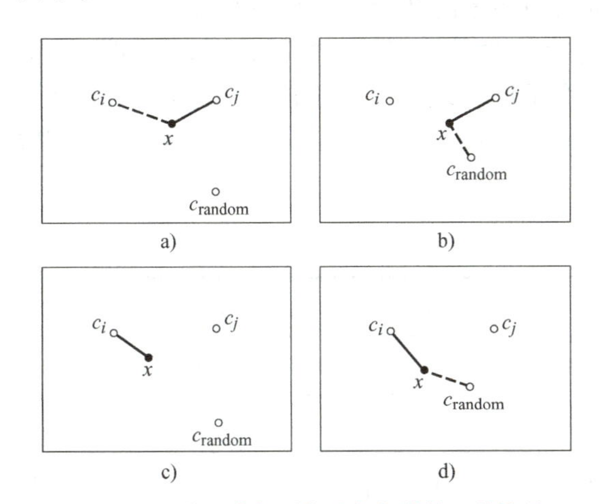

图 5-8　交换后数据对象重新归类的 4 种情况

情况 1（见图 5-8a）：对象 x 当前属于以 c_j 为中心点的簇，如果用 c_{random} 替换 c_j 作为新的代表对象，x 将更接近其他簇的中心点 c_i，那么就将 x 归类到以 c_i 为中心点的簇中。

情况 2（见图 5-8b）：对象 x 当前属于以 c_j 为中心点的簇，如果用 c_{random} 替换 c_j 作为新的代表对象，x 将更接近 c_{random}，那么就将 x 归类到以 c_{random} 为中心点的簇中。

情况 3（见图 5-8c）：对象 x 当前属于以 c_i 为中心点的簇，如果用 c_{random} 替换 c_j 作为新的代表对象，x 仍然最接近 c_i，那么 x 的归类将保持不变。

情况 4（见图 5-8d）：对象 x 当前属于以 c_i 为中心点的簇，如果用 c_{random} 替换 c_j 作为新的代表对象，x 将更接近 c_{random}，那么就将 x 归类到以 c_{random} 为中心点的簇中。

PAM 算法在每次迭代中都需要交换每个簇的代表对象与该簇中的所有非代表对象，从而得到可以改善聚类质量的候选对象集，然后再将这些候选对象作为下一次迭代的代表对象。每次迭代的计算复杂度为$O(k(n-k)^2)$，其中n是数据对象的总数，k是分簇数量。显然，当数据对象与簇的数目增大时，PAM算法的执行代价很高，因此有许多算法针对PAM进行修改以适用于大数据集，如CLARA（Clustering LARge Applications）算法。

CLARA算法是PAM算法的扩展，它不考虑整个数据集，而是利用抽样的方法，选择数据的一小部分作为样本，能够有效处理大规模数据所带来的计算开销和RAM存储问题。该算法的思想就是通过在大数据中进行随机抽样，然后对每个抽样的样本使用PAM算法，最后在每个样本聚类出的最佳中心点中寻找一个代价最小的聚类中心作为当前大数据样本的最佳聚类。

CLARA算法的有效性依赖于样本的大小、分布及抽样质量。如果样本包含的数据点过少，可能会没有把全部的最佳聚类中心都选中，这样就不能找到最好的聚类结果。也就是说，如果样本发生偏斜，基于样本的聚类效果好，不一定代表整个数据集的聚类效果好。反之，如果抽样样本的数据量很大，虽然能够提升聚类质量，但是算法效率会明显下降，因为CLARA算法每一轮迭代的计算复杂度是$O(ks^2+k(n-k))$，其中s表示抽样样本中的对象个数。

例5-3 工作人员在一个工业制造过程的质量监控系统采集到了一批数据。每个数据点代表了在不同生产批次中测量的两个关键质量特征：特征1（X）是产品直径，特征2（Y）是材料中的某种化合物含量，产品的特征数据如表5-4所示。工作人员想要根据这两个特征将产品分为三个不同等级，以便于进行质量控制和后续处理。现要求分别使用K-medoids算法和K-means算法将这批产品分为三个类别，并利用SSE值比较两种聚类算法的聚类效果。

表5-4 产品的特征数据

产品	X	Y	产品	X	Y	产品	X	Y
1	0.697	0.460	11	0.245	0.057	21	0.748	0.232
2	0.774	0.376	12	0.343	0.099	22	0.714	0.346
3	0.634	0.264	13	0.639	0.161	23	0.483	0.312
4	0.608	0.318	14	0.657	0.198	24	1	1
5	0.556	0.215	15	0.360	0.370	25	0.525	0.369
6	0.403	0.237	16	0.800	0.042	26	0.751	0.489
7	0.481	0.149	17	0.719	0.103	27	0.532	0.472
8	0.437	0.211	18	0.359	0.188	28	0.473	0.376
9	0.666	0.091	19	0.339	0.241	29	0.725	0.445
10	0.243	0.267	20	0.282	0.257	30	0.446	0.459

K-medoids算法的聚类过程如图5-9所示，具体如下：

1）首先任意选择三个对象，即（0.608，0.318）、（0.360，0.370）和（0.532，0.472），

作为初始簇中心。根据与中心点距离最近的原则，将剩余点分配到当前最佳簇中，并计算总代价。

2）更新簇中心。随机选择一个非簇中心对象作为新的簇中心，并计算用新簇中心的总代价。如果新簇中心的总代价小于旧簇中心的总代价，则用新的簇中心替换旧的簇中心。

重复这一过程，直到对象的重新分配不再发生，输出聚类结果如表 5-5 所示。

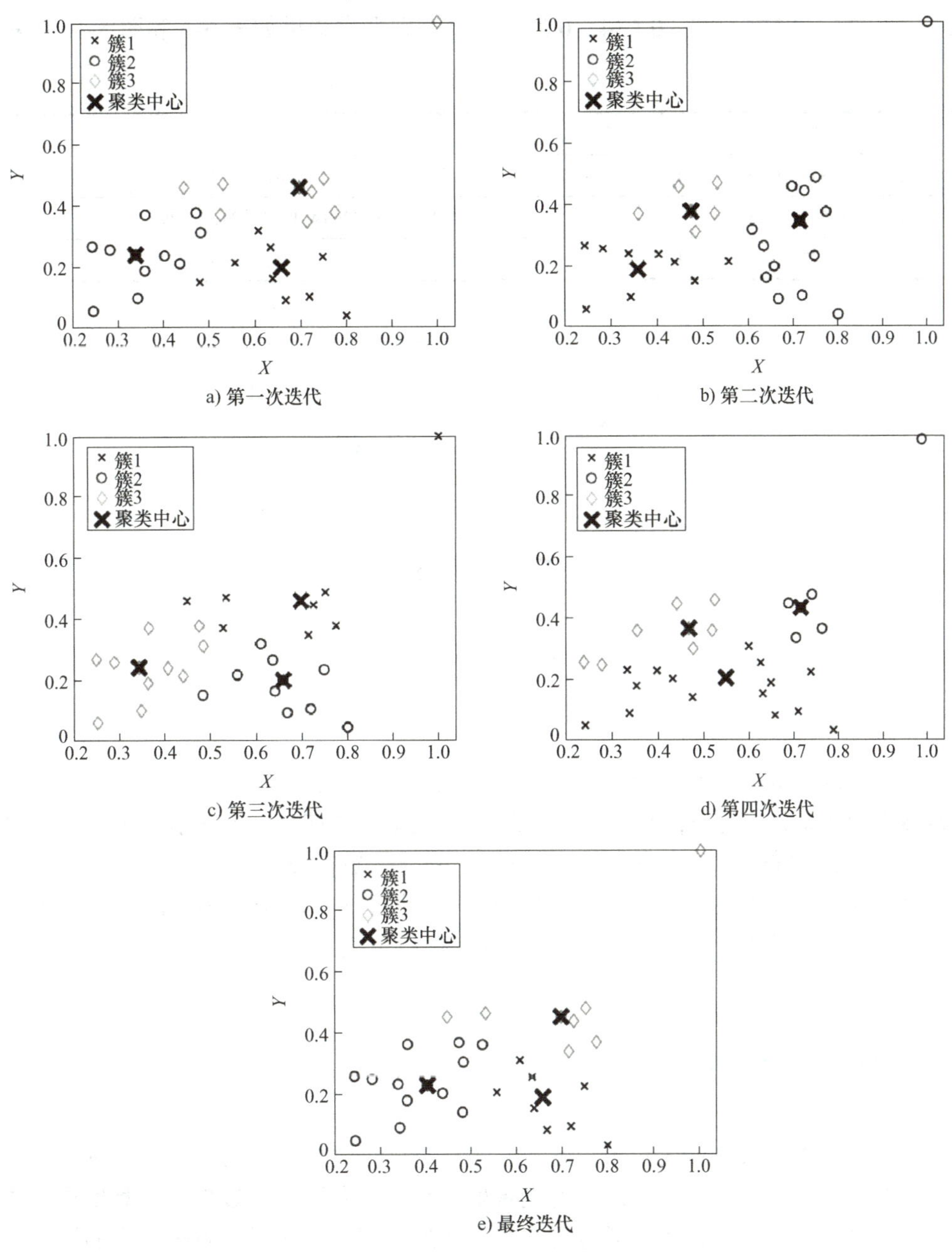

图 5-9　*K*-medoids 算法的聚类过程

表 5-5　K-medoids 算法的聚类结果

簇	簇中心	簇中对象
1	14	{3, 4, 5, 9, 13, 14, 16, 17, 21}
2	6	{6, 8, 10, 11, 12, 15, 18, 19, 20, 23, 28}
3	1	{1, 2, 22, 24, 25, 26, 27, 29, 30}

作为对比，采用 *K*–means 算法对该批数据进行聚类，初始聚类中心选择（0.697，0.460）、（0.774，0.376）和（0.634，0.264），可得到聚类结果如表 5-6 和图 5-10 所示。

表 5-6　K–means 算法的聚类结果

簇	簇中心	簇中对象
1	（0.816，0.650）	{1, 24, 26}
2	（0.687，0.232）	{2, 3, 4, 5, 9, 13, 14, 16, 17, 21, 22, 29}
3	（0.397，0.271）	{6, 7, 8, 10, 11, 12, 15, 18, 19, 20, 23, 27, 28, 30}

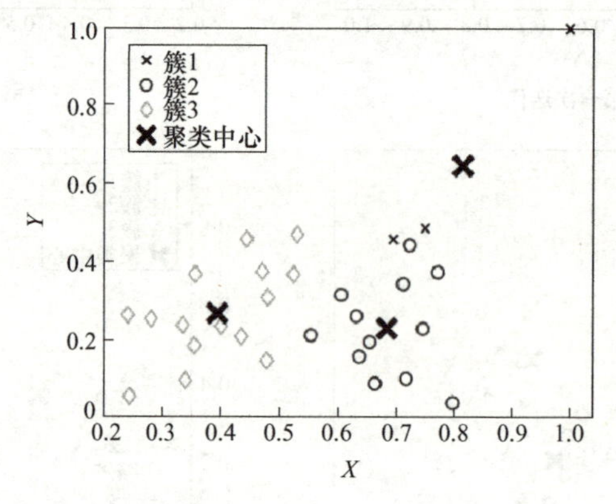

图 5-10　*K*–means 算法的聚类结果

根据 *K*–medoids 算法的聚类结果和 *K*–means 算法的聚类结果求出相应的 SSE，分别为 3.7308 和 4.3669。从两种聚类结果来看，产品 24 的特征量相对于其他产品特征量差距较大，可视为离群点。由于离群点的影响，*K*–means 算法将该点划分到了簇 1 中，簇中心向离群点偏移导致簇中心显著偏离簇中成员，使得该算法聚类的 SSE 较大。因此，对于含有离群点的数据集，使用 *K*–medoids 算法进行聚类可以减少离群点对聚类效果的不利影响。

5.3　层次聚类方法

层次聚类（Hierarchical Clustering）方法是通过将数据组织为一颗树来进行聚类的过程。层次聚类方法可以分为自底向上的凝聚聚类和自顶向下的分裂聚类。凝聚聚类方法最初将每个对象作为一个簇，然后通过逐步合并相近的簇，从而形成越来越大的簇，直至所有的对象都在一个簇里，或者满足一定的终止条件为止。分裂聚类方法恰好相反，初始时是将所有的对象置于一个簇中，然后逐步将其细分为较小的簇，直到每个对象自成一个簇，或者满足一定的终止条件为止。

层次聚类的步骤可总结如下。

1）对包含 n 个对象的数据集，将每个对象归为一类，共得到 n 类，每类仅包含一个对象，类与类之间的距离就是每个类包含对象之间的距离。

2）找到最接近的两个类合并成一类，于是总的类数减少一个。

3）重新计算新类与所有旧类之间的距离。

4）重复步骤 2)、3)，直到最后合并成一个类为止（此类包含了 n 个对象）。

层次聚类常用树状图表示，图 5-11 所示是一个简单的例子。图中最顶部的根节点表示整个数据集，中间节点代表有若干个对象构成的子簇，子簇还能进一步划分为更小的簇，在图中对应为该节点的子节点，最底部的叶子节点代表数据集中的对象。

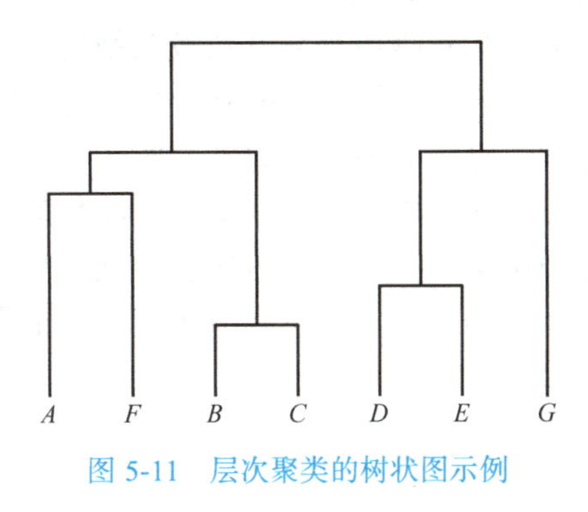

图 5-11　层次聚类的树状图示例

5.3.1　算法的距离度量方法

无论是使用凝聚方法还是使用分裂方法，聚类过程中都需要计算两个聚类簇之间的距离。度量簇之间的距离常用的方法有最小距离、最大距离、平均距离等。给定聚类簇 C_i 和 C_j，可以通过下面的公式来计算距离。

最小距离：

$$d_{\min}=(C_i,C_j)=\min_{x\in C_i,z\in C_j}\operatorname{dist}(x,z) \tag{5-3}$$

最大距离：

$$d_{\max}=(C_i,C_j)=\max_{x\in C_i,z\in C_j}\operatorname{dist}(x,z) \tag{5-4}$$

平均距离：

$$d_{\text{avg}}(C_i,C_j)=\frac{1}{|C_i||C_j|}\sum_{C_i}\sum_{C_j}\operatorname{dist}(x,z) \tag{5-5}$$

式中，x 和 z 分别为 C_i 和 C_j 中的样本。

在层次聚类中，衡量两个聚类簇间的距离是决定如何合并或分裂簇的关键步骤。结合图 5-12，以上三种距离度量的定义与使用场景如下：

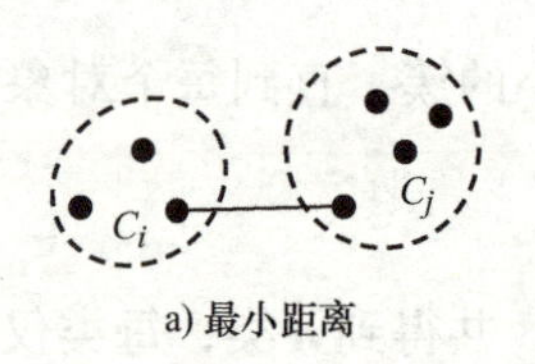

a) 最小距离

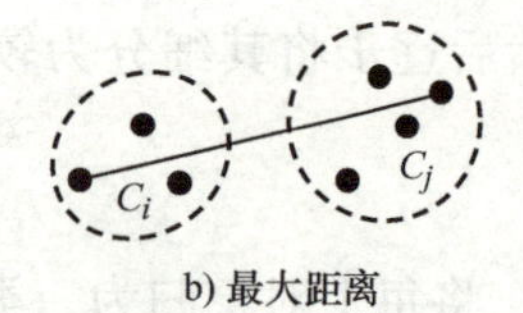

b) 最大距离

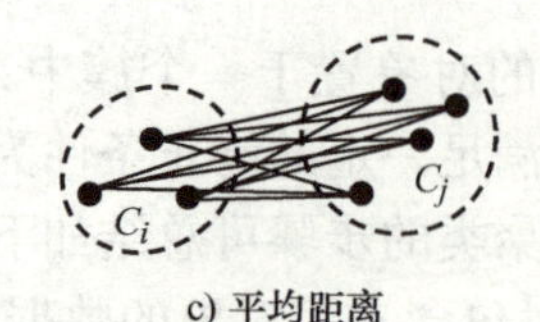

c) 平均距离

图 5-12　距离示意图

1）最小距离：两个簇中最近两个点之间的距离。最小距离方法对于处理非球形或不规则形状的簇较为有效，因为它允许簇以链条方式扩展。然而，它也可能导致所谓的“链效应”，即倾向于形成长条形的簇，这可能会将本质上相隔较远的簇连接在一起，特别是在噪声较多的数据中。

2）最大距离：两个簇中最远两个点之间的距离。最大距离方法适用于找到紧密相连的簇，因为它只有在所有点之间的距离都较小的情况下才会合并两个簇。最大距离法倾向于发现相对均匀大小的簇，但可能对噪声和异常值较为敏感。

3）平均距离：一个簇中所有点与另一个簇中所有点之间距离的平均值。平均距离方法提供了一种平衡的解决方案，克服了最小距离和最大距离方法的极端情况。平均距离方法适用于发现大小和形状均匀的簇，同时受异常值的影响相对较小。

不同的距离度量方法适用于不同类型的数据集和不同的应用场景。选择何种距离度量方法取决于数据的特性以及聚类的目标。在实际应用中，可能需要尝试多种方法，以便找到最适合数据特性的聚类结果。

5.3.2　凝聚的与分裂的层次聚类

层次聚类是在不同层次上对数据进行划分，从而形成树状的聚类结构。对给定的数据集进行层次的分解，直到满足某种条件或者达到最大迭代次数，具体又可分为凝聚的和分裂的层次聚类，如图 5-13 所示。

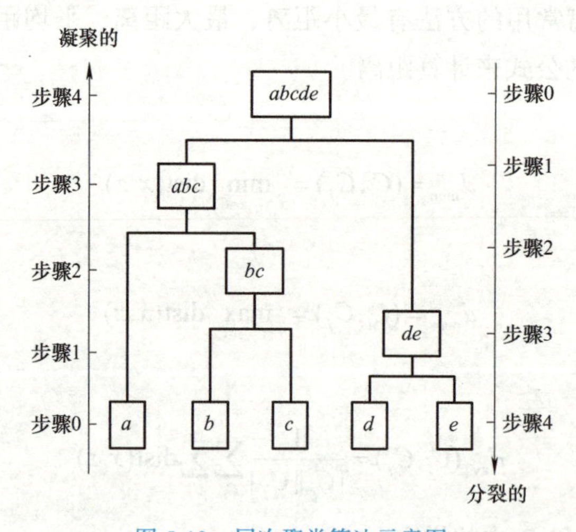

图 5-13　层次聚类算法示意图

层次聚类算法是凝聚的还是分裂的取决于层次分解是以自底向上（合并）还是以自顶向下（分裂）方式形成的。

凝聚的层次聚类是一种自底向上的策略，它的典型代表是 AGNES（AGglomerative NESting）算法，其处理步骤是：①将数据集中的每个对象作为一个簇；②每次找到距离最近的两个簇进行合并；③合并过程反复进行，直至不能再合并或者达到结束条件为止。

AGNES 算法的伪代码如下：

输入：数据集 X
输出：树状图 C

---

1. 初始化：将每个数据对象当成一个初始簇，分别计算每对簇之间的距离，结果存入距离矩阵 $\boldsymbol{D}=(d_{ij})$

2. repeat

3. 寻找距离最近的一对簇 C_i 和 C_j

4. 构造一个新簇 $C_k = C_i \cup C_j$，这一过程相当于在树状图中新增一个节点，并将该节点分别连接簇 C_i 和 C_j 的节点

5. 更新距离矩阵，即计算簇 C_k 与其他簇（除了 C_i 和 C_j）之间的距离

6. 从矩阵 $\boldsymbol{D}$ 中删除对应 C_i 和 C_j 的行和列，增加对应 C_k 的行和列

7. until 所有数据对象都在同一个簇中

分裂的层次聚类是一种自顶向下的策略，它的典型代表是 DIANA（DIvisive ANAlysis）算法，其处理步骤是：①将数据集中的所有对象集合作为一个簇；②根据某种准则，每次将当前最大的簇分裂成两个子簇；③分裂过程反复进行，直至每个簇只包含一个对象或者达到结束条件为止。

为了确定当前的最大簇，DIANA 算法定义了簇的直径这一概念，它是簇中任意两个数据对象之间距离的最大值。DIANA 算法还定义了平均相异度作为进行簇分裂的依据，其计算公式如下：

$$d_{\text{avg}}(x,C)=\begin{cases}\dfrac{1}{|C|-1}\displaystyle\sum_{y\in C,y\neq x}d(x,y),x\in C\\ \dfrac{1}{|C|}\displaystyle\sum_{y\in C}d(x,y),x\notin C\end{cases} \tag{5-6}$$

式中，$d_{\text{avg}}(x,C)$ 表示对象 x 与簇 C 的平均相异度，即 x 与 C 中所有对象（不包括 x）之间距离的平均值；$|C|$ 表示簇 C 中对象的个数；$d(x,y)$ 是对象 x 与对象 y 之间的距离。$d_{\text{avg}}(x,C)$ 越大，表明 x 与 C 中其他对象的差异性越大，进行簇的分裂时，应当优先选择将 x 分离出去。

DIANA 算法的伪代码如下：

输入：数据集 X
输出：树状图 C

---

1. 初始化：将所有数据对象作为一个初始簇 C_0，并初始化簇的集合 $C=\{C_0\}$

2. repeat

3. 将对象集合 U_{new} 与 U_{old} 置空

4. 从 C 中选择出具有最大直径的簇 C_k，找出 C_k 中平均相异度最大的点 p，将 p 放入 U_{new}，将 C_k 中剩余的对象放入 U_{old}

5. 在 U_{old} 中找出平均相异度之差满足 $d_{\text{avg}}(x,U_{\text{old}})-d_{\text{avg}}(x,U_{\text{new}})>0$ 的对象，选择其中差值最大的点 q 加入 U_{new}，并将 q 从 U_{old} 中删除

6. 创建两个新簇 C_i 和 C_j，$C_i=U_{\text{new}}$，$C_j=U_{\text{old}}$，将 C_i 和 C_j 加入集合 C 中，将 C_k 从 C 集合中删除

7. until 所有数据对象都单独构成一个簇

例 5-4 某工业生产企业收集了一批关于生产设备运行状态的数据，如表 5-7 所示，其中包括设备的运行时间比例和能耗比两个关键指标的数值。为了更好地理解设备运行状态的特征以及发现潜在的运行模式，公司希望利用 AGNES 聚类算法将设备分成几个类别，以便更好地协调它们之间的工作。要求分别利用最小距离、最大距离和平均距离度量簇间距离，通过比较 SSE 值选择出最佳的度量方案，设定的终止条件簇为 3。

表 5-7 设备运行状态指标

设备编号	运行时间比例（%）	能耗比（%）
1	0.561	0.060
2	0.019	0.121
3	0.801	0.045
4	0.233	0.107
5	0.807	0.226
6	0.388	0.713
7	0.864	0.560
8	0.747	0.013
9	0.556	0.072
10	0.136	0.967

以最小距离作为度量方案，将一个设备的数据看成一个样本数据，具体步骤如下：

1）计算样本之间的距离，假设使用欧几里德距离。两两样本之间的距离情况如表 5-8 所示，进而构造距离矩阵。

表 5-8 样本之间的欧几里德距离

样本	1	2	3	4	5	6	7	8	9	10
1	0	0.55	0.24	0.33	0.30	0.68	0.58	0.19	0.01	1.00
2	0.55	0	0.79	0.21	0.80	0.70	0.95	0.74	0.54	0.85
3	0.24	0.79	0	0.57	0.18	0.79	0.52	0.06	0.25	1.14
4	0.33	0.21	0.57	0	0.59	0.62	0.78	0.52	0.33	0.87
5	0.30	0.80	0.18	0.59	0	0.64	0.34	0.22	0.29	1.00
6	0.68	0.70	0.79	0.62	0.64	0	0.50	0.79	0.66	0.36
7	0.58	0.95	0.52	0.78	0.34	0.50	0	0.56	0.58	0.83
8	0.19	0.74	0.06	0.52	0.22	0.79	0.56	0	0.20	1.13
9	0.01	0.54	0.25	0.33	0.29	0.66	0.58	0.20	0	0.99
10	1.00	0.85	1.14	0.87	1.00	0.36	0.83	1.13	0.99	0

2）合并最接近的簇：选择距离最小的设备对，将它们合并成一个簇。此时，设备 1 和设备 9 距离最小，合并。

3）更新距离矩阵：每次合并后，需要更新距离矩阵以反映簇与其他所有点（或簇）之间的距离。

4）重复合并：重复步骤 2）和 3），直到所有的设备都被合并成一个簇，或者达到事先设定的终止条件，比如簇的数量。

通过设定的终止条件簇为 3，该数据集最终聚类结果为：簇 1{6}，簇 2{10}，簇 3{1, 2, 3, 4, 5, 7, 8, 9}。聚类过程树状图如图 5-14 所示，求出 SSE 值为 0.865。

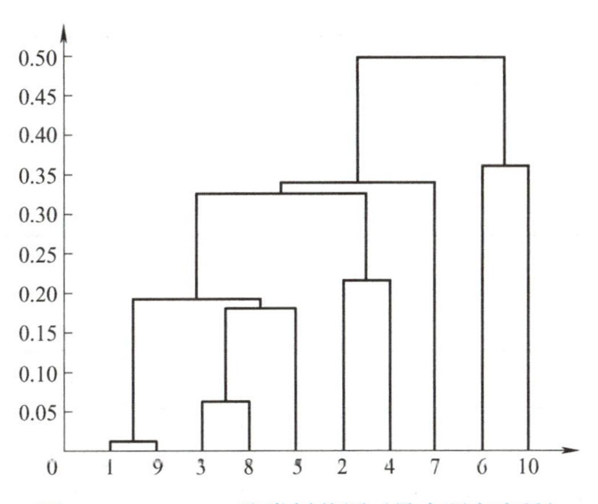

图 5-14 AGNES 聚类树状图（最小距离度量）

同理，分别利用最大距离和平均距离作为度量方案，发现聚类结果一致，均为簇 1{2, 4}，簇 2{1, 3, 5, 7, 8, 9}，簇 3{6, 10}。过程树状图如图 5-15 所示，求出 SSE 值同为 0.391。根据 SSE 值比较得知，使用最大距离或平均距离度量作为簇间度量方案更适合该数据集。

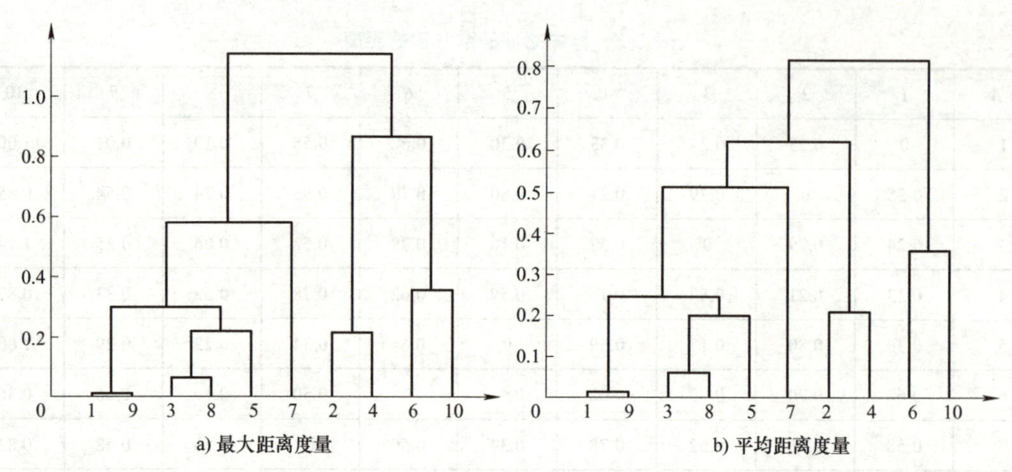

图 5-15　AGNES 聚类树状图

例 5-5　现使用 DIANA 算法对一个包含 10 个二维样本的数据集进行聚类，如表 5-9 所示。这个数据集代表了某个工厂中 10 台机器的故障频率（次 / 年）和维护成本（万 / 年）。要求将这些机器分成两个类，使用平均距离进行聚类度量。

表 5-9　机器样本数据集

机器序号	故障频率	维护成本	机器序号	故障频率	维护成本
1	5	3	6	8	6
2	2	1	7	1	1
3	6	4	8	7	5
4	9	7	9	4	3
5	3	2	10	6	4

使用 DIANA 算法的聚类步骤如下。

1）使用欧几里德距离计算两个样本之间的距离，其结果如表 5-10 所示。

表 5-10　样本之间的欧几里德距离

样本	1	2	3	4	5	6	7	8	9	10
1	0	4	2	7	2	6	4	4	2	2
2	4	0	4	8	1	7	1	6	2	4
3	2	4	0	5	3	5	5	5	2	4
4	7	8	5	0	7	1	8	2	5	3
5	2	1	3	7	0	6	2	5	1	3
6	6	7	5	1	6	0	7	1	4	4
7	4	1	5	8	2	7	0	7	3	5

（续）

样本	1	2	3	4	5	6	7	8	9	10
8	4	6	5	2	5	1	7	0	3	3
9	2	2	2	5	1	4	3	3	0	2
10	2	4	4	3	3	4	5	3	2	0

2）根据表 5-10 找出每个样本的直径，如表 5-11 所示。选择直径最大的样本作为初始聚类中心。故而，将选择样本 4 作为第一个簇中心。

表 5-11　样本直径

样本	1	2	3	4	5	6	7	8	9	10
直径	7	8	5	9	7	8	8	7	5	5

3）计算每个样本到簇中心的平均相异度，并选择平均相异度最大的样本作为下一个簇中心，通过计算选择平均相异度最大的样本 6 作为下一个簇中心。

4）重复步骤 3），直到所有样本被分配到簇中心为止。

所得树状图如图 5-16 所示。通过设定距离阈值为 5，最终的聚类结果为：簇 1{4, 6}，簇 2{1, 2, 3, 5, 7, 8, 9, 10}，也就是将 10 台机器分成了两类。在簇 1 中，故障频率和维护成本都相对较高的机器被聚在了一起，代表该簇的机器需要更多的关注和维护。在簇 2 中，故障频率和维护成本相对较低的机器被聚在了一起，代表该簇中的机器相对可靠。

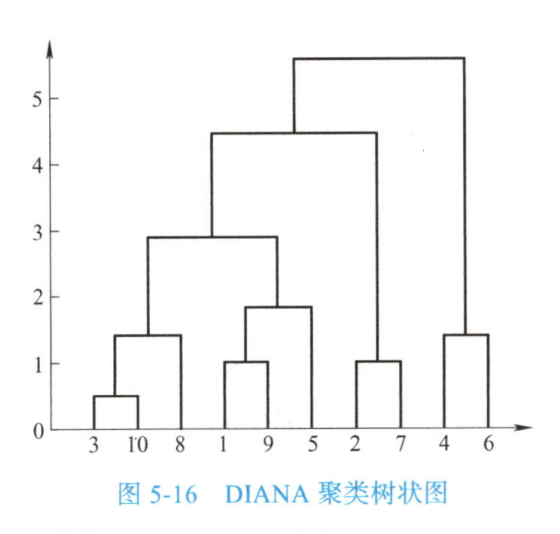

图 5-16　DIANA 聚类树状图

5.4　基于密度的聚类方法

基于划分的聚类算法和基于层次的聚类算法往往只能发现球状聚类簇，而且多数容易受到离群点的影响。为了更好地发现各种形状的聚类簇，提出了基于密度的聚类算法。基于密度的聚类方法与其他方法的根本区别在于：它不是基于距离的，而是基于密度的。这样就能克服基于距离的算法只能发现球状聚类，对发现任意形状的聚类显得不足的缺点。根据密度定义的不同，有三种代表性的方法，包括基于密度的空间聚类算法（Density-

Based Spatial Clustering of Applications with Noise，DBSCAN）、基于簇排序的聚类分析方法（Ordering Points To Identify the Clustering Structure，OPTICS）和基于密度分布函数的聚类算法（DENsity-based CLUstEring，DENCLUE）。

DBSCAN 是一种基于密度的空间聚类算法，基本思想是每个簇内部点的密度比簇外部点的密度要高很多，簇是密度相连点的最大集合，聚类是在数据空间中不断寻找最大集合的过程。

基于上述原理，DBSCAN 度量密度需要两个参数，即邻域半径 ε 和最小包含点数 MinPts。该算法一般任意选择一个未被访问的点开始，找出与其距离在 ε 半径之内（包括 ε）的所有近邻点，如果近邻点的数目大于或等于最小包含点数，则将该点标记为核心点；如果近邻点数目小于最小包含点数，则又分为两种情况，如果该点位于某个核心点的邻域半径范围内，就标记该点为边界点，否则，标记为噪声点，如图 5-17 所示。

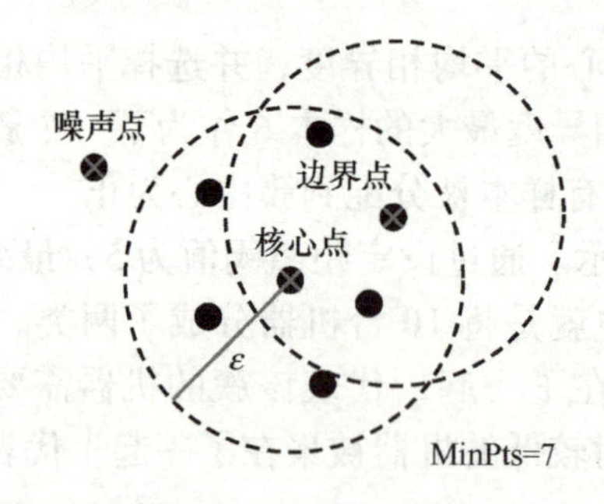

图 5-17 核心点、边界点、噪声点的概念

下面介绍 DBSCAN 中定义的几个基本概念：

1）ε-邻域：对于给定对象 p，以 p 为中心，以 ε 为半径的区域称为对象 p 的 ε-邻域。

2）核心点：如果给定对象 ε-邻域内的样本点数大于或等于 MinPts，则称该对象为核心点。

3）直接密度可达：对于样本集合 D，如果样本点 q 在 p 的 ε-邻域内，并且 p 为核心对象，则称对象 q 从对象 p 出发是直接密度可达的。

4）密度可达：对于样本集合 D，如果存在一个对象序列 $p_1, p_2, \cdots, p_n$，$p = p_1, q = p_n$，其中任意对象 p_i 都是从 p_{i-1} 直接密度可达的，则称对象 q 从对象 p 出发是密度可达的。即多个方向相通的直接密度可达连接在一起称为密度可达。

5）密度相连：假设样本集合 D 中存在一个对象 o，如果对象 o 到对象 p 和到对象 q 都是密度可达的，那么称 p 和 q 密度相连。

需要指出，直接密度可达是具有方向性的，因此密度可达作为直接密度可达的传递闭包，是非对称的，而密度相连不具有方向性，是对象关系。DBSCAN 算法的目标是找到密度相连对象的最大集合，并将密度相连的最大对象集合作为簇，不包含任何簇中的对象被称为“噪声点”，图 5-18 展示了上述概念。

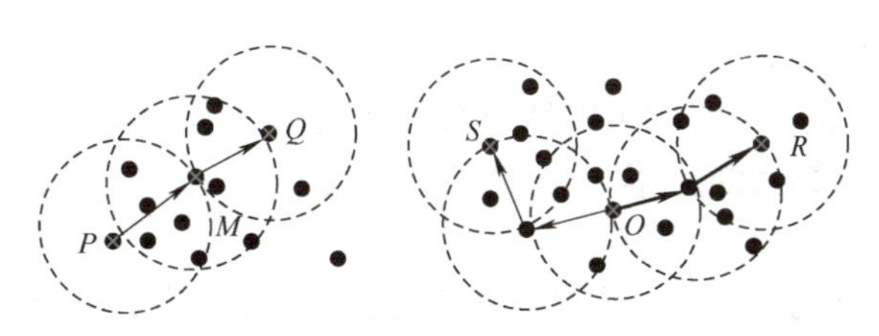

图 5-18　直接密度可达、密度可达、密度相连示意图

在图 5-18 中，ε用一个相应圆的半径表示，设 MinPts = 7，下面将分析图 5-18 中 Q、M、P、S、O、R 这六个样本点之间的关系。

由于 M、P、O 这三个对象的 ε – 邻域内包含点的数量都达到七个，因此它们都是核心点；M 是从 P “直接密度可达”的，而 Q 则是从 M “直接密度可达”的；基于以上结果，Q 是从 P “密度可达”的；但是 P 从 Q 无法“密度可达”（非对称性）。同理，S 和 R 是从 O “密度可达”的；因此，O、R、S 是“密度相连”的。

这样，DBSCAN 算法就从样本集中找到两个簇，即 Q、M、P 是一个簇，而 O、R、S 构成另一个簇。

DBSCAN 聚类算法的步骤分为两步：

1. 寻找核心点形成临时聚类簇

扫描全部样本点，如果某个样本点 ε – 邻域内点的数目 ≥ MinPts，则将其纳入核心点列表，并将其密度可达的点形成对应的临时聚类簇。

2. 合并临时聚类簇得到聚类簇

对于每一个临时聚类簇，检查其中的点是否为核心点，如果是，将该点对应的临时聚类簇和当前临时聚类簇合并，得到新的临时聚类簇。

重复此操作，直到当前临时聚类簇中的每一个点要么不在核心点列表，要么其密度直达的点都已经在该临时聚类簇中，则该临时聚类簇升级成为聚类簇。

继续对剩余的临时聚类簇进行相同的合并操作，直到全部临时聚类簇被处理。

1）检测样本集中尚未检查过的对象 p，如果 p 未被处理（未归入某个簇或者标记为噪声点），则检查其邻域，若包含的对象数不小于 MinPts，建立新簇 C，将其邻域中的所有点加入候选集 R。

2）对候选集 R 中所有尚未被处理的对象 q 检查其邻域，若至少包含 MinPts 个对象，则将这些对象加入 R；如果 q 未归入任何一个簇，则将 q 加入 C。

3）重复步骤 2)，继续检查 N 中未处理的对象，直到当前候选集 R 为空。

4）重复步骤 1）～ 3)，直到所有对象都归入了某个簇或标记为噪声，即聚类结束，并得出数据聚类簇结果。

DBSCAN 算法伪代码如下：

输入：数据集 D；邻域半径 ε；核心点的 ε – 邻域内最小包含点数 MinPts；
输出：簇集合 C

---

1. repeat
2. 判断输入点是否为核心点
3. 找出核心对相关的 ε-邻域中的所有直接密度可达点
4. until 所有输入点都判断完毕
5. repeat
6. 针对所有核心点的 ε-邻域中的所有直接密度可达点，找到最大密度相连对象集合，中间涉及一些密度可达对象的合并
7. until 所有核心点的 ε-邻域都遍历完毕

密度聚类是一种基于样本点密度的聚类方法，常用于以下应用场景：

1）形成不规则形状的簇：密度聚类可以识别不规则形状的簇，因为它不依赖于簇的形状或大小，这使得密度聚类在处理具有复杂形状的数据集时非常有效。

2）识别噪声数据：密度聚类对噪声数据具有较好的鲁棒性，能够将噪声数据识别为独立的簇或者排除在簇外，而不会对簇的形成产生过多的干扰。这使得密度聚类在处理含有噪声的数据集时表现优异，比如异常检测和数据清洗等领域。

3）处理大型数据集：密度聚类通常具有较好的可扩展性，能够处理大型数据集而不受过多计算和存储资源的限制，因此适用于需要处理大规模数据的应用场景。

例 5-6 目前有一批传感器监测设备检测到的不同位置的振动和声音数据，如表 5-12 所示，其中包括 30 个位置的振动频率和声音强度。现通过 DBSCAN 聚类算法来识别出这些位置中的特定模式或异常情况，以便进一步分析和采取行动。其中，设置 ε 为 0.2，MinPts 为 5。

表 5-12 振动频率（X）、声音强度（Y）数据集

位置	X	Y	位置	X	Y	位置	X	Y
1	9.21	3.28	11	6.53	5.80	21	6.67	5.80
2	8.25	7.17	12	8.04	7.80	22	8.12	8.01
3	9.40	3.46	13	6.55	6.30	23	6.42	5.40
4	7.84	7.79	14	8.92	3.32	24	6.34	6.02
5	7.83	8.17	15	9.40	3.62	25	6.63	5.51
6	7.94	7.31	16	8.96	3.86	26	9.00	3.50
7	6.12	5.54	17	6.20	7.57	27	8.04	5.04
8	8.26	7.72	18	7.80	8.00	28	8.19	7.62
9	9.21	3.75	19	9.14	3.23	29	8.89	3.32
10	8.84	3.66	20	8.30	7.29	30	6.39	5.70

为了避免由于不同特征数据大小范围差别带来的聚类误差，对数据集进行归一化。聚

类算法具体步骤如下：

1）遍历每个点，计算每个点在 ε－邻域内的点数。当某个点的邻域内点数大于或等于 MinPts 时，标记为核心点，并创建一个新簇，簇内包括这个点及其 ε－邻域内的所有点。如果点数小于 MinPts，先标记为边界点。例如，选择点 1，由于在以它为圆心，以 0.2 为半径的圆内包含 10 个点，因此点 1 是核心点，寻找从它出发的可达的点，得出新簇 {1, 3, 9, 10, 14, 15, 16, 19, 26, 29}。点 17 在 ε－邻域内的点为 0，标记为边界点。

2）扩展簇：对于每个新找到的核心点，重复步骤 1)，直到没有新的点可以添加到任何簇中。

通过 DBSCAN 聚类后，该数据集的聚类结果为：簇 1{1, 3, 9, 10, 14, 15, 16, 19, 26, 29}，簇 2{2, 4, 5, 6, 8, 12, 18, 20, 22, 28}，簇 3{7, 11, 13, 21, 23, 24, 25, 30}，噪声点 {17, 27}。DBSCAN 聚类结果如图 5-19 所示。

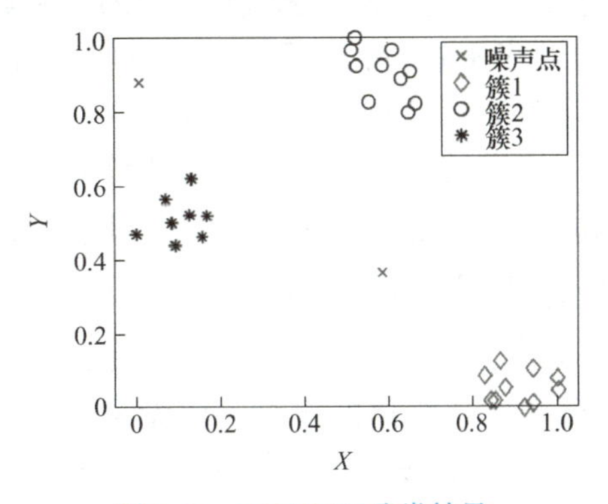

图 5-19　DBSCAN 聚类结果

通过聚类结果发现，三个簇分别代表了设备正常运行状态下的三种振动和声音特征情况。被标记为噪声点的位置可能存在一些异常情况，比如振动异常或声音异常，这表明设备存在故障或者需要维护。

DBSCAN 算法的目的在于过滤低密度区域，发现稠密样本区域。与传统的基于层次或划分的聚类只能发现凸形簇不同，DBSCAN 算法可以发现任意形状的聚类簇，它具有如下优点：

1）与 K-means 等算法相比，DBSCAN 算法不需要预先指定簇的数目。

2）聚类簇的形状没有偏倚。

3）对噪声点不敏感，并可以在需要时输入过滤噪声的参数。

但由于 DBSCAN 算法直接对整个数据集进行操作，且使用了一个全局性的表征密度的参数，因此它具有三个较明显的弱点：

1）随着数据量的增大，内存需求和 I/O 消耗也会增加。如果采用空间索引 DBSCAN 算法的计算复杂度是 $O(n\log n)$，其中 n 是数据库中对象的数目。否则，计算复杂度为 $O(n^2)$。

2）当遇到密度分布不均匀的数据集，且聚类间距相差很大时，聚类质量较差。

3）DBSCAN 算法不能很好地反映高维数据。

尽管 DBSCAN 算法能够过滤噪声和离群点数据，并且可以处理任意形状和大小的簇，

但是它对参数 ε 和 MinPts 的取值较为敏感，而参数的设置通常依靠用户的经验，往往难以确定。而且，真实的高维数据经常具有差异很大的密度分布，因此单一的参数往往不能刻画各个局部的聚类结构。为此，Miaed Ankel 等人提出了一种基于簇排序的聚类分析方法，即基于簇排序的聚类分析方法 OPTICS 算法。

OPTICS 算法基于 DBSCAN 算法，但它并不直接生成数据集的聚类结果，而是通过密度建立一个簇排序。这个排序揭示了数据集的内在聚类结构，它所包含的信息相当于通过不同参数设置获得的基于密度聚类的结果。

在 DBSCAN 算法中，参数 ε 和 MinPts 是由用户输入的常数。对于给定的 MinPts，当邻域半径 ε 取值较小时，聚类所得到的簇的密度较高，簇的数量也较多；反之，簇的密度和数量都会减小，但是聚类结果可能会过于粗糙。因此，OPTICS 算法对 ε 赋予一系列不同的取值，以获得一组密度聚类结果，从而适应不同的密度分布。考虑到在 MinPts 一定时，具有较高密度的簇包含在具有较低密度的簇中，OPTICS 算法在处理数据集时，按照邻域半径参数 ε 从小到大的顺序来进行，以便高密度的聚类能够先被执行。基于这个思路，OPTICS 算法引入了两个参数：核心距离和可达距离。

1）核心距离：对于一个给定的 MinPts，对象 p 的核心距离是使得 p 成为核心对象的最小邻域半径，记作 ε'。如果 p 不可能成为核心对象，则 p 的核心距离没有定义。

2）可达距离：一个对象 p 和另一个对象 q 的可达距离是 p 的核心距离与 p、q 之间的欧几里德距离中的较大者。如果 p 不是核心对象，则 p 与 q 之间的可达距离没有定义。

图 5-20 表示了核心距离和可达距离的概念。假设 $\varepsilon=2$，$\text{MinPts}=5$。在 OPTICS 算法中，ε 称为生成距离，它确定了邻域半径取值的上限。对象 p 的核心距离为 p 的第五个最近点与 p 的距离，即 $\varepsilon'=1$，如图 5-20a 所示。在图 5-20b 中，对象 q_1 与 p 之间的可达距离等于 p 的核心距离，即 $\varepsilon'=3$，因为 p 的核心距离大于 p 与 q_1 之间的欧几里德距离。对象 q_2 与 p 之间的可达距离等于二者的欧几里德距离，因为欧几里德距离大于 p 的核心距离。

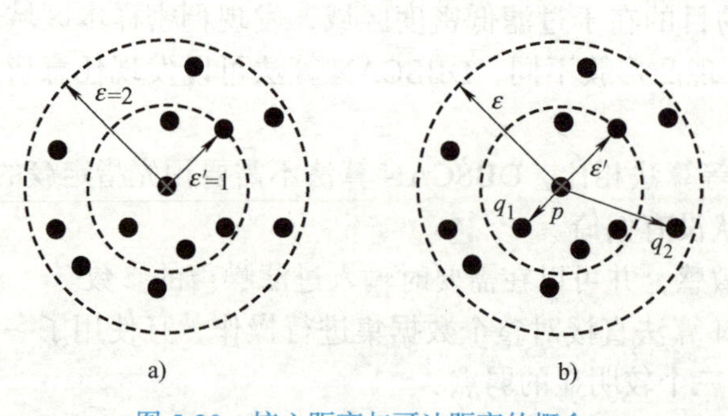

图 5-20　核心距离与可达距离的概念

OPTICS 算法执行时，需要对数据集中的对象进行排序，同时计算并存储每个对象的核心距离与可达距离，这些信息足以使用户获得邻域半径小于或等于 ε 范围内的所有聚类结果。

数据集的簇排序可以用图形描述，有助于可视化和理解数据集中的聚类结构。例如，图 5-21 是一个简单的二维数据集的可达性图，它给出了如何对数据结构化和聚类的一般观察。数据对象连同它们各自的可达距离（纵轴）按簇排序（横轴）绘出。图中箭头所指的三个低谷，表明数据集中存在的三个簇。

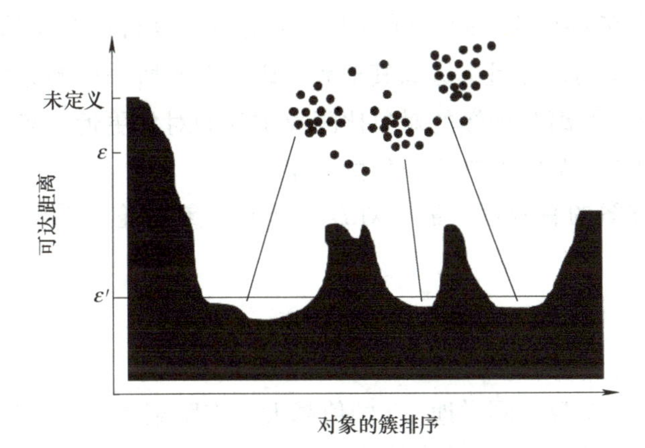

图 5-21　OPTICS 算法的簇排序

5.5　聚类分析性能评估

聚类算法的目标是发现数据集的隐含结构。通常，找到数据集的最佳隐含结构是一个难题，实用的聚类算法只能得到其近似解，因此需要验证聚类结果的有效性，即考察聚类结果与真实数据的最佳隐含结构有多大差别。

聚类质量的度量方法大致可以分为内部准则法、外部准则法和相对准则法。本节主要介绍内部准则法和相对准则法的应用，而外部准则法是假设类别已知，可以参照第 6 章中的分类评估方法。

1. 内部准则法

内部准则法是非监督的度量方法，它没有可参考的外部信息，只能依赖数据集自身的特征和量值对聚类结果进行评价。在这种情况下，需要从聚类的内在需求出发，考察簇的紧密度、分离度以及簇表示的复杂度。紧密度（Cohesion）反映簇内成员的凝聚程度，分离度（Separation）表示簇与簇之间的相异程度，理想的聚类效果应该具有较高的簇内紧密度和较大的簇间分离度。大多数评价聚类质量的方法都是基于这两个原则，如轮廓系数（Silhouette Coefficient）和 CH（Calinski–Harabasz）指标。

（1）轮廓系数　轮廓系数的基本思想是将数据集中的任一对象与本簇中其他对象的相似性，以及该对象与其他簇中对象的相似性进行量化，并将量化后的两种相似性以某种形式组合，以获得聚类优劣的评价标准。

对于数据集 D 中的任意对象 x_i，假设聚类算法将 x_i 划分到簇 C，则该对象的轮廓系数 s_i 定义为

$$s_i = \frac{b_i - a_i}{\max(a_i, b_i)} \tag{5-7}$$

式中，a_i 是 x_i 与本簇中其他对象之间的平均距离，它反映了 x_i 所属簇的紧密程度，该值越

小，簇的紧密程度越好；b_i 是 x_i 与最近簇的对象之间的平均距离，它表示 x_i 与其他簇的分离程度，该值越大，分离度越高。

轮廓系数 s_i 的值在 [−1,1] 之间，可用于评价对象 x_i 是否适合所属的簇。若 s_i 接近 1，说明包含 x_i 的簇是紧凑的，并且 x_i 远离其他簇，因此对 x_i 所采取的分配方式是合理的；若 s_i 为负值，则意味着 x_i 距离其他簇的对象比距离本簇的对象更近，当前对 x_i 的分簇是不合理的，将其分配到最近邻的簇会获得更好的效果。

为了评价聚类方案的有效性，需要对 D 中所有对象的轮廓系数求平均数，得到平均轮廓系数 s，公式为

$$s=\frac{1}{n}\sum_{i=1}^{n}s_i \tag{5-8}$$

式中，n 是 D 中对象的个数。同样地，s 的值越大，表明聚类质量越好。

（2）CH 指标　CH 指标通过类内协方差矩阵描述紧密度，类间协方差描述分离度，它的定义为

$$CH(k)=\frac{\mathrm{tr}\boldsymbol{B}(k/(k-1))}{\mathrm{tr}\boldsymbol{W}(k)/(n-k)} \tag{5-9}$$

式中，n 为数据中对象的个数，k 为簇的个数；$\mathrm{tr}\boldsymbol{B}(k)$ 和 $\mathrm{tr}\boldsymbol{W}(k)$ 分别是类间协方差矩阵 $\boldsymbol{B}(k)$ 和类内协方差矩阵 $\boldsymbol{W}(k)$ 的迹，表示为

$$\mathrm{tr}\boldsymbol{W}(k)=\frac{1}{2}\sum_{i=1}^{k}(|C_i|-1)\bar{d}_i^{\,2} \tag{5-10}$$

$$\mathrm{tr}\boldsymbol{B}(k)=\frac{1}{2}[(k-1)\bar{d}_i^{\,2}+(n-k)A_k] \tag{5-11}$$

式中，$|C_i|$ 表示簇 C_i 中对象的个数；$\bar{d}_i^2$ 是 C_i 中对象的平均距离；$\bar{d}^2$ 是数据集中所有对象间的平均距离，且有

$$A_k=\frac{1}{n-k}\sum_{i=1}^{k}(|C_i|-1)(\bar{d}^2-\bar{d}_i^2) \tag{5-12}$$

CH 指标值越大，表示聚类结果的性能越好。

2. 相对准则法

相对准则法用于比较不同聚类的结果，通常是针对同一个聚类算法的不同参数设置进行算法测试（如不同的分簇个数），最终选择最优的参数设置和聚类模式。相对准则法在进行聚类比较时，直接使用外部准则法或者内部准则法定义的评价指标，因而它实际上并不是一种单独的聚类质量度量方法，而是内部准则法和外部准则法的一种具体应用。

例如，可以利用 CH 指标确定 K-means 算法的最佳分簇数目 k，具体过程是：首先给定 k 的取值范围 $[k_{\min}, k_{\max}]$，然后使用同一聚类算法、不同的 k 值对数据集进行聚类，得到一系列聚类结果，再分别计算每个聚类结果的有效性指标，最后比较各个指标值，对应最佳指标值的 k 就是最佳分簇数目。

5.6 实例

聚类算法在工业中有广泛应用，包括质量控制、异常检测、产品分类、市场细分、供应链管理、故障诊断和预测维护、客户行为分析等领域。通过聚类分析，可以发现数据中的模式和结构，优化生产流程、提高产品质量、个性化营销、优化供应链等，为工业提供决策支持和效率改进。

现有某家螺钉制造厂主要生产各种规格的螺钉，这些螺钉被用于汽车制造、建筑业等多个行业。在生产过程中，每批螺钉都会被测量其长度和直径等参数。螺钉的尺寸精度对于确保其在使用时的性能和可靠性至关重要。厂家希望通过聚类分析这些测量数据，找出相似的螺钉群组，以便进行质量控制和生产优化。

不同的聚类算法在处理不同类型的数据和问题上可能会有不同的表现。因此，尝试多种聚类算法并比较结果是一种有效的策略。这里分别利用 *K*–means 聚类算法和 DBSCAN 聚类算法对这些数据进行聚类，并结合聚类评价指标进行聚类结果分析，研究不同的聚类算法下的聚类效果。

采集该家螺钉制造厂生产线中某批次螺钉的尺寸和直径测量数据，作为聚类分析的特征参数。在螺钉尺寸测量数据中，长度在 0 ～ 100mm 之间，而直径在 0 ～ 10cm 之间波动。为了消除不同特征之间的量纲影响和尺度差异，确保各个特征对聚类结果的影响是均等的，对该批次数据进行归一化，使用最大最小归一化后的数据作为聚类参数。归一化的数据散点图如图 5-22 所示。

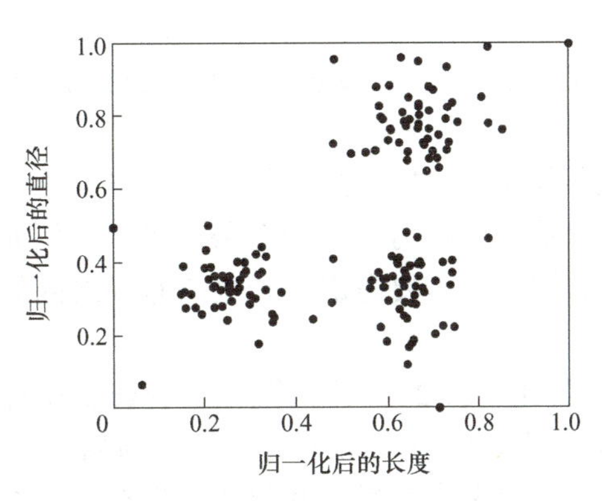

图 5-22 归一化后的数据散点图

1. *K*–means 聚类分析

通过 *K*–means 聚类算法对螺钉尺寸测量数据进行聚类分析，将尺寸相似的螺钉划分到同一类别中，从而识别出相似的螺钉群组。通过分析不同群组的特征，有利于厂家发现生产过程中的潜在问题，并根据不同群组的特征进行生产优化，提高生产率和产品质量。

（1）选择聚类数 采用“肘部法”来确定最佳的聚类数量 k：基于不同的 k 值，运行 *K*–means 算法，并计算每个簇的 SSE 。绘制聚类数量 k 与 SSE 之间的关系图，找到 SSE 呈现出明显下降趋势并且呈现出“肘部”的聚类数量，该点即为最佳的聚类数量。如图 5-23 所示，通过寻找“肘部”点，选择聚类数为 3。

（2）*K*-means 聚类与结果分析　*K*-means 聚类过程如下：

1）初始化三个聚类中心，选择前三个样本点的数据作为初始聚类中心。

2）将所有数据点分配到距离最近的聚类中心所代表的簇中。

3）更新每个簇的聚类中心，即计算每个簇中所有数据点的均值，并将其作为新的聚类中心。

4）重复以上两个步骤，直到聚类中心不再发生变化，或者达到预先设定的迭代次数。

根据聚类结果，绘制聚类结果图如图 5-24 所示。

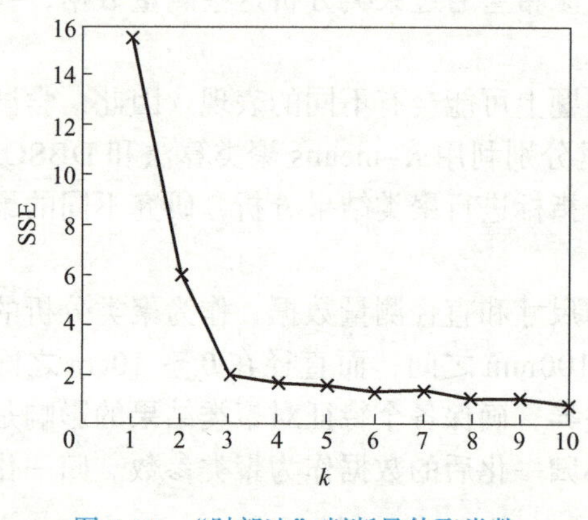

图 5-23　“肘部法”判断最佳聚类数

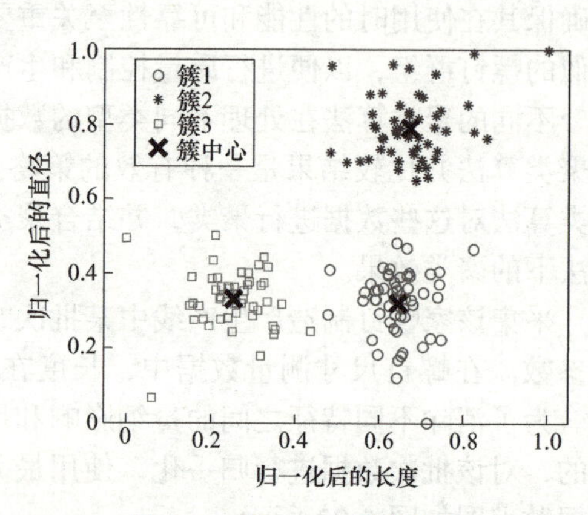

图 5-24　*K*-means 聚类结果

根据聚类结果可知，*K*-means 基于参数特征将这批螺钉分成了以下三类特征明显的群组：

1）长度长直径短螺钉群组（簇 1）：这个簇代表着长度相对较大但直径较小的螺钉。这类螺钉可能适用于需要承受一定拉力但空间有限的场景，例如紧凑型机械装置或轻型结构的组装。生产这种类型的螺钉时需要考虑其长度与直径之间的比例，以确保其在应用中能够承受预期的力量。

2）长度长直径长螺钉群组（簇 2）：这个簇代表着长度和直径都相对较大的螺钉。这类螺钉可能适用于需要承受较大拉力或扭矩的场景，例如重型机械设备或建筑结构的组装。生产这种类型的螺钉时需要考虑其尺寸和材质的选择，以确保其具有足够的强度和耐久性。

3）长度短直径短螺钉群组（簇 3）：这个簇代表着长度和直径都相对较小的螺钉。这类螺钉可能适用于对尺寸要求较为严格的应用场景，例如微型电子设备或精密仪器的组装。生产这种类型的螺钉时需要特别注意尺寸的精度和质量控制，以确保其满足产品要求。

结合聚类结果，求出轮廓系数和 CH 指标分别为 0.85 和 522.9。从聚类指标来看，聚类效果较好。

通过以上分析，可以看出 *K*-means 聚类结果对螺钉的尺寸特征进行了有效的分组，为厂家提供了指导性的信息，有助于制定相应的生产和质量控制策略。

2. DBSCAN 聚类分析

在螺钉的尺寸数据中可能存在一些异常值或噪声数据（由于测量误差引起的数据偏离或螺钉参数不合格）。DBSCAN 算法能够识别和过滤掉噪声数据，有利于厂家及时发现不合格的产品。螺钉的尺寸分布可能在不同区域具有不同的密度。DBSCAN 算法根据数据点周围的密度来进行聚类，能够适应密度可变的数据分布，不受固定形状或密度要求的限制。

（1）DBSCAN 参数选择　邻域半径定义了一个样本点的邻域范围，用于判断样本点是否属于一个聚类。选择合适的邻域半径可以保证聚类的准确性。可以通过原始可视化情况初步选择出 ε 值。之后手动调整邻域半径，观察聚类数据分布，选择一个合适的半径，使得大部分样本点都有足够数量的邻域点。

最小样本数定义了一个样本点的邻域内必须包含的最少样本数目。选择合适的最小样本数可以控制聚类的稠密度。最小样本数的选择取决于数据的密度分布。对于高密度数据，可以选择较大的最小样本数；而对于低密度数据，需要选择较小的最小样本数。可以通过试验不同的最小样本数值，观察聚类结果的稳定性和数量来确定最佳值。

（2）DBSCAN 聚类与结果分析　DBSCAN 聚类过程如下：

1）选择参数：选择 DBSCAN 算法的两个主要参数，即邻域半径 ε 和最小样本数 MinPts。如前所述，这些参数的选择可以根据数据特点、可视化分析和问题需求来进行调整。

2）计算密度：根据选择的邻域半径 ε，计算每个样本点的邻域内的样本数量。如果邻域内的样本数大于或等于最小样本数 MinPts，则将该样本点标记为核心点。

3）扩展聚类：对于每个核心点，将其邻域内的样本点加入同一个聚类中，并继续迭代地扩展邻域内的样本点，直到无法再找到新的样本点进行扩展。这样形成的一个聚类就是一个密度可达的集合。

4）标记噪声点：对于无法归为任何聚类的样本点，被视为噪声点，不属于任何聚类。

如根据图 5-25 所示，初步将 ε 选择在 [0.05，0.2] 范围内，MinPts 选择在 [4，5] 范围内。分别设置参数变化步长为 0.05 和 1，分别观察不同的参数设置下 DBSCAN 的聚类结果图，选择出合适的聚类参数。

根据图 5-25 所示可知，当 ε 取 0.1，MinPts 取 4 或者 5 时，均能获得相对好的聚类结果。当 ε 更小时，噪声点过多；ε 更大时，不能很好地把类别区分开来。该数据集属于低密度数据，故而需要选择较小的 MinPts。从聚类结果来看，当 MinPts 取 4 或者 5 这种较小值时，是相对合理的。

删除噪声点后，可求出 DBSCAN 聚类结果的轮廓系数与 CH 指标分别为 0.88 和 658.86。这可以看出，通过选择合适的参数，DBSCAN 算法不仅能够识别出噪声点，为工作人员提供检修依据，还能较好地对螺钉群组进行分类。

3. 实例总结

从上述的评价指标对比来看，DBSCAN 算法的轮廓系数和 CH 指标稍优于 *K*–means 算法。这表明 DBSCAN 算法在这批数据集上的聚类结果更加紧凑和准确，且能够更好地处理噪声点。而 *K*–means 算法的评价指标相对较低，可能是 *K*–means 算法对数据的假设和限制以及对聚类数目的敏感性导致的。

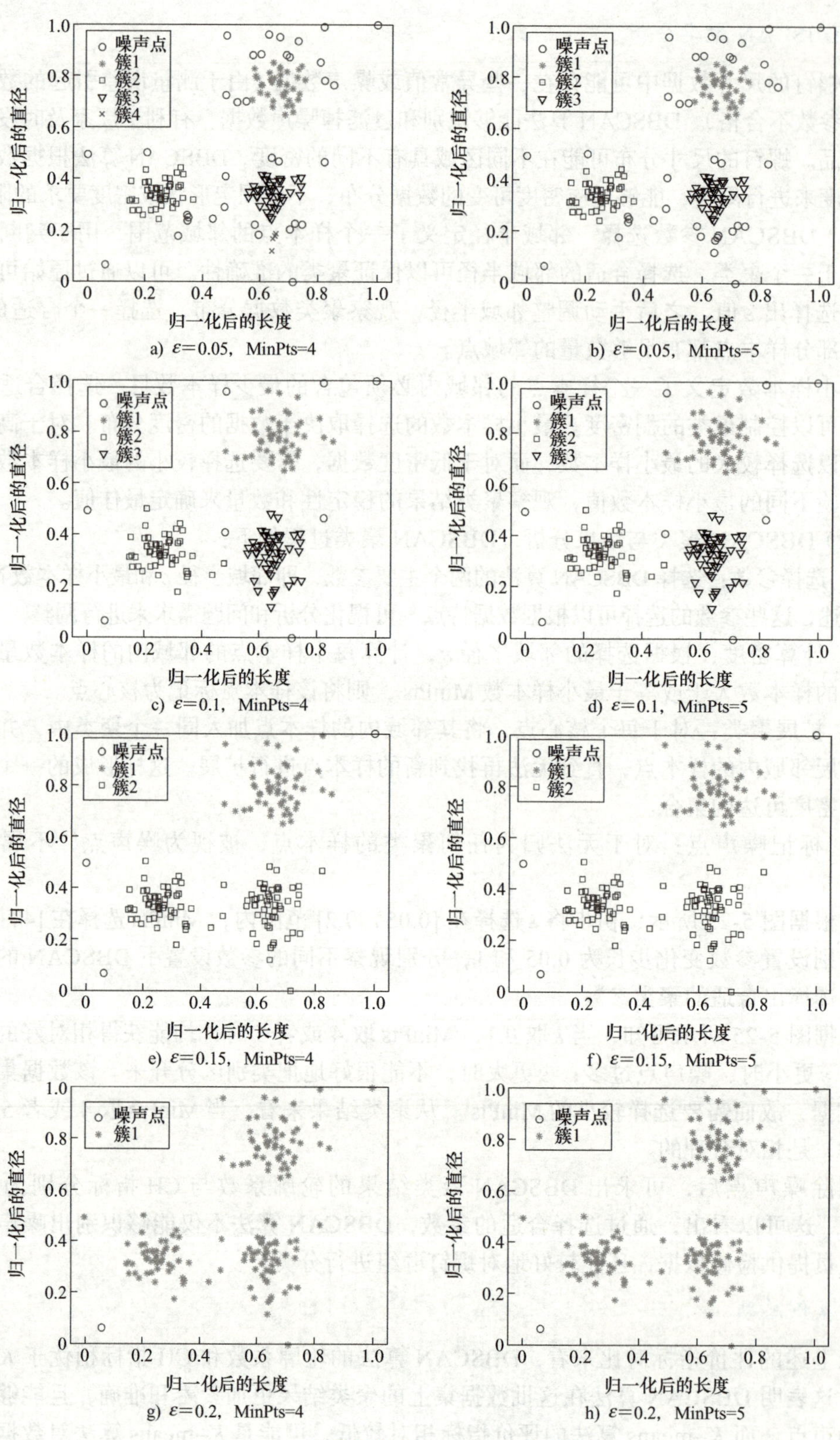

a) ε=0.05，MinPts=4
b) ε=0.05，MinPts=5
c) ε=0.1，MinPts=4
d) ε=0.1，MinPts=5
e) ε=0.15，MinPts=4
f) ε=0.15，MinPts=5
g) ε=0.2，MinPts=4
h) ε=0.2，MinPts=5

图 5-25　不同参数下的 DBSCAN 聚类结果

对于聚类数据集，如果数据分布较为均匀且簇的形状近似于凸形状，则可以考虑使用 *K*-means 算法。例如，如果螺钉的尺寸分布比较规律，簇的形状大致呈球形，则 *K*-means 算法可能会产生较好的聚类结果。

对于可能存在尺寸异常的螺钉和噪声点的数据集，或者多次出现不同规格的螺钉形状的数据集，DBSCAN 算法更适合应对这种情况。本次使用的数据集从直观角度来看，确实存在少量的异常数据，因此 DBSCAN 聚类能够获得更好的聚类效果。DBSCAN 算法能够自动识别簇数目，并且能够有效处理噪声点，对于复杂数据集的处理更为适用。

从聚类结果分析来看，DBSCAN 算法在处理复杂数据集和识别异常点方面具有明显优势，能够更准确地反映数据的真实分布情况，提供更有用的聚类结果。但 DBSCAN 算法聚类的参数选定要求工作人员具有先验经验，因而在对数据进行聚类时，可能会因为参数调整而增加时间成本。*K*-means 算法简单易用，但在面对复杂数据集时可能表现不佳，特别是对于存在噪声点和非凸形状的数据集。因此，在选择聚类算法时，应根据数据的特点和实际需求来进行权衡和选择。

本章小结

本章介绍了聚类的基本概念和常见应用场景，并对具有代表性的三种聚类算法（划分聚类算法、层次聚类算法和基于密度的聚类算法）进行了详细介绍，通过实例深入地展示了其聚类计算的过程。

基本概念：介绍聚类分析的定义，指出聚类分析可以应用在数据挖掘的各个过程，并详细阐述了聚类算法的性能要求，包括伸缩性、处理不同字段类型的能力等。

划分聚类方法：介绍划分聚类算法的定义，并详细介绍 *K*-means 算法、*K*-means++ 算法和 *K*-medoids 算法的聚类思想和聚类过程。

层次聚类方法：介绍层次聚类算法中常用的距离度量及其应用场景，并根据层次分解的不同，分别详细介绍凝聚的与分裂的层次聚类算法的思想和聚类过程。

基于密度的聚类方法：分析基于密度的聚类算法与前两种聚类方法的使用区别，并详细介绍了 DBSCAN 算法的聚类思想、所涉及参数的基本概念和聚类过程。

聚类分析性能评估：介绍常用的聚类结果性能评估方法和指标。

思考题与习题

5-1　简述聚类分析的基本思想。

5-2　简述 *K*-means 算法的工作流程以及优缺点。

5-3　简述 *K*-medoids 算法的优缺点，并说明其与 *K*-means 算法的相同点与不同点，以及它相较于 *K*-means 算法的优点。

5-4　已知某条生产线上的一批产品的尺寸和重量情况。要求用聚类算法对这批产品分类，以便于对生产线进行优化和改进。分别取 k =2 和 3，随机选择初始聚类中心，利用 *K*-means 聚类算法对以下的点聚类：(1.2，2.5)、(1.5，2.8)、(3.6，4.2)、(4，3.9)、(7.2，2.7)、(8，3)、(8，1)、(9.5，1.5)，求聚类结果的 SSE 值并讨论 k 值选取对聚类结果的影响。

5-5 假设数据挖掘的任务是将如下的10个点聚类为三个类：A（2，6）、B（3，4）、C（3，8）、D（4，7）、E（6，2）、F（6，4）、G（7，3）、H（7，4）、I（8，5）、J（7，6），用K-medoids算法聚类，选择A（2，6）、D（4，7）、G（7，3）作为初始聚类中心，写出聚类迭代过程。

5-6 一家电子元件制造商希望根据产品的两个关键性能参数，将产品分为高品质和低品质两个类别。这两个参数分别是电阻偏差（Resistance Deviation，RD）和导通率（Conductance Rate，CR）。表5-13是从生产线抽取的八个样本的数据。试用AGNES算法对这八个样本进行聚类，要求采用最小距离计算，终止条件为两个簇。

表5-13 电阻偏差（RD）和导通率（CR）数据集

样本编号	RD	CR
1	0.05	0.98
2	0.10	0.95
3	0.07	0.97
4	0.12	0.93
5	0.11	0.94
6	0.20	0.85
7	0.25	0.80
8	0.22	0.82

5-7 对题5-5的数据样本集实施DIANA算法，要求采用欧几里德距离，终止条件为产生两个簇。

5-8 根据表5-14所示的工业设备故障数据集距离矩阵，分别使用最近距离法和最远距离法进行凝聚聚类分析。这些数据反映了不同设备之间的故障相似性，通过聚类分析帮助识别出具有相似故障模式的设备群组。

表5-14 工业设备故障数据集距离矩阵

故障	x_1	x_2	x_3	x_4	x_5	x_6
x_1	0	0.57	0.90	0.32	0.65	0.46
x_2	0.57	0	0.34	0.04	0.15	0.56
x_3	0.90	0.34	0	0.11	0.03	0.52
x_4	0.32	0.04	0.11	0	0.19	0.26
x_5	0.65	0.15	0.03	0.19	0	0.24
x_6	0.46	0.56	0.52	0.26	0.24	0

5-9 检验某类产品的重量，抽了六个样品，每个样品只测了一个指标，分别是1、2、3、6、9、11。试用最短距离法进行聚类分析。

5-10 简述评价聚类结果质量的主要方法。

5-11 在某工业过程中，传感器收集到工业数据样本的两个指标，请通过DBSCAN算法找出样本数据中的异常读数，并将以下样本聚类，n=13，取ε=3，MinPts=3，

表 5-15 为工业数据集样本（温度和压力）。

表 5-15　工业数据集

样本	1	2	3	4	5	6	7	8	9	10	11	12	13
X	1	2	2	4	5	6	6	7	9	1	3	5	3
Y	2	1	4	3	8	7	9	9	5	12	12	12	3

5-12　分别利用 K-means 算法（取 k =3）和 DBSCAN 算法（取 ε =1，MinPts =2）对表 5-16 中的工业数据集进行聚类，并利用轮廓系数评估聚类效果，比较得出针对该数据集合适的聚类方法。

表 5-16　工业数据集

样本	1	2	3	4	5	6	7	8	9	10	11	12
特征 1	4.7	4.9	0.9	5.2	5.0	4.6	5.5	4.7	4.3	3.7	4.6	4.1
特征 2	0.43	0.43	0.48	0.73	0.77	0.28	0.40	0.42	0.43	0.40	0.44	0.46

参考文献

[1]　唐四薪，赵辉煌，唐琼 . 大数据分析使用教程：基于 Python 实现 [M]. 北京：机械工业出版社，2021.

[2]　陈燕 . 数据挖掘技术与应用 [M]. 北京：清华大学出版社，2016.

[3]　王振武 . 大数据挖掘与应用 [M]. 北京：清华大学出版社，2017.

[4]　赵志升，梁俊花，李静，等 . 大数据挖掘 [M]. 北京：清华大学出版社，2019.

[5]　施苑英 . 大数据技术及应用 [M]. 北京：机械工业出版社，2021.

[6]　HARTIGAN J A，WONG M A. Algorithm AS 136：A k-means clustering algorithm[J]. Journal of the Royal Statistical Society. Series C（Applied Statistics），1979，28（1）：100-108.

[7]　CHAN T F，XU J，ZIKATANOV L. An agglomeration multigrid method for unstructured grids[J]. Contemporary Mathematics，1998，218：67-81.

[8]　HILL M O，BUNCE R G H，SHAW M W. Indicator species analysis，a divisive polythetic method of classification，and its application to a survey of native pinewoods in Scotland[J]. The Journal of Ecology，1975：597-613.

[9]　BIRANT D，KUT A. ST-DBSCAN：An algorithm for clustering spatial-temporal data[J]. Data & Knowledge Engineering，2007，60（1）：208-221.

第 6 章　分类分析

导读

分类分析通过分析训练数据集中的模式，构建模型来识别样本的特征，并根据这些特征将样本分配到预先定义的类别中。分类分析中的数据通常分为两部分：特征和标签。特征是描述数据对象的属性，而标签是数据对象所属的类别。分类模型的目标是学习特征和标签之间的关系，以便能够对新的、未见过的数据进行准确的分类。在智能制造过程中，分类分析在提高生产效率、保障设备运行安全和优化资源分配等方面都有重要应用。例如，在质量控制环节，通过分类分析快速识别产品缺陷，可以在生产线上实时剔除不合格产品，从而确保了产品质量并减少了浪费。

本章首先介绍分类分析的基本概念，之后详细描述决策树、支持向量机、人工神经网络和朴素贝叶斯分类等方法，接着阐述分类模型的评价与选择方法，并介绍组合分类技术，最后通过实例展示不同分类方法的实现与应用。

本章知识点

- 分类分析的基本概念，包括基本原理、分析流程和常用方法
- 决策树算法，包括属性选择度量、树剪枝、ID3 算法、C4.5 算法和 CART 算法
- 支持向量机，包括超平面的概念、算法的基本原理和求解过程等
- 人工神经网络，包括网络拓扑、激活函数和反向传播过程等
- 朴素贝叶斯分类，包括假设条件和基于贝叶斯定理的类别概率计算
- 分类模型的评价与选择，包括分类器评价方法、指标及选择依据
- 组合分类技术，包括装袋算法、提升算法和随机森林算法

6.1　分类分析的基本概念

分类（Classification）分析的任务都是实现对未知样本所属类别的预测，不同分类算法的分类过程存在一些共通性。下面对分类分析的基本原理及其主要方法进行介绍。

6.1.1　分类分析的基本原理

与聚类分析不同，分类分析是一种有监督学习方法。分类分析时，首先给定样本数据，其中包含各属性值及其对应的类标签，然后对样本数据进行观测与分析，采用合适的分类方法构造分类模型，最后使用该分类模型预测未知样本数据的类别。

给定某一样本数据集 $D=\{t_1,t_2,\cdots,t_n\}$，其中样本 $t_i\in D$，对应类标签集合 $C=\{C_1,C_2,\cdots,C_m\}$。分类问题定义为从数据集到类集合的映射 $f:D\to C$，即数据库中的样本 t_i 分配到某个类 C_j 中，有 $C_j=\{t_i \mid f(t_i)=C_j, 1\leqslant i\leqslant n, 且 t_i\in D\}$。

数据分类的过程总体可分为三个阶段：模型构建、模型测试和模型应用。

1. 模型构建

在模型构建阶段，建立描述数据类别的分类模型。这一步通常称为“训练”，用来建模的样本集合称为训练集（Training Set），分类算法通过分析训练集来构造分类模型，分类模型可用数学公式、决策树等表示。

2. 模型测试

在模型构建后，需要对分类模型的预测准确率进行评估。训练过程中分类模型趋向于过拟合数据，若继续使用训练集来度量模型的准确率，其结果往往过于乐观，难以准确评估。因此，使用独立于训练集的测试集（Test Set）参与模型准确率的评估，计算分类模型在测试集上的准确率。

3. 模型应用

在模型测试之后，使用分类模型对未知样本进行分类。

完整的分类分析过程如图 6-1 所示。

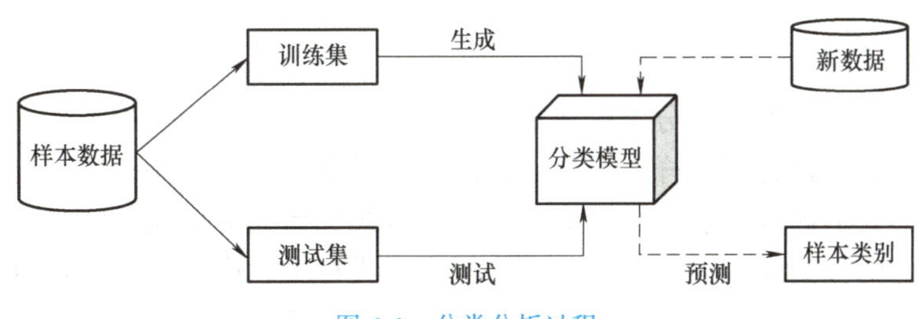

图 6-1　分类分析过程

6.1.2　主要分类方法

在处理分类问题时，存在多种构建分类模型的策略。一些广泛采用的方法包括决策树、支持向量机、人工神经网络和朴素贝叶斯等。这些方法各有特点和优势，适用于不同类型的数据和问题。本章将对这些分类方法进行深入探讨，详细阐述它们的原理、应用场景以及实现方法。

1. 决策树（Decision Tree）

决策树是一种类似于流程图的树结构，它采用自顶而下的递归方式，利用训练集生成一棵分类决策树。决策树分类具有较高的准确率，且简单易学，不要求使用者了解很多背景知识。

2. 支持向量机（Support Vector Machine，SVM）

支持向量机是一种经典的机器学习方法，通过求解含约束的优化问题，找到一个最优分类超平面作为两类训练样本点的分割面。支持向量机在解决小样本、非线性及高维模式识别问题时表现出特有优势。

3. 人工神经网络（Artificial Neural Network，ANN）

人工神经网络是一种类似于大脑神经突触连接的分类网络。构建人工神经网络，将训练集中的样本输入网络中，根据当前输出和理想输出之间的差值调整网络中的权重值，直至达到相应的终止条件。人工神经网络具有高度的自组织和自学习能力，应用广泛。

4. 朴素贝叶斯（Naive Bayes）

朴素贝叶斯分类是一种统计学分类方法，可以预测某个样本属于一个特定类的概率。对于给出的待分类样本，求解此条件下各个类别出现的概率，概率最大的类别即为样本所属类别。朴素贝叶斯分类模型需要的参数较少，往往速度快且具有高准确率。

6.2 决策树

决策树起源于20世纪60年代，是用于分类和回归的主要技术之一，也是应用最广泛的逻辑方法之一。决策树是以实例为基础的归纳学习算法，它从一组无次序、无规则的数据中推理出以树形结构表示的分类规则。一般而言，决策树具有分类精度高、操作简单等优点。

6.2.1 决策树的基本原理

决策树是一种对实例进行分类的树形结构，包含三类节点，即根节点、内部节点和叶节点。其中，根节点包含所有样本，位于顶层。在模型训练过程中，由根节点向下分裂为多个内部节点，每个内部节点可继续向下分裂，具体如何划分以及是否划分取决于当前节点在某个属性上的分类结果。若某一节点中只含一类样本，则该分支不再分裂，该节点称为叶节点。从决策树的根节点到某个叶节点的路径对应着一条分类规则，整个决策树对应着一组规则。

最早被提出的决策树算法是概念学习系统（Concept Learning System，CLS）算法，它确立了决策树“分而治之”的基本训练流程：

1）由训练集生成根节点。

2）为当前节点选择某一分类属性作为划分依据。

3）根据当前节点属性不同的取值，将训练集划分为若干子集，每个取值形成一个分支。针对当前划分的若干个子集，重复步骤2）和3）。

4）达成下列条件之一时，停止划分，将该节点标记为叶节点：①节点的所有样本属于同一类；②没有剩余属性；③如果某一分支没有样本，则以该节点中占大多数的样本类别创建一个叶节点；④决策树深度已达到设定的最大值。

例 6-1　电动汽车电池组所有单体间的一致性是影响电动汽车安全的关键因素，因此需要对汽车电池包内的每个单体进行故障筛查。以某批电池检测样本为例，利用三个充放电周期的充放电电压数据构造了三个分类属性，分别为所有时刻电池电压与电压均值差值的平均值、所有时刻电池电压与电压平均值差值的绝对值之和、所有时刻电池电压的平均值，归一化得到属性 A、B 和 C。

所得的试验数据训练集 D 如表 6-1 所示。根据实测数值的大小，将属性 A、B 和 C 分别表示为三个数值区间，即转换为标称属性数据，具体如下：

属性 $A=\{a_1,a_2,a_3\}$，其中 $a_1>0.06$，$a_2=0.04\sim0.06$，$a_3<0.04$。

属性 $B=\{b_1,b_2,b_3\}$，其中 $b_1>0.77$，$b_2=0.65\sim0.77$，$b_3<0.65$。

属性 $C=\{c_1,c_2,c_3\}$，其中 $c_1>0.18$，$c_2=0.12\sim0.18$，$c_3<0.12$。

试用 CLS 算法构造决策树。

表 6-1　电池故障试验数据训练集

序号	属性 A	属性 B	属性 C	是否异常
1	>0.06	>0.77	>0.18	是
2	>0.06	0.65 ～ 0.77	>0.18	是
3	<0.04	<0.65	<0.12	否
4	0.04 ～ 0.06	>0.77	0.12 ～ 0.18	是
5	0.04 ～ 0.06	0.65 ～ 0.77	<0.12	否
6	0.04 ～ 0.06	<0.65	<0.12	否
7	<0.04	0.65 ～ 0.77	>0.18	是
8	>0.06	0.65 ～ 0.77	0.12 ～ 0.18	是
9	<0.04	<0.65	0.12 ～ 0.18	否
10	0.04 ～ 0.06	>0.77	>0.18	是
11	<0.04	0.65 ～ 0.77	<0.12	否
12	0.04 ～ 0.06	0.65 ～ 0.77	0.12 ～ 0.18	是
13	0.04 ～ 0.06	0.65 ～ 0.77	>0.18	是
14	>0.06	<0.65	0.12 ～ 0.18	否
15	<0.04	>0.77	0.12 ～ 0.18	是

在上述属性集中选择某一属性作为划分依据生成根节点。CLS 算法并未明确指出按什么标准选择属性。这里选择属性 B，可将训练集 D 划分为三个不同子集 D_{b1}、D_{b2}、D_{b3}。其中子集 D_{b1} 中只包含一种类别的样本，子集 D_{b3} 同理，这两个子集不再向下继续划分。子集 D_{b2} 数据如表 6-2 所示。

表 6-2　属性 *B* 取值为 0.65 ~ 0.77 的样本子集

序号	属性 *A*	属性 *B*	属性 *C*	是否异常
1	>0.06	0.65 ~ 0.77	>0.18	是
2	0.04 ~ 0.06	0.65 ~ 0.77	<0.12	否
3	<0.04	0.65 ~ 0.77	>0.18	是
4	>0.06	0.65 ~ 0.77	0.12 ~ 0.18	是
5	<0.04	0.65 ~ 0.77	<0.12	否
6	0.04 ~ 0.06	0.65 ~ 0.77	0.12 ~ 0.18	是
7	0.04 ~ 0.06	0.65 ~ 0.77	>0.18	是

子集 D_{b2} 仍包含两种类别的样本，故应继续选择其他属性对子集 D_{b2} 进行划分。可选择属性 *A* 将其划分为三个不同子集 V_{a1}、V_{a2}、V_{a3}，如表 6-3 所示。

表 6-3　由属性 *A* 继续划分的样本子集

序号	属性 *A*	属性 *B*	属性 *C*	是否异常
1	>0.06	0.65 ~ 0.77	>0.18	是
2	>0.06	0.65 ~ 0.77	0.12 ~ 0.18	是

序号	属性 *A*	属性 *B*	属性 *C*	是否异常
1	0.04 ~ 0.06	0.65 ~ 0.77	<0.12	否
2	0.04 ~ 0.06	0.65 ~ 0.77	0.12 ~ 0.18	是
3	0.04 ~ 0.06	0.65 ~ 0.77	>0.18	是

序号	属性 *A*	属性 *B*	属性 *C*	是否异常
1	<0.04	0.65 ~ 0.77	>0.18	是
2	<0.04	0.65 ~ 0.77	<0.12	否

子集 V_{a1} 中只含一种类别，无须继续划分。子集 V_{a2}、V_{a3} 需要按属性 *C* 继续划分。这里以 V_{a3} 为例，它可继续划分为两个不同子集，如表 6-4 所示。

表 6-4　由属性 *C* 继续划分的样本子集

序号	属性 *A*	属性 *B*	属性 *C*	是否异常
1	<0.04	0.65 ~ 0.77	>0.18	是

序号	属性 *A*	属性 *B*	属性 *C*	是否异常
1	<0.04	0.65 ~ 0.77	<0.12	否

此时每个子集均只含一种类别，无法继续划分，故该节点停止向下分裂，其余节点同理。最终可生成如图 6-2 所示的决策树。

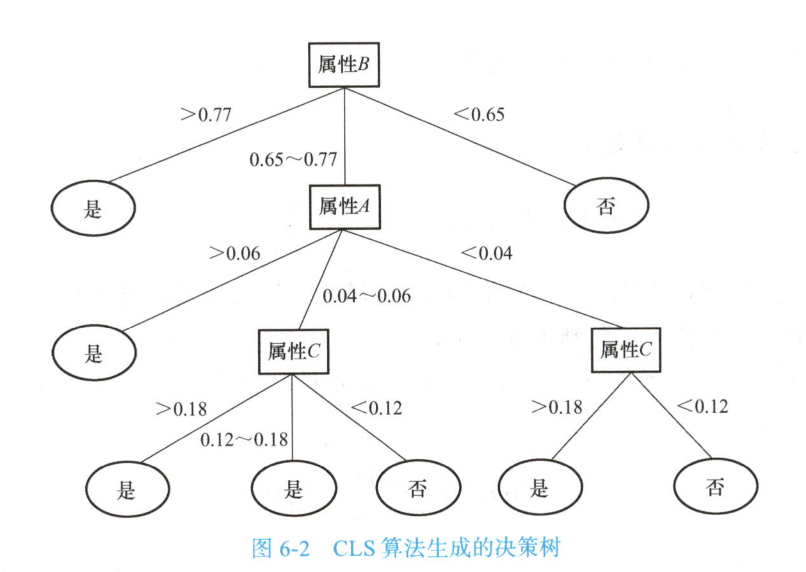

图 6-2　CLS 算法生成的决策树

图 6-2 所示决策树可以用如下的 IF-THEN 分类规则描述：

IF　$B>0.77$　THEN 电池异常

IF $0.65\leqslant B\leqslant 0.77$　AND　$A>0.06$　THEN 电池异常

IF $0.65\leqslant B\leqslant 0.77$　AND　$0.04\leqslant A\leqslant 0.06$　AND　$C>0.18$　THEN 电池异常

IF $0.65\leqslant B\leqslant 0.77$　AND　$0.04\leqslant A\leqslant 0.06$　AND　$0.12\leqslant C\leqslant 0.18$　THEN 电池异常

IF $0.65\leqslant B\leqslant 0.77$　AND　$0.04\leqslant A\leqslant 0.06$　AND　$C<0.12$　THEN 电池正常

IF $0.65\leqslant B\leqslant 0.77$　AND　$A<0.04$　AND　$C>0.18$　THEN 电池异常

IF $0.65\leqslant B\leqslant 0.77$　AND　$A<0.04$　AND　$C<0.12$　THEN 电池正常

IF　$B<0.65$　THEN 电池正常

由例 6-1 可以发现，最终生成的决策树较为繁杂。实际上除叶节点外，其余每个节点的属性选择对决策树的性能影响很大。而 CLS 算法没有确切的属性选择标准，有较大的改进空间。

针对此问题，后续许多决策树算法引入属性选择度量。属性选择度量又称为分支指标，是选择当前节点最优分支属性的准则。

6.2.2　属性选择度量

为了使决策树的构建过程更合理，需要测试所有的属性，对每个属性分裂的好坏做出量化评价，选择最佳的分裂方式。本小节主要介绍三种常见的属性选择度量指标，即信息增益（Information Gain）、信息增益率（Information Gain Ratio）和基尼指数（Gini Index）。

假设当前样本集 D 包含 n 个类别的样本 $C_1,C_2,\cdots,C_n$，其中第 k 类样本 C_k 在所有样本中出现的频率为 p_k。属性 A 包含 m 个取值，D_i 表示 D 的第 i 个子集，$|D|$ 和 $|D_i|$ 分别表示 D 和 D_i 中的样本数量。

1. 信息增益

信息增益由熵（Entropy）值的变化来确定。熵是信息论中的一个概念，用于刻画随机变量不确定性的大小。

样本集 D 的信息熵定义为

$$\mathrm{Ent}(D)=\mathrm{Ent}(p_1,p_2,\cdots,p_n)=-\sum_{k=1}^{n}p_k\log_2 p_k \tag{6-1}$$

$\mathrm{Ent}(D)$ 的值越小，则样本集 D 的不确定性越小，即样本集的纯度越高。决策树的分支原则是使划分后的样本子集纯度越高越好，或者说熵越小越好。

条件熵是指在特定条件下，随机变量的不确定性。样本集 D 在属性 A 划分的条件下的条件熵定义为

$$\mathrm{Ent}(D,A)=\sum_{i=1}^{m}\frac{|D_i|}{|D|}\mathrm{Ent}(D_i) \tag{6-2}$$

划分前后样本集熵的差值称为信息增益，信息增益可以用来衡量熵的期望减小值。用属性 A 对样本集 D 进行划分后所获得的信息增益为

$$\mathrm{Gain}(D,A)=\mathrm{Ent}(D)-\mathrm{Ent}(D,A) \tag{6-3}$$

$\mathrm{Gain}(D,A)$ 越大，说明样本集在属性 A 下的条件熵越小，A 的纯度越高，划分后熵的减少量越大，节点会更纯，越有利于分类。因此，应选择获得最大信息增益的属性作为分支属性。

2. 信息增益率

信息增益率定义为

$$\mathrm{Gain\_ratio}(D,A)=\frac{\mathrm{Gain}(D,A)}{\mathrm{SplitInfo}(D,A)} \tag{6-4}$$

式中，$\mathrm{SplitInfo}(D,A)$ 的计算方式如下：

$$\mathrm{SplitInfo}(D,A)=-\sum_{i=1}^{m}\frac{|D_i|}{|D|}\log_2\frac{|D_i|}{|D|} \tag{6-5}$$

$\mathrm{SplitInfo}(D,A)$ 反映属性 A 的纯度。A 的纯度越高，$\mathrm{Ent}(D,A)$ 的值越小，最后得到的信息增益率也就越高。

3. 基尼指数

基尼指数度量数据分区或样本数据集 D 对所有类别的不纯度，定义为

$$\mathrm{Gini}(D)=\sum_{k=1}^{n}\sum_{k'\neq k}p_k p_{k'}=1-\sum_{k=1}^{n}p_k^2 \tag{6-6}$$

基尼指数反映了从数据集中随机抽取的样本其类别标志不一致的概率。$\mathrm{Gini}(D)$ 越小，则样本集 D 的纯度越高；反之，$\mathrm{Gini}(D)$ 越大，则样本集 D 的纯度越低。

类似地，定义在属性 A 下样本集的基尼指数为

$$\mathrm{Gini}_A(D)=\frac{x_1}{N}\mathrm{Gini}(A_1)+\frac{x_2}{N}\mathrm{Gini}(A_2)+\cdots+\frac{x_m}{N}\mathrm{Gini}(A_m) \tag{6-7}$$

式中，$A_1,A_2,\cdots,A_m$ 表示属性 A 的 m 个不同取值；$x_1,x_2,\cdots,x_m$ 表示各种取值对应的样本数；N 表示样本总数。$\mathrm{Gini}(A_i)$ 的定义如下：

$$\mathrm{Gini}(A_i)=1-\sum_{j=1}^{k}\left(\frac{x_{ij}}{x_i}\right)^2 \tag{6-8}$$

式中，x_{ij} 表示 x_i 个样本中类 j 所对应的样本数。

基尼指数越小，表明该属性的纯度越高，越适合作为分支属性。

除了上述三类属性选择度量，还有一些其他度量方法，如基于统计 χ^2 检验的 CHAID 算法、基于 G 统计量的算法、基于最小描述长度原理的属性选择度量等。

6.2.3　树剪枝

在决策树生成时，受样本数据中噪声点的影响，决策树容易过拟合，其预测准确率也会降低。剪枝是用测试集数据对决策树进行检验、校正和修正的方法。常用的剪枝方法有两种，分别是前剪枝（Pre-pruning）和后剪枝（Post-pruning），主要用于处理过拟合问题。

1. 前剪枝

在决策树的生长过程中，根据某些测试条件决定是否继续对不纯的训练子集进行划分。一般会提前设定一个阈值，当决策树达到预定的条件时就停止划分，当前节点成为叶节点。

前剪枝的主要方法有参数控制法和分裂阈值法。参数控制法利用某些参数限制树的生长，例如节点的大小、树的深度等。分裂阈值法通过设定一个分裂阈值，当分裂后的信息增益不小于该阈值时才保留分支，否则停止分裂。

前剪枝可以有效减小决策树的规模及计算量，但也可能导致生成的决策树的不纯度增大。此外，在很多情况下，设置恰当的阈值是比较困难的。

2. 后剪枝

后剪枝由叶节点开始向根节点方向逐层进行，首先需要决策树充分生长，直到叶节点都有最小的不纯度值为止，然后在树的主体中删除一些不必要的子树。如果删除某个节点的子节点后，决策树的准确率没有降低，那么就将该节点变为叶节点。产生一系列修剪过的候选决策树后，利用测试集对各候选决策树进行评价，保留分类错误率最小的决策树。

后剪枝虽然可以使树得到更充分的生长，但计算量大且复杂。两种剪枝技术各有利弊，在实际应用中也可以交叉使用。目前并未发现某一种剪枝技术显著优于其他技术。

6.2.4 决策树算法

综合前述内容，决策树的训练通常分为属性选择、决策树生成、剪枝三个步骤。

1）属性选择：这一步决定在决策树的每个节点上使用哪个特征来进行数据分割。不同的决策树算法可能会采用不同的准则来选择特征，例如信息增益（ID3 算法）、信息增益率（C4.5 算法）或基尼指数（CART 算法）等。

2）决策树生成：在属性选择之后，算法会根据选定的特征对数据集进行分割，递归地为每个子集构建决策树。这个过程会一直持续到满足某个停止条件，比如当一个节点中的所有样本都属于同一个类别，或者没有更多的特征可以用来分割数据。

3）剪枝：生成的决策树可能过于复杂，导致过拟合。剪枝的目的是简化决策树，提高其泛化能力。剪枝可以是前剪枝（在树生成过程中避免生成过于复杂的分支）或后剪枝（在树生成后，从树的底部开始逐步移除或合并节点）。

这三个步骤共同确保了决策树模型能够有效地从训练数据中学习，并能够对未知数据做出准确的预测。

显然，决策树算法的关键是如何选择最优分支属性。然而在实际应用中，CLS 算法未指明属性选择的依据，分类主观性较强。后来，在其基础上形成了一系列改进算法，目前较常用的决策树算法有 ID3 算法、C4.5 算法以及 CART 算法。

1. ID3 算法

ID3 算法采用信息增益作为度量标准。在选择根节点和各个内部节点属性时，选择当前样本集中具有最大信息增益值的属性作为划分依据。ID3 算法简单，学习能力较强，但偏向于选择取值较多的属性作为分支属性。其次，ID3 算法只能构造出离散数据集的决策树，对连续型属性不能直接处理，且对噪声敏感。

例 6-2 在一项关于设施维护满意度的研究中，研究人员收集了包括维护类型、环境温度、环境湿度、通风效能及任务满意度的数据。希望通过分析数据，了解各属性如何影响设施维护任务的满意度。维护类型分为三类：紧急修复、例行检查和预防性维护。其中，通风效能是基于设施内的通风状况给出的评分，分数越高表示通风状况越好。样本集 D 如表 6-5 所示，试构建 ID3 决策树。

表 6-5 设施维护数据

序号	维护类型	环境温度 /℃	环境湿度（%）	通风效能	任务满意度
1	紧急修复	35	70	1	不满意
2	紧急修复	33	78	7	不满意
3	紧急修复	34	80	4	不满意
4	例行检查	32	85	0	满意
5	例行检查	33	85	5	满意
6	预防性维护	25	90	2	不满意
7	预防性维护	24	88	3	不满意
8	预防性维护	30	50	1	满意
9	预防性维护	31	60	6	不满意

（续）

序号	维护类型	环境温度 /℃	环境湿度（%）	通风效能	任务满意度
10	紧急修复	26	86	0	不满意
11	紧急修复	22	92	5	不满意
12	预防性维护	28	55	1	不满意
13	预防性维护	27	68	5	不满意
14	紧急修复	25	65	4	满意
15	紧急修复	26	58	7	满意
16	例行检查	27	84	8	满意
17	例行检查	23	79	4	满意
18	例行检查	35	65	1	满意
19	预防性维护	20	95	8	不满意
20	例行检查	30	56	3	满意

ID3 处理环境温度、环境湿度、通风效能等连续型属性较困难，故可以将连续型属性离散化，如表 6-6 所示。

表 6-6　设施维护数据（离散）

序号	维护类型	环境温度 /℃	环境湿度（%）	通风效能	任务满意度
1	紧急修复	很高	很大	低	不满意
2	紧急修复	很高	很大	高	不满意
3	紧急修复	很高	很大	中	不满意
4	例行检查	很高	很大	低	满意
5	例行检查	很高	很大	中	满意
6	预防性维护	适中	很大	低	不满意
7	预防性维护	适中	很大	中	不满意
8	预防性维护	很高	正常	低	满意
9	预防性维护	很高	正常	高	不满意
10	紧急修复	适中	很大	低	不满意
11	紧急修复	适中	很大	中	不满意
12	预防性维护	适中	正常	低	不满意
13	预防性维护	适中	正常	中	不满意
14	紧急修复	适中	正常	中	满意
15	紧急修复	适中	正常	高	满意
16	例行检查	适中	很大	高	满意
17	例行检查	适中	很大	中	满意
18	例行检查	很高	正常	低	满意
19	预防性维护	适中	很大	高	不满意
20	例行检查	很高	正常	中	满意

首先计算根节点的信息熵：$\mathrm{Ent}(D)=-\frac{9}{20}\log_2\frac{9}{20}-\frac{11}{20}\log_2\frac{11}{20}=0.993$

样本集 D 在属性“维护类型”划分的条件下，可以得到三个子集：D_{a1}（维护类型 = 紧急修复），D_{a2}（维护类型 = 例行检查），D_{a3}（维护类型 = 预防性维护），各子集的熵为

$$\begin{cases}\mathrm{Ent}(D,a_1)=-\frac{2}{7}\log_2\frac{2}{7}-\frac{5}{7}\log_2\frac{5}{7}=0.863\\\mathrm{Ent}(D,a_2)=-\frac{6}{6}\log_2\frac{6}{6}-\frac{0}{6}\log_2\frac{0}{6}=0\\\mathrm{Ent}(D,a_3)=-\frac{1}{7}\log_2\frac{1}{7}-\frac{6}{7}\log_2\frac{6}{7}=0.592\end{cases}$$

可计算出属性“维护类型”的信息增益为

$$\mathrm{Gain}(D,\text{维护类型})=\mathrm{Ent}(D)-\sum_{i=1}^{3}\frac{|D_{ai}|}{|D|}\mathrm{Ent}(D,a_i)=0.484$$

计算其他属性的信息增益：$\mathrm{Gain}(D,\text{环境温度})=0.027$，$\mathrm{Gain}(D,\text{环境湿度})=0.060$，$\mathrm{Gain}(D,\text{通风效能})=0.052$。

属性“维护类型”具有最高的信息增益，故将其作为分支属性，将样本训练集划分为三个子集，可做进一步划分。以第一条分支所含样本 D_{d1}（维护类型 = 紧急修复）为例，基于 D_{d1} 计算出其余各属性相对应的信息增益：$\mathrm{Gain}(D_{d1},\text{环境温度})=0.292$，$\mathrm{Gain}(D_{d1},\text{环境湿度})=0.863$，$\mathrm{Gain}(D_{d1},\text{通风效能})=0.184$。

可以看出，“环境湿度”属性取得了最大的信息增益，可选其作为分支属性。类似地，对每条分支进行上述计算，生成的决策树如图 6-3 所示。

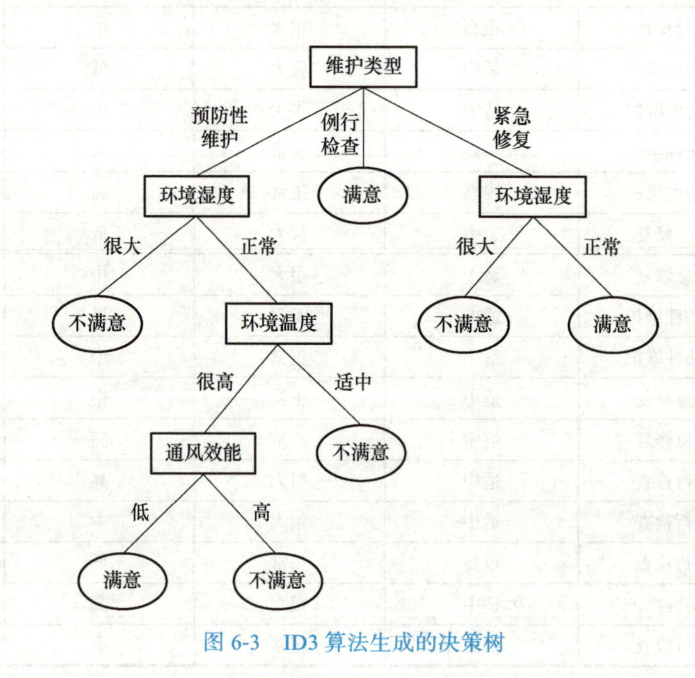

图 6-3 ID3 算法生成的决策树

2. C4.5 算法

C4.5 算法是基于 ID3 算法改进而来的决策树算法，它采用信息增益率作为判定分支属性好坏的标准，可以有效减少属性值数量对算法的影响。它克服了 ID3 算法的部分缺陷，可以采用二分法处理连续型属性，还能通过忽略、补全等方法处理缺失值。但在构造树的过程中，由于要对数据集进行多次的顺序扫描和排序，可能会导致算法低效。

例 6-3　以表 6-5 所示的数据为例，使用 C4.5 算法构造决策树。

计算各属性在样本集 D 上的分裂信息，以“维护类型”属性为例：

$$\mathrm{SplitInfo}(D,\text{维护类型}) = -\frac{7}{20}\log_2\frac{7}{20} - \frac{6}{20}\log_2\frac{6}{20} - \frac{7}{20}\log_2\frac{7}{20} = 1.581$$

类似地，计算其余属性的分裂信息，具体结果为：$\mathrm{SplitInfo}(D,\text{环境温度}) = 0.993$，$\mathrm{SplitInfo}(D,\text{环境湿度}) = 0.971$，$\mathrm{SplitInfo}(D,\text{通风效能}) = 1.559$。

在 ID3 算法中已经获取了各属性的信息增益，此时可计算各属性的信息增益率。以“维护类型”属性为例：

$$\mathrm{Gain\_ratio}(D,\text{维护类型}) = \frac{\mathrm{Gain}(D,\text{维护类型})}{\mathrm{SplitInfo}(D,\text{维护类型})} = \frac{0.484}{1.581} = 0.306$$

类似可计算其余属性的信息增益率，$\mathrm{Gain\_ratio}(D,\text{环境温度}) = 0.027$，$\mathrm{Gain\_ratio}(D,\text{环境湿度}) = 0.062$，$\mathrm{Gain\_ratio}(D,\text{通风效能}) = 0.033$。选择具有最高信息增益率的“维护类型”属性作为根节点的分支属性，向下建立分支，得到图 6-4 所示的结果。

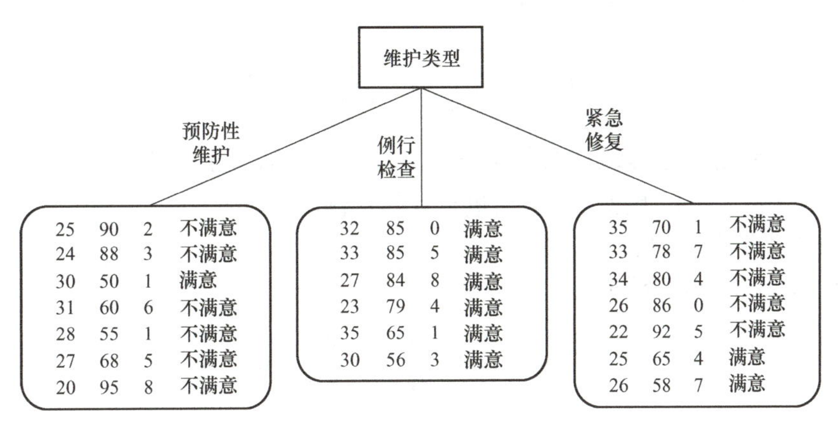

图 6-4　C4.5 算法中根节点分裂的结果

分析图 6-4 中“紧急修复”分支所对应的子集 D_3，以环境湿度 =70% 为分裂点进行二分，即将数字属性分为 [58%，70%）和 [70%，92%] 两个区间：

$$\mathrm{Gain}(D_3,\text{环境湿度}) = \mathrm{SplitInfo}(D_3,\text{环境湿度}) = -\frac{5}{7}\log_2\frac{5}{7} - \frac{2}{7}\log_2\frac{2}{7} = 0.863$$

$$\mathrm{Gain\_ratio}(D_3,\text{环境湿度}) = \frac{\mathrm{Gain}(D_3,\text{环境湿度})}{\mathrm{SplitInfo}(D_3,\text{环境湿度})} = 1$$

当信息增益率的值为 1 时，表示属性划分后能够完美地将样本划分为不同的类别，且不会引入任何额外的不均衡性。对其余子集进行类似计算，生成的决策树如图 6-5 所示。

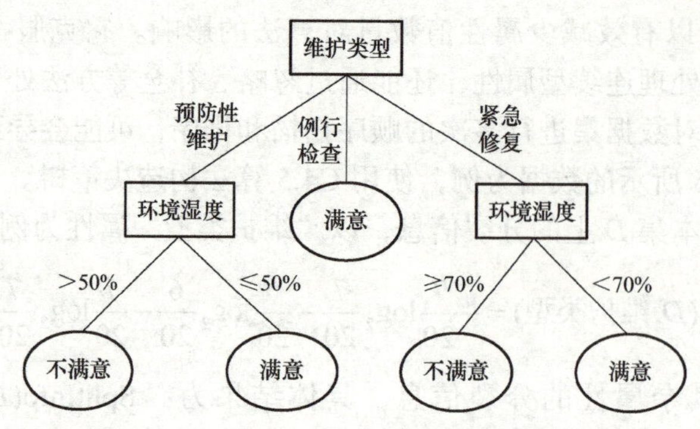

图 6-5　C4.5 算法生成的决策树

3. CART 算法

分类回归树（Classification And Regression Tree，CART）算法是一种以基尼指数作为属性选择度量的方法。CART 算法假设决策树是一棵二叉树，以基尼指数最小的属性作为分支变量，将当前样本集分成两个互不相交的子集。CART 算法对异常点和干扰数据的抵抗性强，在面对诸如存在缺失值、变量多等问题时，CART 算法显得非常稳健。然而它存在偏向多值属性的问题，且计算量较大。

例 6-4　以表 6-5 所示的数据为例，使用 CART 算法构造决策树。

首先，计算 D 中根节点 V_0 的基尼指数：

$$\mathrm{Gini}(V_0)=1-\left(\frac{9}{20}\right)^2-\left(\frac{11}{20}\right)^2=0.495$$

然后，为根节点 V_0 选择最佳的分支属性。由于 D 中有多个连续型属性，计算量较大。本例仅对离散变量“维护类型”的取值进行计算示例。

1）“维护类型”分裂点 A：“例行检查”。

样本集 A_1（“例行检查”）：

$$\mathrm{Gini}(A_1)=1-\left(\frac{6}{6}\right)^2-\left(\frac{0}{6}\right)^2=0$$

样本集 A_2（不为“例行检查”）：

$$\mathrm{Gini}(A_2)=1-\left(\frac{3}{14}\right)^2-\left(\frac{11}{14}\right)^2=0.337$$

划分后基尼指数为

$$\mathrm{Gini}_A(D)=\frac{6}{20}\mathrm{Gini}(A_1)+\frac{14}{20}\mathrm{Gini}(A_2)=0.236$$

2）“维护类型”分裂点 B：“紧急修复”。

样本集 B_1（“紧急修复”）：

$$\mathrm{Gini}(B_1)=1-\left(\frac{2}{7}\right)^2-\left(\frac{5}{7}\right)^2=0.408$$

样本集 B_2（不为“紧急修复”）：

$$\mathrm{Gini}(B_2)=1-\left(\frac{7}{13}\right)^2-\left(\frac{6}{13}\right)^2=0.497$$

划分后基尼指数为

$$\mathrm{Gini}_B(D)=\frac{7}{20}\mathrm{Gini}(B_1)+\frac{13}{20}\mathrm{Gini}(B_2)=0.466$$

3）“维护类型”分裂点 C：“预防性维护”。

样本集 C_1（“预防性维护”）：

$$\mathrm{Gini}(C_1)=1-\left(\frac{1}{7}\right)^2-\left(\frac{6}{7}\right)^2=0.245$$

样本集 C_2（不为“预防性维护”）：

$$\mathrm{Gini}(C_2)=1-\left(\frac{8}{13}\right)^2-\left(\frac{5}{13}\right)^2=0.473$$

划分后基尼指数为

$$\mathrm{Gini}_C(D)=\frac{7}{20}\mathrm{Gini}(C_1)+\frac{13}{20}\mathrm{Gini}(C_2)=0.393$$

以此类推，计算每个属性下所有可能的分裂点，取其中基尼指数最小的属性“例行检查”作为最佳分裂点向下构造决策树，生成的决策树如图 6-6 所示。

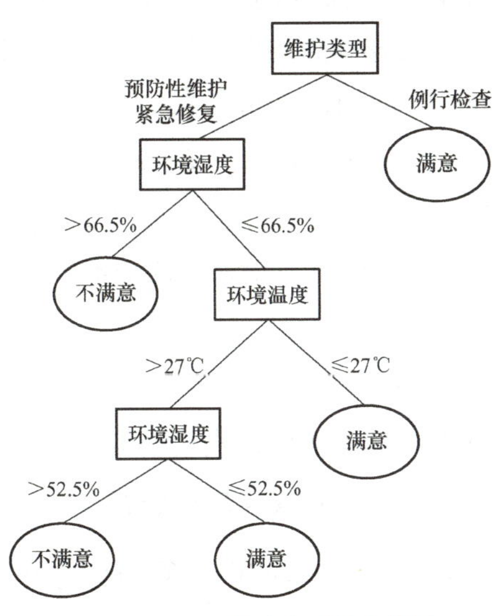

图 6-6　CART 算法生成的决策树

6.3 支持向量机

支持向量机（Support Vector Machine，SVM）是建立在统计学习理论基础上的一种预知性机器学习方法。它根据结构最小化准则构造分类器，使类与类之间的间隔最大化。SVM 对样本维度的数量不太敏感，在解决小样本、非线性及高维模式识别问题时表现出许多特有的优势。

6.3.1 支持向量机的基本原理

不失一般性，可将分类问题限制于二分类，即数据样本具有两种类别。假设样本数据有两个特征属性 A_1 和 A_2，每个样本在二维坐标系中对应一个样本点，用不同颜色来区分类别，如图 6-7a 所示。

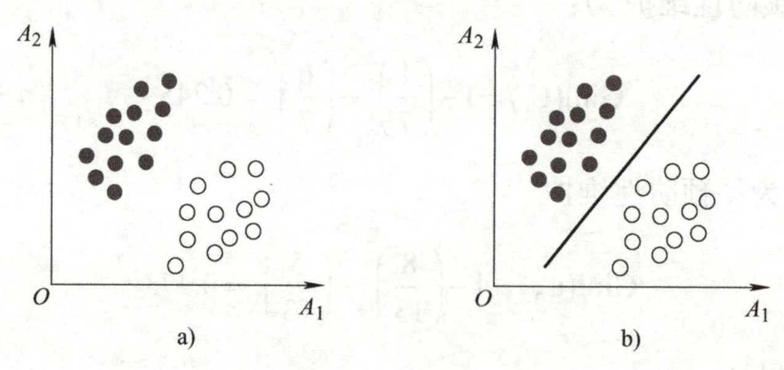

图 6-7 二维空间下线性可分的样本示例

此时坐标系中若存在一条直线（即线性函数）可将白、灰两类样本点准确无误地分开，则称样本数据线性可分（Linear Separable），如图 6-7b 所示。若找不出这样一条直线，说明样本数据非线性可分。下面对线性可分进行数学描述。

设给定样本集 $D=\{(\boldsymbol{X}_1,y_1),(\boldsymbol{X}_2,y_2),\cdots,(\boldsymbol{X}_m,y_m)\}$，其中 $\boldsymbol{X}_i$ 为训练样本，对应的样本类别为 y_i，y_i 不妨取值 +1 与 –1。若样本点线性可分，则正样本和负样本一定落在直线的两侧，如图 6-8 所示。二维空间中分类直线 L 可以表示为

$$w_1x_1+w_2x_2+b=0 \tag{6-9}$$

在直线 L 两侧，对于右下方的点 $y_i=+1$，需要满足 $w_1x_1+w_2x_2+b>0$；对于左上方的点 $y_i=-1$，需要满足 $w_1x_1+w_2x_2+b<0$。结合这两个不等式，得到样本线性可分的定义如下：

$$y_i(w_1x_1+w_2x_2+b)>0,\forall i \tag{6-10}$$

推广至更高维数，线性可分的样本点难以直接绘出，可用向量的形式简洁描述如下：

$$y_i(\boldsymbol{w}^{\mathrm{T}}\cdot\boldsymbol{X}_i+b)>0,\forall i \tag{6-11}$$

式中，$\boldsymbol{w}$ 为权重向量矩阵，$\boldsymbol{w}=[w_1,w_2,\cdots,w_n]^{\mathrm{T}}$；$\boldsymbol{X}_i=[x_1,x_2,\cdots,x_n]^{\mathrm{T}}$，$n$ 为属性数；b 是标量，称为偏置。

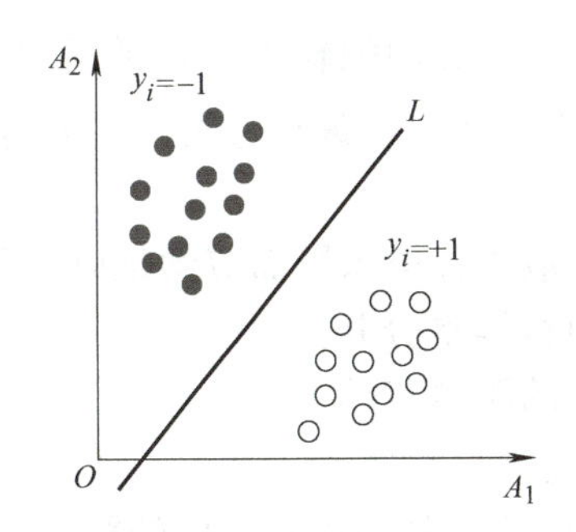

图 6-8　线性可分的数学表达示例

对于线性可分的样本数据集，存在无数个满足上述条件的超平面。如图 6-9a 所示，图中 L_1 、L_2 均可将样本点准确分开，然而其效果有优劣之分。受噪声影响，样本点可能在超平面附近发生扰动，如图 6-9b 所示，若白点发生轻微扰动，超平面 L_2 会将此样本错误分类。而超平面 L_1 距样本点都比较远，其分类结果仍能保证准确无误。

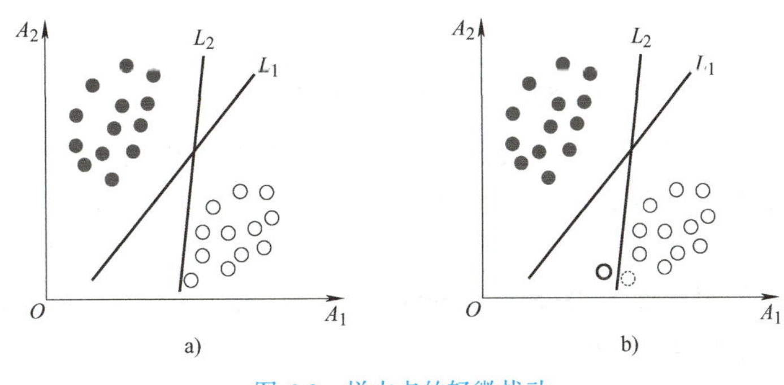

图 6-9　样本点的轻微扰动

从图像上直观来看，这是 L_2 距离白色样本点过近导致的。超平面 L_1 比 L_2 容错率更高，鲁棒性更强。SVM 分类的任务就是找到一个“最佳”超平面，即一条位于两类样本“正中间”的直线。

如何寻找这条“正中间”的直线？如图 6-10a 所示，圈出各类别距离直线 L_3 最近的样本点，对应样本称作支持向量。直线 L_3 位于“正中间”，两侧支持向量与直线 L_3 的距离相等，为 d_0 。两侧支持向量与直线 L_3 的距离之和定义为超平面的间隔（Margin），为 $2d_0$ 。

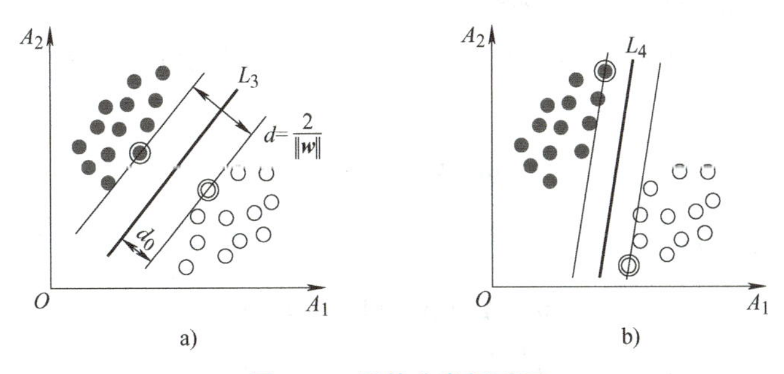

图 6-10　最佳分类超平面

然而，位于样本点“正中间”的直线不止一条。如图 6-10b 所示，超平面 L_4 也在样本

“正中间”。通过对比可以发现，L_3 的间隔较大，L_4 的间隔较小，L_3 距离两类样本比 L_4 更远，分类结果相对来说更加可靠。所以，最佳分类超平面需要使得间隔最大化，且位于间隔的“正中间”。

综上所述，SVM 要寻找的最优分类超平面应满足以下条件：

1）超平面准确无误地将两类样本分开。

2）超平面与两类支持向量的距离相等。

3）超平面使得间隔最大化。

根据平面几何知识，支持向量 $\boldsymbol{x}_0$ 到分类超平面的距离为

$$d_0=\frac{\left|\boldsymbol{w}^{\mathrm{T}}\boldsymbol{x}_0+b\right|}{\|\boldsymbol{w}\|}=\frac{y_0(\boldsymbol{w}^{\mathrm{T}}\boldsymbol{x}_0+b)}{\|\boldsymbol{w}\|} \tag{6-12}$$

式中，$\|\boldsymbol{w}\|=\sqrt{w_1^2+w_2^2+\cdots+w_n^2}$。最佳超平面应使间隔 $d=2d_0$ 最大化，即 SVM 寻找最佳分类超平面的问题转化为距离参数的最大化问题：

$$\begin{aligned}&\max_{\boldsymbol{w},b} d\\ &\text{s.t.}\ \ y_i(\boldsymbol{w}^{\mathrm{T}}\boldsymbol{\cdot}\boldsymbol{X}_i+b)\geqslant 0\ ,\forall i\end{aligned} \tag{6-13}$$

解得 $\boldsymbol{w}$ 与 b 值即可得到最优分类超平面。从式（6-12）得出，d 受 $\boldsymbol{w}$、b 和支持向量的影响，难以方便地计算 d 的最优值，此时需要对 d 的表达式进行化简。

对 $\boldsymbol{w}$ 与 b 作等比例缩放变换，即令 $\boldsymbol{w}_1=\lambda\boldsymbol{w}$，$b_1=\lambda b$，$\lambda\neq 0$。原超平面 L 的方程为 $\boldsymbol{w}^{\mathrm{T}}\boldsymbol{x}_i+b=0$，变换后超平面 L_1 的方程为 $\boldsymbol{w}_1^{\mathrm{T}}\boldsymbol{x}_i+b_1=\lambda(\boldsymbol{w}^{\mathrm{T}}\boldsymbol{x}_i+b)=0$，可以发现 $\boldsymbol{w}$ 与 b 等比例缩放之后不改变原超平面的位置。

若 $\left|\boldsymbol{w}^{\mathrm{T}}\boldsymbol{x}_0+b\right|=q$，选取 $\lambda=\dfrac{1}{q}$，$b=\lambda b$，缩放后 $\left|\boldsymbol{w}^{\mathrm{T}}\boldsymbol{x}_0+b\right|=1$。对于不同位置的超平面，总可以选择合适的 λ，使得 $\left|\boldsymbol{w}^{\mathrm{T}}\boldsymbol{x}_0+b\right|=1$。因此，式（6-12）可简化为

$$d_0=\frac{\left|\boldsymbol{w}^{\mathrm{T}}\boldsymbol{x}_0+b\right|}{\|\boldsymbol{w}\|}=\frac{1}{\|\boldsymbol{w}\|} \tag{6-14}$$

式中，$\boldsymbol{w}$ 与 b 均为等比例变换之后的值，当然也可以将 $\left|\boldsymbol{w}^{\mathrm{T}}\boldsymbol{x}_0+b\right|$ 放缩至其他常数。为方便数学描述，在支持向量机中习惯性地缩放为 1。

由上述分析可知，其余样本点到超平面的距离均大于 d_0，线性可分的表达式可改写为

$$y_i(\boldsymbol{w}^{\mathrm{T}}\boldsymbol{\cdot}\boldsymbol{X}_i+b)\geqslant 1,\quad \forall i \tag{6-15}$$

两侧的支持向量应该满足

$$\begin{aligned}&\boldsymbol{w}^{\mathrm{T}}\boldsymbol{\cdot}\boldsymbol{X}_i+b=+1\ ,\ y_i=+1\\ &\boldsymbol{w}^{\mathrm{T}}\boldsymbol{\cdot}\boldsymbol{X}_i+b=-1\ ,\ y_i=-1\end{aligned} \tag{6-16}$$

分类超平面的间隔为

$$d = 2d_0 = \frac{2}{\|\boldsymbol{w}\|} \tag{6-17}$$

优化问题可简化为

$$\begin{aligned} &\max_{\boldsymbol{w},b} \frac{2}{\|\boldsymbol{w}\|} \\ &\text{s.t.} \quad y_i(\boldsymbol{w}^{\mathrm{T}} \bullet \boldsymbol{X}_i + b) \geqslant 1, \quad \forall i \end{aligned} \tag{6-18}$$

6.3.2 支持向量机求解

为方便求导，可将目标函数定为 $\frac{1}{2}\|\boldsymbol{w}\|^2$，该优化问题可转换为

$$\begin{aligned} &\min_{\boldsymbol{w},b} \frac{1}{2}\|\boldsymbol{w}\|^2 \\ &\text{s.t.} \quad y_i(\boldsymbol{w}^{\mathrm{T}} \bullet \boldsymbol{X}_i + b) \geqslant 1, \quad \forall i \end{aligned} \tag{6-19}$$

对式（6-19）使用拉格朗日乘子法可得到“对偶问题”，满足约束条件的优化问题可由拉格朗日算符 $L(\boldsymbol{w},b)$ 转换，如式（6-20）所示：

$$L(\boldsymbol{w},b,\boldsymbol{\alpha}) = \frac{1}{2}\|\boldsymbol{w}\|^2 - \sum_{i=1}^{n} \boldsymbol{\alpha}_i \{(\boldsymbol{w}^{\mathrm{T}} \bullet \boldsymbol{X}_i + b) y_i - 1\} \tag{6-20}$$

式中，$\boldsymbol{\alpha}_i$ 是拉格朗日乘数，$\boldsymbol{\alpha}_i \geqslant 0$，对每条约束条件都要添加。拉格朗日函数关于 $\boldsymbol{w}$ 和 b 最小化：

$$\frac{\partial L}{\partial b} = 0 \Rightarrow \sum_{i=0}^{n} \alpha_i y_i = 0$$

$$\frac{\partial L}{\partial \boldsymbol{w}} = 0 \Rightarrow \boldsymbol{w} = \sum_{i=0}^{n} \boldsymbol{X}_i \alpha_i y_i$$

代入原目标函数式（6-19），可得对偶问题如下：

$$\begin{aligned} &\max_{\boldsymbol{\alpha}} \sum_{i=1}^{n} \alpha_i - \frac{1}{2}\sum_{i=1}^{n}\sum_{j=1}^{n} \alpha_i \alpha_j y_i y_j \boldsymbol{X}_i^{\mathrm{T}} \boldsymbol{X}_j \\ &\text{s.t.} \sum_{i=1}^{n} \alpha_i y_i = 0, \quad \alpha_i \geqslant 0 \end{aligned} \tag{6-21}$$

这是一个二次规划问题，其中 $\boldsymbol{\alpha} = [\alpha_1, \alpha_1, \cdots, \alpha_n]$。为求解参数 $\boldsymbol{\alpha}$，可用常见的二次规划算法求解。除此之外，有一些较简便的算法，较为常见的有序列最小最优化（Sequential Minimal Optimization，SMO）算法。SMO 算法每次选择两个变量 α_i 和 α_j，固定其他参数，进行优化。解出 $\boldsymbol{\alpha}$ 之后，计算权重向量 $\boldsymbol{w}$。

要得到最终的分类超平面，还需确定偏置 b 的值。所有的支持向量都满足

$$y_s(\boldsymbol{w}^{\mathrm{T}} \bullet \boldsymbol{X}_s + b) = y_s(\sum_{i \in S} \alpha_i y_i \boldsymbol{X}_i^{\mathrm{T}} \boldsymbol{X}_s + b) = 1 \tag{6-22}$$

式中，S 为所有支持向量的下标集合。使用所有支持向量求解平均值计算偏置 b：

$$b=\frac{1}{|S|}\sum_{s\in S}\left(\frac{1}{y_s}-\sum_{i\in S}\alpha_i y_i \boldsymbol{X}_i^{\mathrm{T}}\boldsymbol{X}_s\right) \tag{6-23}$$

可得到分类模型：

$$f(\boldsymbol{X})=\boldsymbol{w}^{\mathrm{T}}\boldsymbol{X}+b=\sum_{i=1}^{n}\alpha_i y_i \boldsymbol{X}_i^{\mathrm{T}}\boldsymbol{X}+b \tag{6-24}$$

由于优化问题存在不等式约束，上述过程需要满足 KKT 条件：

$$\begin{cases}\alpha_i\geqslant 0\\ y_i f(\boldsymbol{X}_i)-1\geqslant 0\\ \alpha_i(y_i f(\boldsymbol{X}_i)-1)=0\end{cases} \tag{6-25}$$

由 KKT 条件可以看出，对任何训练样本，总有 $\alpha_i=0$ 或 $y_i f(\boldsymbol{X}_i)=1$。当 $\alpha_i=0$ 时，该样本对最终形成的分类超平面没有影响。当 $y_i f(\boldsymbol{X}_i)=1$ 时，该样本点是一个支持向量。故整个 SVM 模型的训练结果仅与各支持向量有关。

在前面的分析中，假定 SVM 必须将所有样本都分类正确。然而实际上很难找到这样的分类函数，而且难以确定线性可分的结果是否过拟合。为了改进泛化能力，需要放宽约束条件，通过建立柔性边界，允许一定程度的误分类。此时称之为“软间隔支持向量机”，如图 6-11 所示。

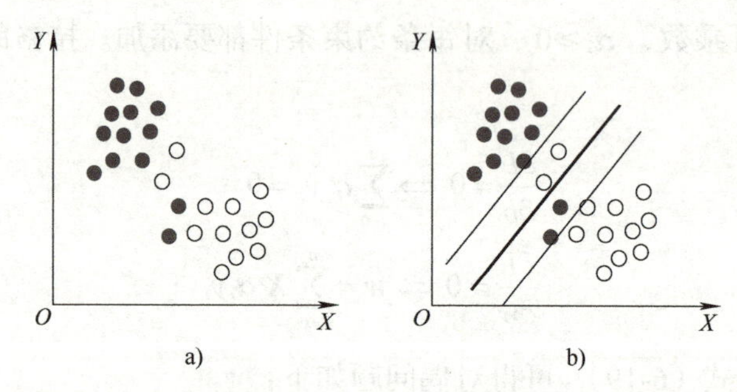

图 6-11 软间隔支持向量机示意图

具体来说，对每个训练样本及类标签 $(\boldsymbol{X}_i, y_i)$ 设置“松弛变量” ξ_i（$\xi_i\geqslant 0$），ξ_i 刻画的是对应样本不满足约束的程度。可将优化问题式（6-19）改写为

$$\begin{gathered}\min_{\boldsymbol{w},b}\frac{1}{2}\|\boldsymbol{w}\|^2+C\sum_{i=1}^{n}\xi_i\\ \text{s.t. } y_i(\boldsymbol{w}^{\mathrm{T}}\cdot\boldsymbol{X}_i+b)\geqslant 1-\xi_i,\forall i\end{gathered} \tag{6-26}$$

式中，C 是人为设定的超参数，$C>0$，通过不断变化 C 的值同时测试算法的准确度，从而选择出较合适的 C 值。

此外，在分类问题中，很多情况下训练集是非线性可分的。在此情况下不存在 $\boldsymbol{w}$ 和 b 满足上述优化问题的限制条件。即使引入了松弛变量，用线性函数划分还是存在极大的误差。在此情况下，一般在 SVM 中定义核函数，实现训练集向更高维空间的映射，将其转化为线性可分的情况处理。常见的核函数主要有线性核函数、多项式核函数、高斯核函数等，对此感兴趣的读者可以查阅相关资料深入学习。

例 6-5　检测滚动轴承的质量。

在工业生产中，滚动轴承的质量检测主要考虑两个指标：加速度信号均方根的分贝值 L 和超过某幅值的点数 M。质量检测将产品分为两个类别：质量合格，记为 1；质量不合格，记为 −1 。选择 100 个样本作为 SVM 的训练数据，试求取 SVM 的分类超平面。

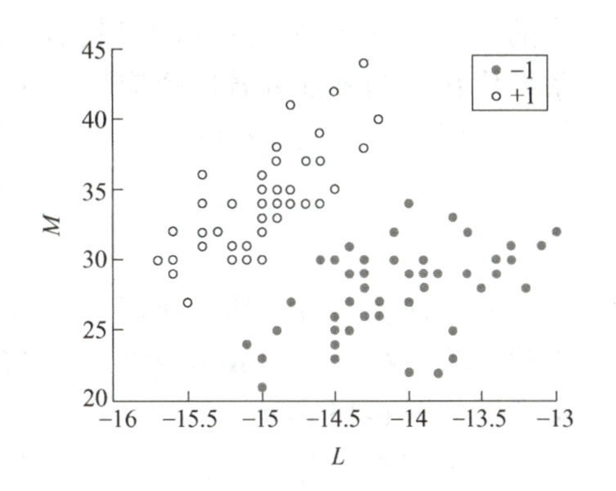

图 6-12　数据样本散点图

1）绘制样本散点图，如图 6-12 所示。

2）优化问题求解：构造式（6-26）所示的优化问题，通过 SMO 算法编程求得最优解，可确定各支持向量（SV）属性值与其对应的拉格朗日乘数 α，如表 6-7 所示。

表 6-7　支持向量及拉格朗日乘数

序号	L	M	α	序号	L	M	α
1	−15.1	30	1	6	−14.8	27	0.5431
2	−14.6	34	1	7	−14.4	31	1
3	−15	30	1	8	−14.6	30	1
4	−14.5	35	0.5431	9	−14	34	1
5	−15.5	27	1	10	−14.4	30	1

各支持向量在散点图中被圈出，如图 6-13 所示。

3）计算分类超平面：由 α_i 可确定权重向量 $\boldsymbol{w}$ 与偏置 b：$\boldsymbol{w}=[w_1,w_2]^{\mathrm{T}}=[-2.537,0.345]^{\mathrm{T}}$，$b=-47.867$ 。向量 $\boldsymbol{w}$ 与偏置 b 对应的分类超平面如图 6-14 所示，其数学模型可以表达为 $-0.2537x_1+0.345x_2-47.867=0$ 。

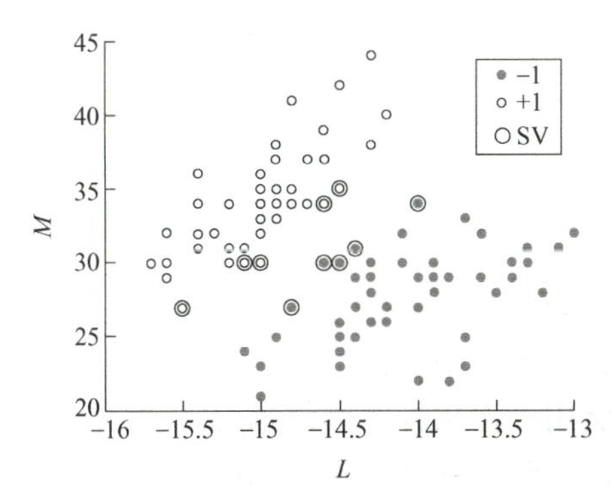

图 6-13　支持向量示意图

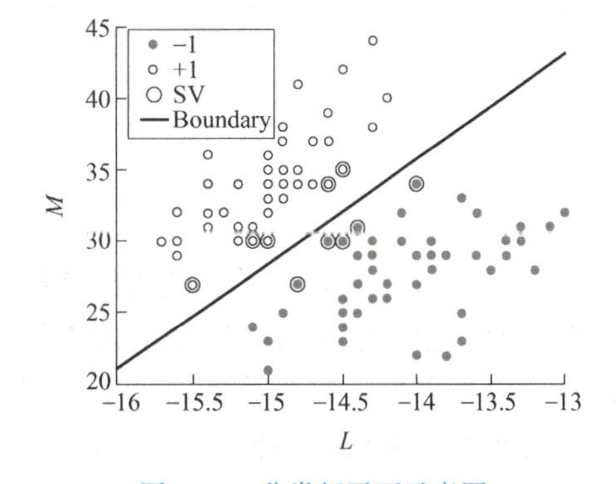

图 6-14　分类超平面示意图

6.4 人工神经网络

人工神经网络也称为神经网络或类神经网络，它是一种类似于大脑神经突触连接结构的算法数学模型。这种网络具有良好的自适应和自学习能力，在智能控制、故障诊断、系统优化等领域都有着广泛应用。本章以反向传播（Back Propagation，BP）神经网络为例，简要介绍人工神经网络在分类学习中的应用。

6.4.1 人工神经网络拓扑

人工神经网络的基本处理单元为神经元。1943 年，研究者们依据神经元的生理特性，构建了单一神经元的数学模型，即 McCulloch-Pitts 模型（简称 MP 模型）。该模型的结构示意图如图 6-15 所示。

一个基本的神经元包括输入信号、求和单元、激活函数及输出信号。神经元接收来自 m 个神经元传递的输入信号，乘以各自对应的权重 w_i 后求和，作为该神经元的总输入。将其与神经元阈值比较，通过激活函数处理，得到神经元的输出。根据图 6-15 所示的模型，可以用式（6-27）来描述一个神经元：

$$
\begin{aligned}
z &= \sum_{i=1}^{m} w_i x_i - \theta \\
y &= f(z)
\end{aligned} \tag{6-27}
$$

式中，x_i 是输入信号；w_i 为输入权值；θ 为神经元阈值；z 为加法器输出；$f(\cdot)$ 为激活函数；y 为神经元的输出。

将大量神经元按一定的结构连接起来，每层神经元两两相连，便构成多层神经网络。一般来说，一个典型的多层网络包括：输入层、隐藏层和输出层。其拓扑结构如图 6-16 所示。

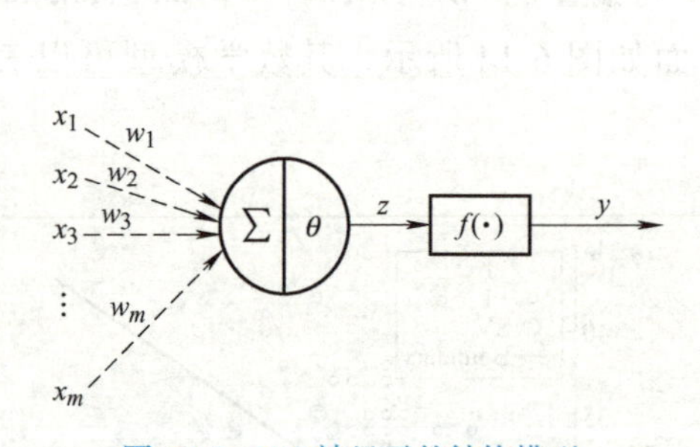

图 6-15 MP 神经元的结构模型

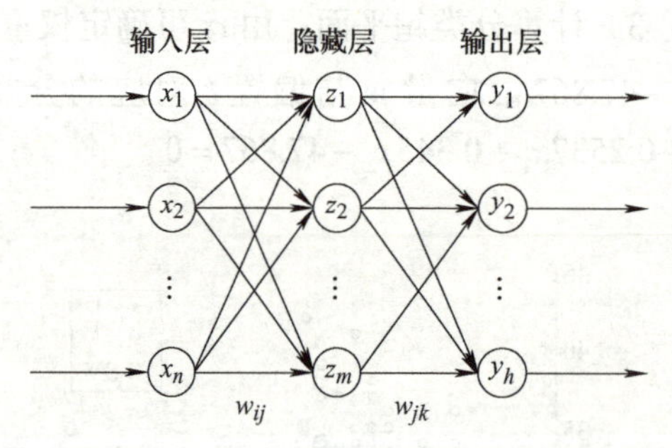

图 6-16 分层神经网络示例

输入层是人工神经网络的起始，用于接收外部环境的输入信号，将其传递给隐藏层的各个单元。隐藏层是神经网络的内部处理单元，用于对输入信号进行处理，既可以是一层，也可以是多层，层数视具体需求而定。输出层用于输出神经网络信号。

当每次训练结束，将输出结果与期望输出进行比较，判别网络输出的误差是否在允许范围内。为评估模型预测值 $\hat{y}$ 与真实值 y 的差距，可构造损失函数（Loss Function），也称代价函数。常见的损失函数如下：

1）绝对值损失函数

$$\text{Loss}=\sum_{i=1}^{h}|y_i-\hat{y}_i|=\sum_{i=1}^{h}|y_i-(wx_i+b)| \tag{6-28}$$

2）平方损失函数

$$\text{Loss}=\frac{1}{2}\sum_{i=1}^{h}(y_i-\hat{y}_i)^2=\frac{1}{2}\sum_{i=1}^{h}(y_i-(wx_i+b))^2 \tag{6-29}$$

损失函数越小，说明所得结果越接近期望值。为求导计算方便，神经网络算法将以平方损失函数为目标函数进行训练。

除此之外，激活函数也是神经网络的重要组成部分。没有激活函数，整个网络便只有加法和乘法级联等线性运算，神经网络难以解决非线性问题。激活函数应具有非线性特征，且便于求导。常用的激活函数有以下几种：

1）Sigmoid 函数（S 型函数）

$$f(x)=\frac{1}{1+\mathrm{e}^{-x}} \tag{6-30}$$

2）Tanh 函数，也称双曲正切函数

$$f(x)=\frac{\mathrm{e}^{x}-\mathrm{e}^{-x}}{\mathrm{e}^{x}+\mathrm{e}^{-x}} \tag{6-31}$$

3）ReLU 函数

$$f(x)=\max\{0,x\} \tag{6-32}$$

常见激活函数的图像如图 6-17 所示。

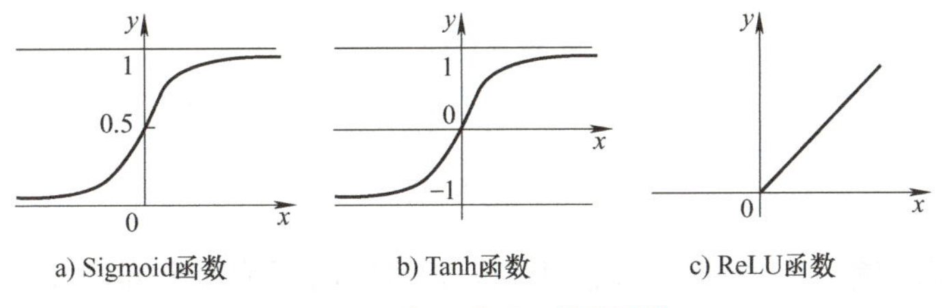

图 6-17　常见激活函数的图像

还有许多其他函数可以作为人工神经网络的激活函数，但对这些函数的要求是连续可导，允许在少数点上不可导。例如，ReLU 函数为分段函数，其在 $x=0$ 处不可导，但有较好的非线性映射效果。

6.4.2　反向传播过程

针对多层神经网络的训练算法有很多，本小节主要介绍误差反向传播算法。不失一般性，考虑一个典型单隐藏层 BP 神经网络模型，以图 6-16 为例进行说明。

设网络的输入为 $\boldsymbol{x}=[x_1,x_2,\cdots,x_n]^{\mathrm{T}}$，隐藏层有 m 个神经元，隐藏层输出为 $\boldsymbol{z}=[z_1,z_2,\cdots,z_m]^{\mathrm{T}}$。

输出层有 h 个神经元，输出为 $\boldsymbol{y}=[y_1,y_2,\cdots,y_h]^{\mathrm{T}}$，设对应的期望输出为 $\boldsymbol{t}=[t_1,t_2,\cdots,t_h]^{\mathrm{T}}$。$w_{ij}$ 表示输入层第 i 个神经元到隐藏层第 j 个神经元的权值，w_{jk} 表示隐藏层第 j 个神经元到输出层第 k 个神经元的权值。隐藏层到输出层的激活函数为 f，输出层的激活函数为 g。

BP 神经网络中的参数更新均由梯度下降算法实现，梯度下降算法又称最速下降算法。它基于这样一个事实：若实值函数 $f(x)$ 在点 x_k 处可微且有定义，那么函数 $f(x)$ 在 x_k 点沿着负梯度（梯度的反方向）下降最快，沿着梯度下降方向求解最小值。BP 算法步骤如下：

1）任取一点 w_i，将 $f(w)$ 对 w 求偏导，计算梯度 $\frac{\partial f(w)}{\partial w}|_{w=w_i}$。

2）若 $\frac{\partial f(w)}{\partial w}|_{w=w_i}=0$，退出运算。

否则应按式（6-33）调整 w_i 的值：

$$w_i(t+1)=w_i(t)-\eta\frac{\partial f(w)}{\partial w}|_{w=w_i} \tag{6-33}$$

式中，η 称为学习率，它控制算法每一轮迭代的更新步长，步长太大则易震荡，太小则收敛速度慢。此处算法可自动根据斜率调整步长，同时自动确定下一次更新的方向。

为计算方便，以平方损失函数为目标函数，采用梯度下降法对BP神经网络进行训练，一次完整的 BP 迭代过程如下：

1）设置模型参数初始值。

神经网络学习之前要确定网络的初始权值与阈值，初始参数的设置直接影响神经网络的学习性能。一般的经验是初始权重通常在 −1 ～ 1 之间，后续再更新。

2）计算正向传播过程中各节点的输出，包括隐藏层各节点和输出层各节点。

$$z_j=f(\sum_{i=1}^{n}w_{ij}x_i-\theta_j) \tag{6-34}$$

$$y_k=g(\sum_{j=1}^{m}w_{jk}z_j-\gamma_k) \tag{6-35}$$

式中，z_j 表示隐藏层第 j 个神经元的输出；y_k 表示输出层第 k 个神经元的输出；阈值 θ_j 和 γ_k 可看作固定输入为 −1.0 的“哑节点”所对应的连接权重。这样，权重和阈值的学习便可统一为权重的学习，则式（6-34）及式（6-35）可以简化为

$$z_j=f(\sum_{i=0}^{n}w_{ij}x_i) \tag{6-36}$$

$$y_k=g(\sum_{j=0}^{m}w_{jk}z_j) \tag{6-37}$$

3）计算输出误差。

此时，网络输出与目标输出的均方误差为

$$\text{Loss} = \frac{1}{2}\sum_{k=1}^{h}(t_k - y_k)^2 \tag{6-38}$$

4）误差反向传播，调整权值。

按梯度下降算法调整权值，使误差减小。每次权值的调整为

$$\Delta w_{pq} = -\eta \frac{\partial \text{Loss}}{\partial w_{pq}} \tag{6-39}$$

式中，w_{pq} 是由上一层的单元 p 到下一层单元 q 的连接权重。按这个方法调整，误差会逐渐减小。BP 神经网络的调整顺序为：

① 调整隐藏层到输出层的权值。设 v_k 为输出层第 k 个神经元的输入，则

$$v_k = \sum_{j=0}^{m} w_{jk} z_j \tag{6-40}$$

$$\frac{\partial \text{Loss}}{\partial w_{jk}} = \frac{\partial \text{Loss}}{\partial y_k}\frac{\partial y_k}{\partial v_k}\frac{\partial v_k}{\partial w_{jk}} = -(t_k - y_k)g'(v_k)z_j \triangleq -\delta_k z_j \tag{6-41}$$

于是隐藏层到输出层的权值调整迭代公式为

$$w_{jk}(t+1) = w_{jk}(t) + \eta\delta_k z_j \tag{6-42}$$

② 调整输入层到隐藏层的权值，同理：

$$\frac{\partial \text{Loss}}{\partial w_{ij}} = \frac{\partial \text{Loss}}{\partial z_j}\frac{\partial z_j}{\partial u_j}\frac{\partial u_j}{\partial w_{ij}} \tag{6-43}$$

式中，u_j 为隐藏层第 j 个神经元的输入，即

$$u_j = \sum_{i=0}^{n} w_{ij} x_i \tag{6-44}$$

注意：隐藏层第 j 个神经元与输出层的各个神经元都有连接，即 $\frac{\partial \text{Loss}}{\partial z_j}$ 涉及所有的权值 w_{ij}，因此有

$$\frac{\partial \text{Loss}}{\partial z_j} = \sum_{k=0}^{h}\frac{\partial \text{Loss}}{\partial y_k}\frac{\partial y_k}{\partial v_k}\frac{\partial v_k}{\partial z_j} = -\sum_{k=0}^{h}(t_k - y_k)g'(v_k)w_{jk} \tag{6-45}$$

于是

$$\frac{\partial \text{Loss}}{\partial w_{ij}} = -\sum_{k=0}^{h}[(t_k - y_k)g'(v_k)w_{jk}]f'(u_j)x_i \triangleq -\delta_j x_i \tag{6-46}$$

因此，从输入层到隐藏层的权值调整迭代公式为

$$w_{ij}(t+1) = w_{ij}(t) + \eta\delta_j x_i \tag{6-47}$$

5）判断是否满足终止条件。

根据实际需求设置合适的终止条件，包括达到预设的训练轮次、验证误差不再改善、训练误差达到阈值等。例如训练误差是否达到一个很小的值，若满足则停止，否则重复步骤 2）～ 4)。

例 6-6 风电功率预测技术是指对未来一段时间内风电场所能输出的功率大小进行预测，以便安排调度计划。可利用 BP 神经网络算法对风电功率进行预测，假设有三层 BP 神经网络结构如图 6-18 所示，使用 Sigmoid 函数作为网络的激活函数。模型输入变量为与风电功率 p 相关的风速 v，输入层到隐藏层的权值和阈值为 w_h、θ_h，隐藏层到输出层的权值和阈值为 w_o、θ_o。隐藏层的输出为 z_h，输出层的输出为风电功率 p。对神经网络的初始赋值如表 6-8 所示，设第一轮迭代得到的风电功率为 p_0，试计算该网络第一次迭代的过程。

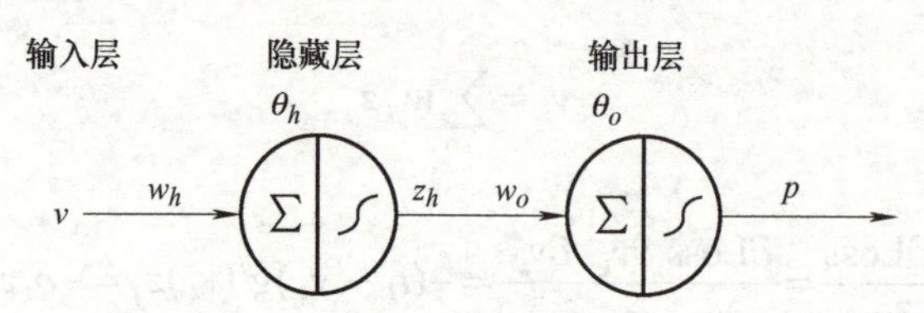

图 6-18 风电功率 BP 神经网络示意图

表 6-8 网络参数初始化

v	p	w_h	w_o	θ_h	θ_o	η
0.7	1	0.3	0.2	−0.1	−0.2	0.5

1）信号前向传播，计算各节点输出。

① 输入层到隐藏层。先计算隐藏层神经元的输入

$$u_h = w_h v - \theta_h = 0.3 \times 0.7 + 0.1 = 0.310$$

隐藏层神经元的输出为

$$z_h = f(u_h) = \frac{1}{1+\mathrm{e}^{-u_h}} = \frac{1}{1+\mathrm{e}^{-0.31}} = 0.577$$

② 隐藏层到输出层。先计算输出层神经元的输入

$$v_o = w_o z_h - \theta_o = 0.2 \times 0.577 + 0.2 = 0.315$$

输出层神经元的输出为

$$p_o = f(v_o) = \frac{1}{1+\mathrm{e}^{-v_o}} = \frac{1}{1+\mathrm{e}^{-0.315}} = 0.578$$

2）计算输出误差：

$$\mathrm{Loss} = \frac{1}{2}(p - p_o)^2 = \frac{1}{2}(1 - 0.578)^2 = 0.089$$

3）误差反向传播过程，更新参数。

① 计算输出层节点的误差率。由链式传导法则，误差对权值 w_o 的偏导数为

$$\frac{\partial \text{Loss}}{\partial w_o}=\frac{\partial \text{Loss}}{\partial p_o}\frac{\partial p_o}{\partial v_o}\frac{\partial v_o}{\partial w_o}=-0.422\times 0.244\times 0.577=-0.059$$

式中，

$$\frac{\partial \text{Loss}}{\partial p_o}=-(p-p_o)=-(1-0.578)=-0.422$$

$$\frac{\partial p_o}{\partial v_o}=p_o(1-p_o)=0.578\times(1-0.578)=0.244$$

$$\frac{\partial v_o}{\partial w_o}=z_h=0.577$$

同理，误差对阈值 θ_o 的偏导数为

$$\frac{\partial \text{Loss}}{\partial \theta_o}=\frac{\partial \text{Loss}}{\partial p_o}\frac{\partial p_o}{\partial v_o}\frac{\partial v_o}{\partial \theta_o}=-0.422\times 0.244\times(-1)=0.103$$

式中，$\frac{\partial v_o}{\partial \theta_o}=-1$。

② 计算隐藏层节点的误差率。由链式传导法则，误差对权值 w_h 的偏导数为

$$\frac{\partial \text{Loss}}{\partial w_h}=\frac{\partial \text{Loss}}{\partial p_o}\frac{\partial p_o}{\partial v_o}\frac{\partial v_o}{\partial z_h}\frac{\partial z_h}{\partial u_h}\frac{\partial u_h}{\partial w_h}=-0.422\times 0.244\times 0.2\times 0.244\times 0.7=-0.00352$$

式中，

$$\frac{\partial v_o}{\partial z_h}=w_o=0.2$$

$$\frac{\partial z_h}{\partial u_h}=z_h(1-z_h)=0.577\times(1-0.577)=0.244$$

$$\frac{\partial u_h}{\partial w_h}=v=0.7$$

同理，误差对阈值 θ_h 的偏导数为

$$\frac{\partial \text{Loss}}{\partial \theta_h}=\frac{\partial \text{Loss}}{\partial p_o}\frac{\partial p_o}{\partial v_o}\frac{\partial v_o}{\partial z_h}\frac{\partial z_h}{\partial u_h}\frac{\partial u_h}{\partial \theta_h}=-0.422\times 0.244\times 0.2\times 0.244\times(-1)=0.00502$$

式中，$\frac{\partial u_h}{\partial \theta_h}=-1$。

③ 更新各节点权值与阈值。由梯度下降算法对 w_h、w_o、θ_h、θ_o 的值进行更新为

$$w_o^{(1)}=w_o^{(0)}-\eta\frac{\partial \text{Loss}}{\partial w_o}=0.2-0.5\times(-0.059)=0.230$$

$$\theta_o^{(1)} = \theta_o^{(0)} - \eta \frac{\partial \text{Loss}}{\partial \theta_o} = -0.2 - 0.5 \times (0.103) = -0.252$$

$$w_h^{(1)} = w_h^{(0)} - \eta \frac{\partial \text{Loss}}{\partial w_h} = 0.3 - 0.5 \times (-0.00352) = 0.30176$$

$$\theta_h^{(1)} = \theta_h^{(0)} - \eta \frac{\partial \text{Loss}}{\partial \theta_h} = -0.1 - 0.5 \times (0.00502) = -0.10251$$

以上完成了一次完整的训练，新的权值和阈值会改变神经网络的输出值，使其更接近期望值。随着训练次数的增加，误差会越来越小。

BP 神经网络是目前应用最为广泛的神经网络之一，具有高度的自组织和学习能力、良好的鲁棒性和容错性，而且可以实现大规模数据的并行处理。但 BP 神经网络收敛速度慢，并且容易陷入局部最优解。针对 BP 神经网络的上述问题，在局部极小值方面，可在优化初值选取和改变网络结构等方向进行改善；在收敛速度方面，可以采用自适应学习率和引入陡度因子等方法加快训练速度。

6.5 贝叶斯分类

贝叶斯定理最初是概率论中常用的归纳推理方法，后来逐步发展为一种系统的统计推断方法，被广泛地应用到各领域，在工业过程中可以用于质量控制、故障诊断、产品设计优化等诸多方面。贝叶斯分类法基于贝叶斯定理，运用概率推理的方式对样本数据进行分类。贝叶斯分类算法具有模型可解释、精度高、速度高等优点，在机器学习领域有着十分重要的地位和作用。

6.5.1 贝叶斯分类的基本原理

介绍贝叶斯分类之前，先了解与贝叶斯定理相关的概率基础知识。

1. 先验概率

先验概率是指根据历史数据或主观判断所确定的各事件发生的概率。

2. 后验概率

后验概率是指基于试验或调查所得到的各事件发生的概率，也可看作是考虑相关背景和前提下得到的条件概率。

3. 条件概率

条件概率是指某一事件在另一事件已经发生的条件下发生的概率。

假设 A、B 为两个随机事件，事件 A 发生的概率为 $P(A)$，事件 B 发生的概率为 $P(B)$，在事件 A 已发生的前提下事件 B 发生的条件概率记作 $P(B|A)$。也可将 $P(A)$ 称作先验概率，$P(B|A)$ 称作在 A 发生的条件下 B 发生的后验概率，二者关系如下：

$$P(AB) = P(B|A)P(A) \tag{6-48}$$

式中，$P(AB)$ 表示随机事件 A、B 同时发生的概率，当 A、B 相互独立时有

$$P(AB)=P(A)P(B) \tag{6-49}$$

4. 全概率公式

若样本空间 D 被划分为 n 个子集 $B_1,B_2,\cdots,B_n$，它们两两互斥、互不相容，且每个子集发生的概率为 $P(B_i)>0,i=1,2,\cdots,n$，则在样本空间上事件 A 发生的概率为

$$P(A)=\sum_{i=1}^{n}P(B_i)P(A|B_i) \tag{6-50}$$

5. 贝叶斯定理

当 $P(A)>0$ 时，由式（6-50）可得到贝叶斯定理

$$P(B_i|A)=\frac{P(B_iA)}{P(A)}=\frac{P(B_i)P(A|B_i)}{\sum_{i=1}^{n}P(B_i)P(A|B_i)} \tag{6-51}$$

6.5.2　朴素贝叶斯分类

可以发现，贝叶斯定理提供了一种由 $P(B_i)$、$P(A|B_i)$ 和 $P(A)$ 计算后验概率 $P(B_i|A)$ 的方法。将其应用于分类问题中，若事件 A 表示样本数据的属性集合，事件 B 表示数据的类标签集合。则对于某个待分类样本，可以通过式（6-51）计算出该样本隶属于某个类别的后验概率，将后验概率最大的类别视作该样本所属类别。

具体地，给定一个训练样本集 D，假设 D 中样本包含 m 个类别，记作 $C_1,C_2,\cdots,C_m$。训练样本含 n 个属性，记作 $A_1,A_2,\cdots,A_n$。现给定某个未知类别的待分类样本 $\boldsymbol{X}$，$\boldsymbol{X}$ 可以表示为一组 n 维向量：$\boldsymbol{X}=\{x_1,x_2,\cdots,x_n\}$，其中 x_i 表示该样本在属性 A_i 上的测试值。贝叶斯分类的任务是预测样本 $\boldsymbol{X}$ 所属的类标签。

由式（6-51）可计算各类别的后验概率 $P(C_i|\boldsymbol{X})$ 为

$$P(C_i|\boldsymbol{X})=\frac{P(C_i)P(\boldsymbol{X}|C_i)}{P(\boldsymbol{X})} \tag{6-52}$$

式中，$P(\boldsymbol{X})$ 对于所有类别来说都是一个相同常数。故想要比较不同类别后验概率的大小，只需要计算 $P(C_i)P(\boldsymbol{X}|C_i)$ 并比较大小即可。下面主要介绍类先验概率 $P(C_i)$ 以及条件概率 $P(\boldsymbol{X}|C_i)$ 的计算方法。

1. 计算先验概率 $P(C_i)$

类先验概率可通过式（6-53）来估计：

$$P(C_i)=|C_{i,D}|/|D| \tag{6-53}$$

式中，$|C_{i,D}|$ 是样本 D 中属于 C_i 类的样本数；$|D|$ 是 D 的总样本数量。在有些情况下无法计算类先验概率，则通常假定这些类等概率，即 $P(C_1)=P(C_2)=\cdots=P(C_m)$，此时只需要

比较 $P(\boldsymbol{X}|C_i)$ 的大小即可。

2. 计算条件概率 $P(\boldsymbol{X}|C_i)$

待分类样本 $\boldsymbol{X}=\{x_1,x_2,\cdots,x_n\}$，其中 x_k 表示该样本在属性 A_k 上的测试值。计算 $P(\boldsymbol{X}|C_i)$ 的主要困难在于，它是所有属性上的联合概率，在有限的样本条件下很难估计准确。为简化计算，在朴素贝叶斯分类中做如下假设：各数据属性之间相互独立，不存在任何关联性和依赖关系。因此，

$$P(\boldsymbol{X}|C_i)=P(x_1|C_i)P(x_2|C_i)P(x_3|C_i)\cdots P(x_n|C_i) \tag{6-54}$$

下面考虑概率 $P(x_k|C_i)$ 的计算，对于每个属性，应首先明确该属性是离散的还是连续的，其概率计算方式明显不同。

如果 A_k 是离散属性，则可做如下估计：

$$P(x_k|C_i)=\left|D_{C_i,x_k}\right|/\left|C_{i,D}\right| \tag{6-55}$$

式中，$\left|D_{C_i,x_k}\right|$ 是 C_i 类数据样本中属性 A_k 的值为 x_k 的样本数。

如果 A_k 是连续值属性，通常假定连续值属性服从均值为 μ 、标准差为 σ 的高斯分布，如式（6-56）定义：

$$g(x,\mu,\sigma)=\frac{1}{\sqrt{2\pi}\sigma}\mathrm{e}^{-\frac{(x-\mu)^2}{2\sigma^2}} \tag{6-56}$$

因此，可计算 $P(x_k|C_i)$ 为

$$P(x_k|C_i)=g(x_k,\mu_{C_i},\sigma_{C_i}) \tag{6-57}$$

3. 计算概率乘积 $P(C_i)P(\boldsymbol{X}|C_i)$

朴素贝叶斯分类法预测样本 $\boldsymbol{X}$ 属于具有最高后验概率的类。也就是说，当且仅当式（6-58）成立时，朴素贝叶斯分类算法预测 $\boldsymbol{X}$ 属于类 C_i。

$$P(C_i)P(\boldsymbol{X}|C_i)>P(C_j)P(\boldsymbol{X}|C_j),\ 1\leqslant j\leqslant n, j\neq i \tag{6-58}$$

朴素贝叶斯分类的算法流程如下：

输入：待预测样本 $\boldsymbol{X}$，属性集 A，类别集合 $C=\{C_1,C_2,\cdots,C_n\}$

输出：样本 $\boldsymbol{X}$ 预测类别

---

1. for C 中的每一个类别 C_i
2. 　计算该类样本在所有样本中出现的概率 $P(C_i)$
3. 　由式（6-54）计算 $P(\boldsymbol{X}|C_i)$
4. 　计算 $P(\boldsymbol{X}|C_i)P(C_i)$
5. end for
6. 找出最大值 $P(\boldsymbol{X}|C_m)P(C_m)$
7. 判定 $\boldsymbol{X}\in C_m$

例 6-7　以表 6-1 中的电池故障试验数据为例，使用朴素贝叶斯分类来预测样本 $\boldsymbol{X}=\{A=a_3,B=b_2,C=c_2\}$ 的预测类标签。电池异常记作 Y_1，电池正常记作 Y_2。

1）计算各类别先验概率：

$$P(Y_1)=9/15=0.6 \qquad P(Y_2)=6/15=0.4$$

2）计算条件概率：

$$P(A=a_3\,|\,Y_1)=2/9=0.222 \qquad P(A=a_3\,|\,Y_2)=3/6=0.500$$

$$P(B=b_2\,|\,Y_1)=5/9=0.556 \qquad P(B=b_2\,|\,Y_2)=2/6=0.333$$

$$P(C=c_2\,|\,Y_1)=4/9=0.444 \qquad P(C=c_1\,|\,Y_2)=2/6=0.333$$

由式（6-54）可计算：

$$P(\boldsymbol{X}\,|\,Y_1)=P(A=a_3\,|\,Y_1)P(B=b_2\,|\,Y_1)P(C=c_2\,|\,Y_1)=0.055$$

$$P(\boldsymbol{X}\,|\,Y_2)=P(A=a_3\,|\,Y_2)P(B=b_2\,|\,Y_2)P(C=c_2\,|\,Y_2)=0.056$$

3）计算概率 $P(\boldsymbol{X}\,|\,Y_i)P(Y_i)$：

$$P(\boldsymbol{X}\,|\,Y_1)P(Y_1)=0.055\times 0.6=0.033 \qquad P(\boldsymbol{X}\,|\,Y_2)P(Y_2)=0.056\times 0.4=0.022$$

4）找出上述结果最大的类。由于 $P(\boldsymbol{X}\,|\,Y_1)P(Y_1)>P(\boldsymbol{X}\,|\,Y_2)P(Y_2)$，故样本 $\boldsymbol{X}$ 为电池状态异常，即 $\boldsymbol{X}\in Y_1$。

需注意，若某个属性值在训练集中没有与某个类同时出现过，则由式（6-54）计算出的连乘式概率为零。一个零概率将消除乘积所有其他概率的影响。为了避免这种现象，在估计概率值时常用“拉普拉斯校准”。

具体来说，令 N_k 表示第 k 个属性 A_k 所有可能的取值数，则式（6-55）可修正为

$$P(x_k\,|\,C_i)=\frac{\left|D_{C_i,x_k}\right|+1}{\left|C_{i,D}\right|+N_k} \tag{6-59}$$

拉普拉斯校准避免了因训练集样本不充分而导致概率估值为零的问题，且在训练集较大时，修正过程对概率估计造成的变化可以忽略不计，使得估值趋向于实际概率值。

朴素贝叶斯分类算法简单、容易实现、速度快，且模型需要的估计的参数很少，对缺失的数据不敏感。理论上朴素贝叶斯算法是分类错误概率最小的分类器。但实际上，由于朴素贝叶斯分类假定各属性之间相互独立，忽略了各变量之间可能存在的依赖关系，这种假设在一定程度上降低了朴素贝叶斯的分类准确率。

与朴素贝叶斯分类相比，贝叶斯信念网络（Bayesian Belief Network，BBN）允许各属性之间存在依赖关系，弥补了朴素贝叶斯的上述不足。一个完整的贝叶斯网络由有向无环图与概率关系表两个部分组成，它提供一种描述事件间因果关系的图形结构，使得不确定性推理在逻辑上更清晰，可理解性更强。

6.6 分类模型的评价与选择

一个性能良好的分类模型既要能够很好地拟合训练数据集，而且还应当尽可能准确地预测未知样本的类标签。为了检验分类器在未知样本上的表现，应使用未参与训练的样本测试集对其进行验证。本节将介绍分类器的评价方法、评价指标及选择方法。

6.6.1 分类器的评价方法

在分类过程中，通常使用测试集对分类模型进行测试和验证。训练集和测试集的划分方法对分类模型的性能评估结果影响较大。本小节将介绍三种常用的分类器评价方法：保持法、交叉验证法、自助法。

1. 保持法

保持法是最常用的评价方法之一，将给定的样本数据随机地划分为两个集合，即训练集和测试集。为了保证随机性，需将数据集进行多次随机划分，对多次划分所得的性能指标取平均值，作为评价分类器的依据。

然而，保持法训练出的模型依赖于训练集的划分。训练集越小，模型方差越大；训练集太大，则测试集就少了，估计出来的准确率不太可靠。一般情况下，2/3 的数据分配到训练集，其余 1/3 的数据分配到测试集。

2. 交叉验证法

若数据有限，采用保持法容易导致过拟合，可采用交叉验证法。最常用的交叉验证为“k- 折交叉验证”。将原始数据集随机划分为 k 个（$k>1$）互斥的子集 $D_1,D_2,\cdots,D_k$，每个子集的大小近似相等。每次选择其中之一作为测试集，其余 $k-1$ 个子集作为训练集。例如，第一次迭代时，使用子集 D_1 作为测试集，其余子集一起作为训练集；第 i 次迭代时，使用子集 D_i 作为测试集，其余子集一起作为训练集。这样得到 k 组性能指标，对它们取平均即可。取 k=10 时，交叉验证的基本思路如图 6-19 所示。

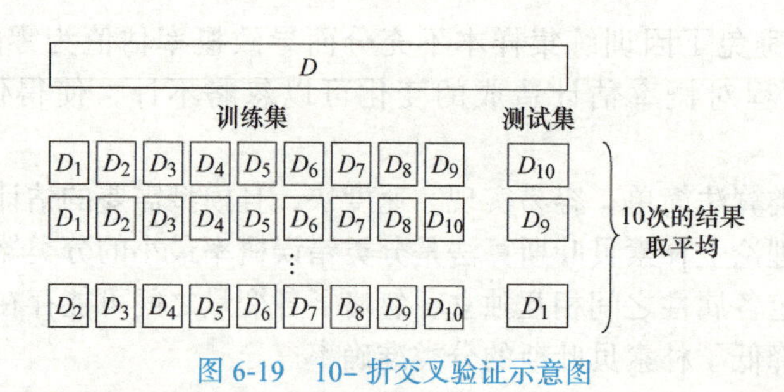

图 6-19　10- 折交叉验证示意图

在交叉验证中，每个样本都参与了分类模型的训练。在数据集有限的情况下使用交叉验证，相当于同时训练 k 个模型取均值，也相当于扩充了数据集。一般建议采用 10- 折交叉验证估计准确率。

3. 自助法

自助法从给定样本数据中有放回的均匀抽样，即每次随机地从原始数据集中抽取一个样本，然后放回。k 次抽样后便得到含有 k 个样本的数据集，将其作为训练集，而其他没有抽到的数据则构成测试集。需要注意，某个样本被抽到再放回后，后续仍有可能被重复抽到。

6.6.2　分类器的评价指标

混淆矩阵（Confusion Matrix）是一种评价分类器性能的常用方法，它描述的是样本数据的实际类别和预测类别之间的关系。一个简单二分类问题的混淆矩阵如表 6-9 所示。

表 6-9　二分类问题的混淆矩阵

混淆矩阵		预测类别	
		正例	反例
实际类别	正例	TP	FN
	反例	FP	TN

其中 TP、FP、TN、FN 解释如下：

1）真正例（TP）：表示预测结果为正，实际为正的样本数。

2）假正例（FP）：表示预测结果为正，实际为负的样本数。

3）真反例（TN）：表示预测结果为负，实际为负的样本数。

4）假反例（FN）：表示预测结果为负，实际为正的样本数。

混淆矩阵展示了分类模型检验的结果，但不够直观。需要使用更多性能度量对模型预测结果进行评价。下面介绍一些常用的分类器度量指标。

对于样本类别分布相对平衡的数据集，通常选择准确率和错误率对分类器的性能进行评估。

1. 准确率（Accuracy）

分类器在测试集上的准确率是被该分类器正确分类的样本所占的百分比，定义如下：

$$\text{Accuracy} = \frac{TP + TN}{P + N} \tag{6-60}$$

式中，P 为实际正样本数；N 为实际负样本数。

2. 错误率（Error Rate）

与准确率同理，可定义分类器的错误率如下：

$$\text{Error Rate} = \frac{FP + FN}{P + N} \tag{6-61}$$

对于类不平衡问题，准确率与错误率有时并不能准确反映分类器的分类效果。例如对一批工件进行缺陷检测，假设已经训练出一个分类模型，测试集包含 97 个正常工件与 3 个故障工件，分类器预测结果如表 6-10 所示。

表 6-10　工件故障预测结果

混淆矩阵		预测类别	
		正常	故障
实际类别	正常	97	0
	故障	2	1

对上例计算准确率，Accuracy = 98%，分类的结果似乎很不错。但可以发现分类模型对故障样本的识别能力不佳，3 个故障样本中仅 1 个被识别。因此，需要采用其他的度量指标，灵敏性和特效性往往用于类不平衡问题的分类度量。

3. 灵敏性（Sensitive）

灵敏性用于评估分类器正确地识别正样本的情况，定义如下：

$$\text{Sensitivity} = \frac{TP}{P} \tag{6-62}$$

4. 特效性（Specificity）

同理，特效性用于评估分类器正确地识别负样本的情况，定义如下：

$$\text{Specificity} = \frac{TN}{N} \tag{6-63}$$

对于前述工件检测问题，可计算该分类器灵敏性为 100%，特效性为 33%。较低的特效性反映出分类模型对故障工件（负样本）的识别效果很差。除了灵敏性和特效性，在类不平衡问题中也可采用精度、召回率及 F 度量作为指标，它们用于衡量模型对正样本的识别能力。

5. 精度（Precision）

精度是预测为正的样本中预测正确的样本所占的比例，定义如下：

$$\text{Precision} = \frac{TP}{TP + FP} \tag{6-64}$$

6. 召回率（Recall）

召回率是预测为正的样本在实际正样本中所占的比例，又称灵敏性，定义如下：

$$\text{Recall} = \frac{TP}{TP + FN} = \frac{TP}{P} \tag{6-65}$$

需要注意的是，精度和召回率是相互矛盾的。一般情况下，当精度高时，召回率往往偏低；当召回率高时，精度又会偏低。通常只有在一些简单的分类任务中，才可能是精度和召回率都很高。

7. F 度量

由于精度和召回率是一对矛盾的度量，F 度量是精度和召回率的调和均值，它赋予二者相等的权重，定义如下：

$$F_1 = \frac{2 \times \text{Precision} \times \text{Recall}}{\text{Precision} + \text{Recall}} \tag{6-66}$$

然而在很多时候对精度和召回率的重视程度并不相同，常常也使用 F_β 度量方法。F_β 度量是精度和召回率的加权度量，定义如下：

$$F_\beta = \frac{(1+\beta^2) \times \text{Precision} \times \text{Recall}}{\beta^2 \times \text{Precision} + \text{Recall}} \tag{6-67}$$

式中，β 是非负实数。F_β 度量赋予召回率权重是精度的 β 倍，当 $\beta=1$ 时，式（6-67）与式（6-66）等价，此时 F_β 即为 F 度量。

注意：多分类问题也存在混淆矩阵。表 6-11 展示了某三分类问题的分类结果。

表 6-11　三分类问题的分类结果

混淆矩阵		预测类别		
		A	*B*	*C*
实际类别	*A*	23	3	2
	B	4	25	6
	C	5	2	30

这里简要说明在多分类混淆矩阵中评价指标的计算，以整体准确率以及类别 A 的精度为例，被该分类器正确分类的样本数即表 6-11 中对角线之和，总样本数为表 6-11 中所有类别的样本数之和：

$$\text{Accuracy} = \frac{TP+TN}{P+N} = \frac{23+25+30}{23+3+2+4+25+6+5+2+30} = 0.78$$

在计算某一类的具体评价指标时，可将三分类混淆矩阵统计为二分类的形式。

如表 6-12 所示，A 类的精度可以计算如下：

$$\text{Precision} = \frac{TP}{TP+FP} = \frac{23}{23+5} = 0.821$$

表 6-12　修改后的二分类混淆矩阵

混淆矩阵		预测类别	
		A	非 *A*
实际类别	*A*	23	5
	非 *A*	9	63

例 6-8　假设你是一家制造公司的质量控制工程师，负责监控生产线上机械零件的尺寸精度。为了确保产品质量，你采集了一批零件的长度和宽度数据，并用分类算法对数据

进行了分析，以识别可能的质量问题。表6-13是分类结果及其真实类别情况，试分别求出精度、召回率、F度量指标。

表6-13　零件的分类结果与真实类别

零件编号	长度	宽度	真实类别	预测类别
1	10.1	5.2	A	B
2	10.0	5.1	A	A
3	10.2	5.0	A	A
4	9.9	5.0	A	A
5	15.0	7.5	B	B
6	15.2	7.6	B	B
7	15.1	7.5	B	B
8	9.8	5.1	A	B
9	15.2	7.6	B	B
10	15.0	7.4	B	B

首先，确定每个类别的TP、FP、TN、FN。

1）对于类别A，有TP：零件真实和预测都为A的数量（3个）；TN：零件真实和预测都不是A的数量（5个）；FP：预测为A，但真实类别不是A的数量（0个）；FN：真实为A，但预测不是A的数量（2个）。

2）对于类别B，有TP：零件真实和预测都为B的数量（5个）；TN：零件真实和预测都不是B的数量（3个）；FP：预测为B，但真实类别不是B的数量（2个）；FN：真实为B，但预测不是B的数量（0个）。

然后，计算各项评价指标：A的精度$=3/(3+0)=1$，B的精度$=5/(5+2)=0.71$；A的召回率$=3/(3+2)=0.6$，B的召回率$=5/(5+0)=1$；A的F度量$=2\times(1\times0.6)/(1+0.6)=0.75$，$B$的$F$度量$=2\times(0.71\times1)/(0.71+1)=0.83$。精度、召回率和$F$度量分析显示，类别$B$的预测表现较好，而类别$A$的召回率较低，表明模型在预测类别$A$时存在遗漏。

6.6.3　分类器的选择方法

若通过上述方法由数据集产生了多个分类模型，需要比较各分类模型之间的性能优劣，选择最合适的分类模型。统计显著性检验、ROC曲线都是常用的分类器选择方法。

对于不同的分类器，试验得出其性能上的差异有可能只是偶然的。此时，可假设两个分类器分类结果相同，对它进行统计显著性检验，根据检验结果判断是否可以推翻假设。

1. 统计显著性检验

较常用的显著性检验是t–检验，为便于讨论，本节以错误率为性能度量。

现由同一个训练集训练了分类模型M_1和M_2，采用10–折交叉验证的方法测试模型，得到了每个模型的平均错误率。假设两个分类模型分类结果相同，即二者平均错误率之差为 0，进行 $t-$ 检验。

对 M_1 和 M_2 使用相同的测试集，在交叉验证的每一轮都计算得出 M_1 和 M_2 的错误率。设 $\text{error}(M_1)_i$ 和 $\text{error}(M_2)_i$ 是模型 M_1 和 M_2 在交叉验证第 i 轮的错误率，对 M_1 和 M_2 的错误率分别取平均值得到 $\overline{\text{error}}(M_1)$ 和 $\overline{\text{error}}(M_2)$。

$t-$ 检验计算 k 个样本具有 $k-1$ 个自由度的 $t-$ 统计量，即

$$t=\frac{\overline{\text{error}}(M_1)-\overline{\text{error}}(M_2)}{\sqrt{\text{var}(M_1-M_2)/k}} \tag{6-68}$$

式中，$\text{var}(M_1-M_2)$ 是两个模型差的方差，计算如下：

$$\text{var}(M_1-M_2)=\frac{1}{k}\sum_{i=1}^{k}\left[\text{error}(M_1)_i-\text{error}(M_2)_i-(\overline{\text{error}}(M_1)-\overline{\text{error}}(M_2))\right]^2 \tag{6-69}$$

计算 t 并选择显著水平 sig，通常使用 5% 或 1% 的显著水平。在统计学相关资料中查阅 $t-$ 分布表，假设采用 5% 的显著水平，由于 $t-$ 分布是对称的，表格通常只显示分布上部的百分点，因此找置信界 $z=\text{sig}/2=0.025$ 的表值。若 $t>z$ 或 $t<-z$，则 t 落在拒斥域，可拒绝两个分类模型相同的原假设，说明两个模型之间有显著差别，在此情况下可选择具有较低错误率的模型。否则，不能拒绝原假设，说明两个模型之间的测试差异可能只是偶然因素导致的。

注意，若有两个测试集，则两个模型之间的方差估计为

$$\text{var}(M_1-M_2)=\sqrt{\frac{\text{var}(M_1)}{k_1}+\frac{\text{var}(M_2)}{k_2}} \tag{6-70}$$

式中，k_1 和 k_2 分别用于 M_1 和 M_2 的交叉验证样本数，查表时自由度取两个模型的最小值。

2. ROC 曲线

接下来介绍一种分类器性能的可视化工具：ROC 曲线。ROC 全称是接收者操作特征（Receiver Operating Characteristic，ROC）。在机器学习中，ROC 曲线一般针对二分类问题，曲线下方的面积主要反映分类器的准确率。

ROC 曲线多用于二分类任务中，它是以真正例率 TPR 为纵坐标，假正例率 FPR 为横坐标绘制的曲线。其中，TPR 表示分类器正确地识别正样本的比例，定义如下：

$$TPR=\frac{TP}{P} \tag{6-71}$$

FPR 表示模型将负样本错误标记为正的比例，定义如下：

$$FPR=\frac{FP}{N} \tag{6-72}$$

对于测试的样本 X，设某分类器返回的值为 $f(X)\to[0,1]$。通常选择一个阈值 t，使得 $f(X)\geqslant t$ 的样本视为正的，而其他样本视为负的。例如，如果阈值为 0.5，分类器预测

一个样本类别为正的概率为 0.7，则该样本预测类别即为正；如果阈值为 0.8，那么该样本的预测类别为负。

ROC 曲线首先对所有可能的阈值做计算，通过改变阈值，获得多个真正例率与假正例率序列。然后，以假正例率为横坐标，真正例率为纵坐标，作图得到的曲线称为 ROC 曲线。其曲线一定经过（0，0）和（1，1）两点。

具体绘制 ROC 曲线时，首先将测试样本按正类概率大小进行递减排序。从坐标系左下角（原点）开始（$TPR=FPR=0$），首先观察列表顶部的样本，该样本具有最高的正类概率，取其概率为阈值 t。此时概率等于 t 的样本为正，小于 t 的样本为负，可计算一对 TPR 与 FPR，这样，生成了 ROC 曲线的一个点。然后，设置阈值 t 为第二个样本的正类概率，计算得到第二对 TPR 与 FPR，产生相应的点。对每个样本重复该过程，最终可得到完整的 ROC 曲线。

AUC（Area Under Curve）即 ROC 曲线下方的面积，该曲线下方的面积大小与分类模型的优劣密切相关，反映模型正确分类的统计概率。一般来说，AUC 的取值在 0.5 ～ 1 之间，AUC 的值越接近于 1，说明该模型的准确率越好；当 AUC 的值越接近于 0.5，即 ROC 曲线越接近于对角线，说明模型的准确率越低。

图 6-20 所示为两个不同分类模型 M_1 和 M_2 所对应的 ROC 曲线示意图，对比可看出 M_2 的 AUC 值较大，其 ROC 曲线更远离对角线，说明分类模型 M_2 的分类准确性更高。

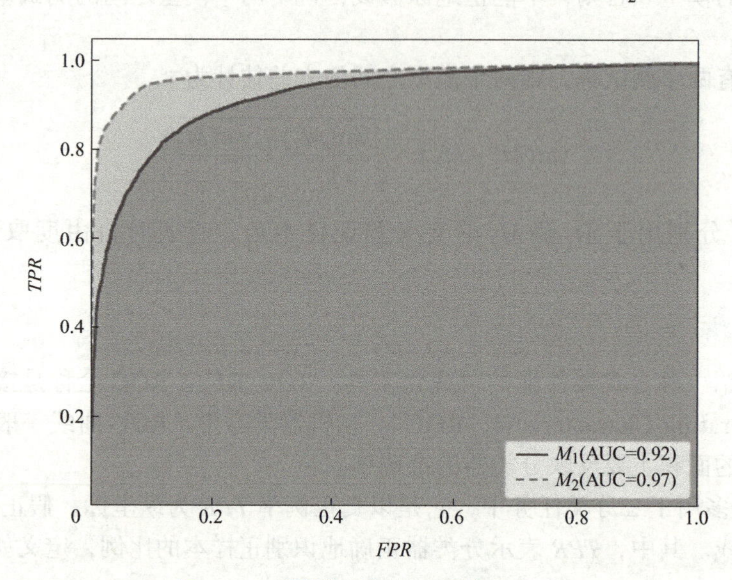

图 6-20　不同模型的 ROC 曲线示意图

6.7　组合分类技术

组合分类器是由多个分类器组合而成的复合模型，将多个学习器进行结合，往往能提高分类的准确性，通常可以获得比单一学习器显著优越的泛化性能。本节将详细介绍装袋（Bagging）算法、提升（Boosting）算法和随机森林（Random Forest）算法等应用较为广泛的组合分类方法。

6.7.1　组合分类方法简介

组合分类的基本原理如图 6-21 所示，将样本集 D 划分为 k 个独立的训练集 $D_1,D_1,\cdots,D_k$，其中训练集 D_i 用于创建分类器 M_i，由此可以得到 k 个分类模型（也称作基分类器）。将它们按某种策略进行组合，创建一个复合分类模型 M。对于给定的待分类样本数据，每个基分类器通过投票预测类别。若超过半数的基分类器预测类别正确，则组合分类就正确。当且仅当一半以上的基分类器都分类错误时，组合分类器才会误分类。所以，组合分类器往往比基分类器更加准确。

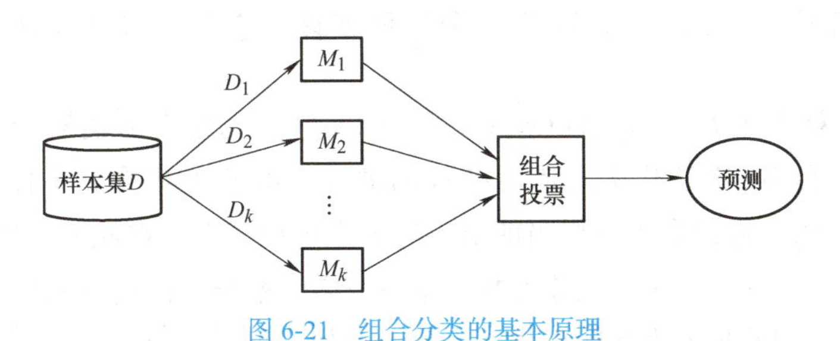

图 6-21　组合分类的基本原理

较常用的组合分类方法有 Bagging 算法、Boosting 算法等，简要介绍如下。

1. Bagging 算法

Bagging 算法基于本章 6.6.1 节中提到的自助法，它使用训练集的子集和并行学习的模型来训练每个模型。Bagging 算法通常对分类任务使用简单投票法，即每个基分类器使用相同的权重投票，最终将票数最高的类赋予样本数据。应用广泛的随机森林算法实质上是 Bagging 算法的变体，是一种用于决策树的 Bagging 算法。

2. Boosting 算法

Boosting 算法先从初始训练集训练出一个基分类器 M_i，更新样本权重，使分类器 M_i 更加关注被 M_i 上一个分类器错误分类的训练样本。如此反复更新，直到基分类器的数目达到指定值，最终将这些分类器进行加权集合。

6.7.2　装袋算法

Bagging 算法过程如下：在原始数据集中随机有放回地抽样 m 次，则可以得到一个含 m 个数据样本的训练集 D_1。照这样重复 k 次便可得到 k 个训练集 $D_1,D_2,\cdots,D_k$。由训练集 D_i 学习得到分类模型 M_i。对一个未知的样本 $\boldsymbol{X}$ 分类，每个基分类器投票，装袋分类器统计得票，将得票数最高的类作为最终的预测结果。若出现两种类别收到相同票数，则随机选择一个即可。Bagging 算法过程如下：

输入：训练样本集 D，基分类器个数 k，基分类算法，未知样本 $\boldsymbol{X}$
输出：一个复合分类模型，样本 $\boldsymbol{X}$ 预测类别

---

1. for i=1 to k do
2. 　对 D 进行有放回抽样，创建训练集 D_i

3. 使用D_i与基分类算法导出分类模型M_i

4. 使用M_i预测样本$\boldsymbol{X}$的类别，算作一票

5. end for

6. 将票数最多的类别视为$\boldsymbol{X}$所属类别

装袋分类器的准确率通常高于单个分类器的准确率，且 Bagging 算法主要关注于降低基分类器的方差，Bagging 算法的优点在于它能够减少模型的方差，提高模型的泛化能力，尤其是在基学习器容易过拟合的情况下。。

随机森林算法是 Bagging 算法的一个扩展变体，它是一种用于决策树的 Bagging 算法。

若给定训练样本集$D=\{(x_1,y_1),(x_2,y_2),\cdots,(x_m,y_m)\}$，为组合分类器产生$k$棵决策树的一般过程如下：在第$i$次迭代中，使用有放回抽样，由$D$产生含$d$个样本的训练集$D_i$，以此构造决策树$M_i$。假设在决策树当前节点有$n$个可用属性，在此节点属性中随机挑选$f$个属性（$f$一般远小于$n$），在$f$个属性中选择一个最优划分属性进行划分。使树增长到最大规模，不剪枝。照此重复k次便可得到k棵决策树，分类时每棵树都投票给它预测的类别，最终得票最多的类即视为预测结果。

随机森林算法的起始性能往往较差，因为各节点属性挑选的随机性，个体决策树的性能有所降低。随着个体决策树数目的增加，随机森林算法通常会收敛到更低的泛化误差。随机森林算法的训练效率往往优于 Bagging 算法，因为在构建个体决策树时，Bagging 算法构建的是“确定型”决策树，需要对节点的所有可用属性进行考察。而随机森林算法仅需要在一个规模较小的属性子集中考察。故随机森林算法计算难度较小，相对于 Bagging 算法，它的训练速度更快。

6.7.3 提升算法

在提升（Boosting）算法中，对每个训练样本赋予初始权重，并迭代地学习k个分类器。如果样本被分类错误，则它的权重增加；如果样本正确分类，则它的权重减小，因此样本数据的权重大小反映了对它们分类的困难程度。在训练新的分类器时更加关注被上一个分类器错误分类的样本数据，这样建立了一个互补的分类器系列。本小节主要介绍提升算法中较为主流的 Adaboost 算法。

Adaboost 算法的主要思想如下：给定样本集$D=\{(x_1,y_1),(x_2,y_2),\cdots,(x_m,y_m)\}$，首先对每个训练样本赋予相等的权重$1/m$，接着从$D$中有放回地抽样，得到训练集$D_1$，通过训练集$D_1$构造分类器$M_1$。使用$D$作为测试集计算$M_1$的错误率，根据分类情况调整训练样本的权重，然后使用调整后的D继续构造下一轮分类器，直到达到基分类器数量上限。

分类器M_i的错误率计算如下：

$$\mathrm{error}(M_i)=\sum_{j=1}^{m}h_j\times\mathrm{error}(x_j) \tag{6-73}$$

式中，h_j是样本x_j的权重；$\mathrm{error}(x_j)$是样本x_j的误分类误差。若x_j被误分类，则

$\text{error}(x_j)=1$，否则 $\text{error}(x_j)=0$。若分类器 M_i 的错误率大于 0.5，则丢弃，重新产生新的 D_i 和 M_i。

训练样本集 D 的权重调整规则如下：若一个样本在第 i 次被正确分类，则其权重乘以 $\text{error}(M_i)/(1-\text{error}(M_i))$。当所有被正确分类的样本权重都已更新，对所有样本权重进行规范化，使权重之和保持不变。

当所有分类器都构造完毕，根据各个分类器的分类情况赋予相应的投票权重。分类器的错误率越低，则它的投票权重就应该越高。可以使用式（6-74）所示的分类器权重计算方法：

$$w_i=\ln\frac{1-\text{error}(M_i)}{\text{error}(M_i)} \tag{6-74}$$

经过所有分类器的加权投票之后，选择具有最大权重的类作为预测结果。

Adaboost 算法的流程如下：

输入：训练集 $D=\{(x_1,y_1),(x_2,y_2),\cdots,(x_m,y_m)\}$，训练轮数 k，基学习算法，未知样本 $\boldsymbol{X}$

输出：复合分类模型，样本 $\boldsymbol{X}$ 预测类别

训练过程：

1. 初始化每个样本的权重 $h_j=\dfrac{1}{m}$
2. for i=1 to k do
3. 　对 D 进行有放回抽样，创建训练集 D_i
4. 　使用 D_i 与基学习算法导出分类模型 M_i
5. 　以 D 作为测试集计算 $\text{error}(M_i)$
6. 　if $\text{error}(M_i)>0.5$ then
7. 　　终止循环
8. 　end if
9. 　for D 中每个被正确分类的样本 do
10. 　　更新权重 $h_j^{(i+1)}=h_j^{(i)}\times\dfrac{\text{error}(M_i)}{1-\text{error}(M_i)}$
11. 　规范化 D 中每个样本的权重
12. end for

预测过程：

1. for i=1 to k do
2. 　对每个类的权重初始化为 0
3. 　各个分类器投票权重 $w_i=\ln\dfrac{1-\text{error}(M_i)}{\text{error}(M_i)}$
4. 　M_i 对 $\boldsymbol{X}$ 的类别预测 $c=M_i(\boldsymbol{X})$
5. 　将 w_i 加到类别 c 的权重

6. end for

7. 将权重最大的类别作为 ***X*** 所属类别

与 Bagging 算法相比，Adaboost 算法充分考虑了每个分类器的权重，大部分情况下 Adaboost 算法得到的结果精度更高、偏差更小，然而 Adaboost 算法较为关注被误分类的样本，存在结果对样本数据集过分拟合的风险。

后续一些提升算法对此进行了改进，使用较为广泛的有 XGBoost（eXtreme Gradient Boosting）算法。XGBoost 算法由华盛顿大学的陈天奇博士提出，在多个机器学习竞赛中取得了优异的成绩，具有防过拟合效果更好、损失函数更精确、处理稀疏矩阵效率更高等优点。

6.8 实例

电力变压器是整个电力设备中最关键的组成部分之一，其运行可靠性直接影响电力系统的安全运行。然而变压器在运行过程中，受到制造水平、温度、污染等影响，不可避免地会出现绝缘劣化及潜伏性故障或缺陷。随着故障的缓慢发展，变压器油与油中的固体有机绝缘材料在运行电压下因电、热、氧化等多种因素作用会逐渐变质，裂解成低分子气体。裂解出来的气体形成气泡在油中经过对流、扩散作用，就会不断地溶解在油中。由此可见，油中溶解气体的成分和含量在一定程度上反映出变压器的内部故障，可作为识别变压器故障类型的特征量。

电力变压器的内部故障一般可分为两类：过热故障和放电故障。主要用于分析的气体种类为 H_2、CH_4、C_2H_6、C_2H_4、C_2H_2。通过检测变压器油中上述五类气体的含量特征可以判断电力变压器的内部故障类型。现对一批电力变压器样本的油中气体含量进行检测，得到 70 组试验数据，挑出其中 50 组样本作为训练集，其余 20 组样本作为测试集。图 6-22 展示了变压器的数据样本，其中白色区域表示训练样本，灰色区域表示测试样本，最下面的子图用菱形标记了对应样本点的变压器状态类型，包括过热故障、放电故障和正常三类。试选用合适的分类方法建立分类模型，并测试分类模型的性能。

1. 数据预处理

经检查，70 组变压器检测样本无缺失值与重复值，故无需进行缺失值填充与重复值剔除处理。为了降低各特征维度不一致给分类模型造成的影响，需要对各个特征进行标准化处理。采用 Z-score 标准化方法处理特征集，得到预处理之后的变压器数据。

2. 基于 ID3 决策树的分类

决策树分类的主要步骤包括数据特征选择、树的生成和预测。首先，特征选择是根据某种准则选择最佳的特征作为根节点，以将数据集划分为不同的子集。然后，树的生成是通过递归地对子集进行特征选择和划分，直到达到终止条件，如叶节点中只包含同一类别的样本或达到最大深度。最终，使用模型进行分类预测。

在特征选择阶段，根据选择的不纯度指标计算每个特征的重要性，并选择最重要的特征作为根节点。然后，根据该特征的取值将数据集划分为不同的子集。这个过程会不断重复，直到达到终止条件为止。

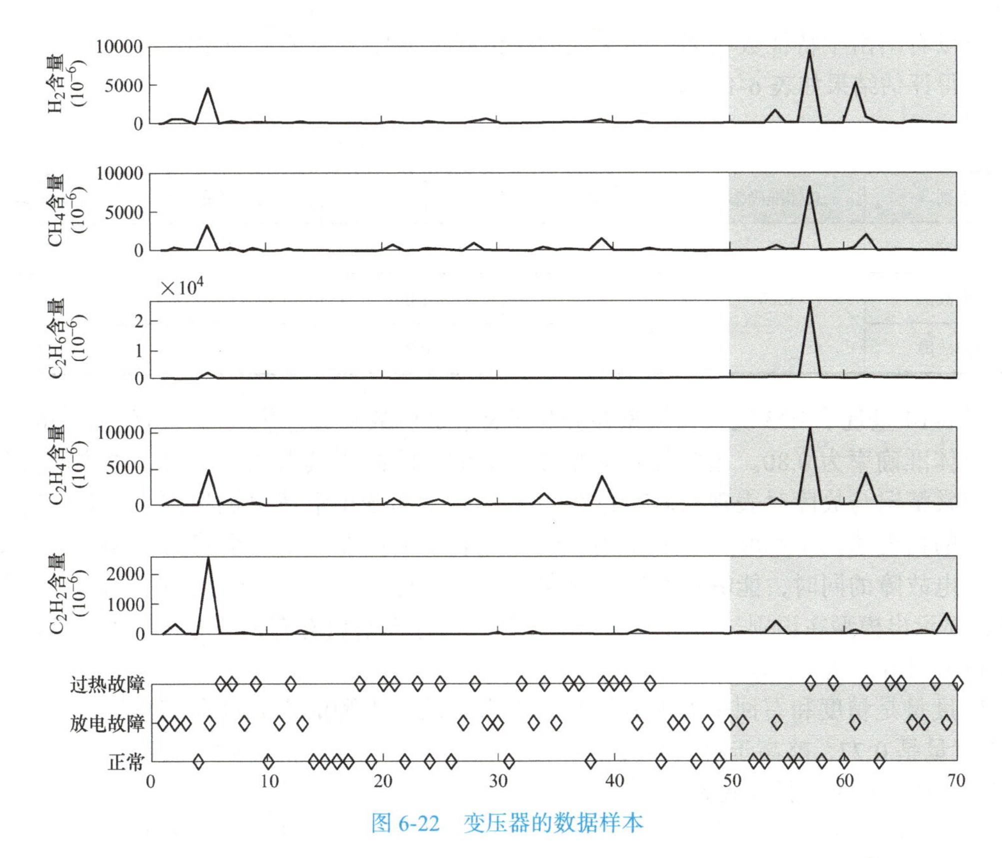

图 6-22　变压器的数据样本

在树的生成过程中，递归地对每个子集进行特征选择和划分，生成决策树的分支。当到达终止条件时，生成叶节点，叶节点中包含的样本都属于同一类别。

在预测过程中，使用生成的决策树模型对新样本进行分类预测，将样本从根节点开始沿着决策树的分支进行判断，最终到达叶节点，并将样本分配到对应的类别中。

本例中使用 ID3 算法生成了一棵决策树模型，如图 6-23 所示。

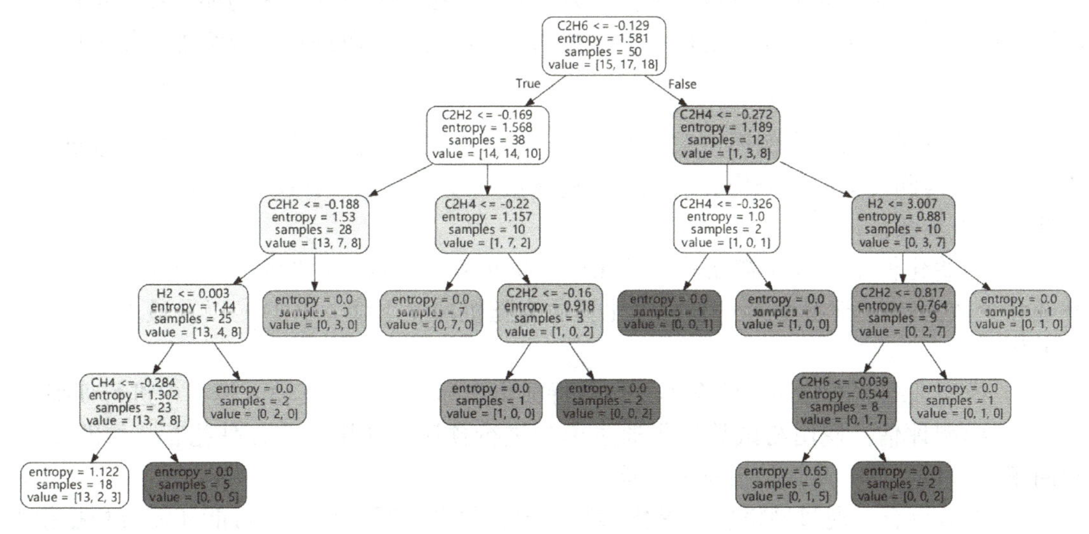

图 6-23　决策树模型

可以看出由于特征数较多，所生成的决策树模型较为复杂。使用图 6-23 所示决策树模型所得评估结果如表 6-14 所示。

表 6-14　ID3 决策树分类效果评估

类别	总体准确率	精度	召回率	F_1 度量	对应样本数
正常	0.80	0.83	0.71	0.77	7
放电故障		0.86	1.00	0.92	6
过热故障		0.71	0.71	0.71	7

表 6-14 呈现了 ID3 决策树模型在分类正常、放电故障和过热故障三种情况时的效能。模型总体准确率为 0.80。正常样本的精度为 0.83，略高于其召回率 0.71，这说明模型在区分正常情况与故障时表现得较为准确，但仍有一部分正常情况被误判为故障。对于放电故障的精度达到了 0.86，召回率为 1.00，这表明模型在几乎不会将其他类型的样本误判为放电故障的同时，能够识别出大多数放电故障样本。过热故障的精度和召回率都是 0.71，显示出模型在识别过热故障时的一致性，但这也暗示着有近三分之一的过热故障样本未被识别出来或有被误判的情况。

F_1 度量是精度和召回率的调和平均，综合反映了模型的准确性和完整性。正常样本的 F_1 度量是 0.77，略高于过热故障的 0.71，但低于放电故障的 0.92，表明决策树模型在处理放电故障样本时性能较好。

同时可以进一步观察到，尽管放电故障样本数量最少，模型的表现却是最佳的。这可能意味着放电故障的特征区分性强，使得模型即使在较少的样本情况下也能进行高效的学习。可以根据需要进一步调整决策树的参数或考虑更多的特征，以提高模型对正常情况的识别能力。

综上所述，决策树模型在识别放电故障方面表现最优，但在过热故障的检测上存在改进空间。为了进一步提高模型的性能，可以尝试提供更多的样本数据，或者采用特征工程技术来增强模型对不同类型故障的区分能力。同时，模型的召回率表明还存在一定比例的故障未被检出，这对于实际应用是一个潜在风险，需要通过改进算法或增加数据来解决。

3. 基于 BP 神经网络的分类

除了决策树算法，本例还可采用 BP 神经网络实现变压器的故障判断。数据预处理过程、训练集与测试集的划分均和前述决策树算法一致。搭建一个 BP 神经网络分类模型主要涉及以下步骤：

1）初始化模型：首先初始化一个 BP 神经网络分类器。设置隐藏层的层数为 1 层、神经元个数为 50、学习率为 0.01、优化算法为随机梯度下降（SGD）以及最大迭代次数 200 次。

2）模型训练：准备训练数据集，包括特征集和标签，并将其输入模型中进行训练。

3）模型评估：使用测试数据集通过模型进行预测，使用一些评估指标（如准确率、召回率、F_1 度量等）来评估模型的性能。

4）参数调整：通过网格搜索最优参数组合，但在实际应用中，可能还需要根据模型在独立测试集上的表现来进一步微调参数。

通过遵循这些步骤，可以构建一个基于反向传播算法的神经网络分类模型，所得评估结果如表 6-15 所示。

表 6-15　BP 神经网络分类效果评估

类别	总体准确率	精度	召回率	F_1 度量	对应样本数
正常	0.85	0.88	1.00	0.93	7
放电故障		0.75	1.00	0.86	6
过热故障		1.00	0.57	0.73	7

根据表 6-15 中的 BP 神经网络分类效果评估数据，该模型总体准确率为 0.85，在具体的分类性能上，模型对正常情况的识别表现尤为突出，精度达到了 0.88，召回率为 1.00，F_1 度量为 0.93，表明模型在识别正常情况方面几乎没有误报。这种高召回率确保了所有正常样本都被正确识别，但同时精度略低于召回率，说明有少量故障样本被误判为正常。

放电故障的检测也相当准确，尽管其精度稍低于正常样本的识别，为 0.75，但其召回率达到了 1.00，F_1 度量为 0.86，这意味着模型能够识别出所有放电故障样本，没有遗漏，但在区分放电故障与其他类型时，存在一定的误判。

过热故障的识别则是三种情况中最具挑战性的，尽管其精度达到了 1.00，表明模型识别为过热故障的样本都是准确的，没有误判，但召回率仅为 0.57，F_1 度量为 0.73，说明模型未能检测出所有的过热故障样本，有一定比例的过热故障未被识别出来。

综上所述，BP 神经网络模型在处理不同类型的故障时表现出了可靠的性能，尤其在正常情况和放电故障的识别上表现较好。然而，过热故障的识别准确性虽然高，但其检出能力还有待提高，这表明模型在区分不同故障类型时需要进一步的优化。为了提升模型的整体性能，可以考虑采用更多的样本数据进行训练，或者利用特征工程技术来增强模型对故障的区分能力，从而更好地满足实际应用需求。

4. 模型对比分析

根据表 6-14 及表 6-15 进行 ID3 决策树和 BP 神经网络分类效果的对比，从总体准确率来看，BP 神经网络准确率高于 ID3 决策树，这表明在整体上，BP 神经网络在识别所有类别方面更为准确。

具体到各个类别，对于正常样本，BP 神经网络的精度和召回率都高于 ID3 决策树，这意味着 BP 神经网络在将正常情况与故障区分时更为准确，且没有任何正常样本被误判为故障。F_1 度量从 ID3 决策树的 0.77 提高到了 BP 网络的 0.93，进一步证实了这一点。

对于放电故障识别，ID3 决策树与 BP 神经网络的召回率都为 1.00，而 BP 神经网络的精度稍低。这表明两个分类模型均能够识别所有的放电故障，但 BP 神经网络将更多的其他样本错误识别为放电故障样本。相比之下，ID3 决策树在放电故障的检测上更为均衡，能更可靠地识别出放电故障。

对于过热故障识别，ID3 决策树的识别精度和召回率相等，其中接近三分之一的过热故障没有被识别，有误报风险。而 BP 神经网络虽无误报风险，但其召回率仅有 0.57，即存在相当一部分过热故障被漏检。

总体而言，BP 神经网络在整体准确率和正常样本的识别上优于 ID3 决策树，而 ID3 决策树在放电故障的识别上表现更好。两者在过热故障的检测上都有提升的空间，ID3 决策树的均衡性能和 BP 神经网络的高精度各有优势。

本章小结

分类分析是一种有监督学习，用于预测数据的所属类别。本章首先描述了分类分析的概念与基本步骤，并分别介绍了四种常用的分类方法，即决策树、支持向量机、人工神经网络和贝叶斯；其次讨论了分类模型的评估与选择标准；最后介绍了组合分类方法。具体内容如下：

基本概念：介绍了分类分析的概念，并描述了分类分析的基本思路和一般过程，简要概述了决策树、支持向量机、人工神经网络、贝叶斯等常用分类方法。

决策树：介绍了基本的决策树理论、属性选择度量及剪枝操作，结合实例对常见的三种决策树算法进行了说明。

支持向量机：介绍了支持向量机的基本理论，引出对应的优化问题及相应解法。

人工神经网络：介绍了 BP 神经网络的原理及其基本过程，阐述了常用的激活函数及损失函数。

贝叶斯：介绍了贝叶斯定理等概率知识，描述了常用的朴素贝叶斯分类思想。

分类模型评估与选择：介绍了分类器的评价指标及划分测试集的方法，来完成对分类模型效果的评估。

组合分类技术：描述了组合分类方法的一般流程，介绍了 Bagging 算法、Adaboost 算法等组合分类方法。

思考题与习题

6-1 简述分类分析的基本过程。

6-2 分类分析与聚类分析有什么区别?

6-3 决策树中常用的属性度量指标有哪些？对应的经典算法有哪些？

6-4 工业制造中常常需要预测工件的合格性。现有数据集如表 6-16 所示，包含四个属性和两个类标签。“材料类型”表示工件所使用的材料的类型，取值 1 代表金属材料，取值 2 代表塑料材料，取值 3 代表陶瓷材料。“工艺流程”表示工件的生产工艺流程，取值 1 代表喷涂工艺，取值 2 代表冲压工艺，取值 3 代表焊接工艺。“尺寸”表示工件的尺寸大小，取值 0 代表小尺寸，取值 1 代表大尺寸。“质量等级”用于评价工件的质量等级，取值 0 代表低质量等级，取值 1 代表高质量等级。类标签表示工件的合格情况，其中 0 代表工件不合格，1 代表工件合格。试使用 ID3 算法构建一个决策树模型。

6-5 简述朴素贝叶斯分类的基本思想，并思考朴素贝叶斯的局限性。

6-6 根据表 6-16 中的数据，利用朴素贝叶斯算法来判断一个采用冲压工艺的大尺寸、高质量等级的陶瓷工件合格的概率，并与决策树的分类结果做对比。

6-7 如何采用 SVM 算法实现对非线性可分训练集的分类?

表 6-16　工件生产数据集

序号	材料类型	工艺流程	尺寸	质量等级	是否合格
1	1	1	0	0	0
2	1	2	1	1	1
3	2	3	0	0	1
4	1	1	0	1	0
5	1	2	0	0	0
6	3	1	0	1	1
7	2	1	1	1	0
8	1	3	0	0	0
9	2	3	1	0	1
10	2	3	0	1	0
11	3	2	0	1	1
12	2	3	1	1	1
13	2	2	0	0	1
14	1	3	0	1	0
15	3	3	0	0	1
16	2	2	1	1	1
17	1	3	1	1	1
18	1	1	1	0	1
19	3	3	1	1	1
20	2	1	0	0	0

6-8　某公司生产两种不同用途的定制电容器。电容器两个关键的物理尺寸是长度和宽度，这些特征对于性能至关重要。电容器的类别基于它们的性能特点和应用范围被区分开来：类别 0 表示这些电容器设计用于普通电子设备，如消费级电子产品；类别 1 表示这些电容器则专为高端应用设计，如医疗设备或航空电子系统，需要更精确的尺寸控制以保证高可靠性和长期稳定性。表 6-17 记录了最近生产批次中两种类型电容器的部分尺寸数据，试就此问题编程实现 SVM 分类算法。

表 6-17　电容器数据训练集

序号	长度 /mm	宽度 /mm	类别	序号	长度 /mm	宽度 /mm	类别
1	5.1	3.5	0	4	4.6	3.1	0
2	4.9	3	0	5	5	3.6	0
3	4.7	3.2	0	6	5.4	3.9	0

（续）

序号	长度 /mm	宽度 /mm	类别	序号	长度 /mm	宽度 /mm	类别
7	4.6	3.4	0	24	5.5	2.3	1
8	5	3.4	0	25	6.5	2.8	1
9	4.4	2.9	0	26	5.7	2.8	1
10	4.9	3.1	0	27	6.3	3.3	1
11	5.4	3.7	0	28	4.9	2.4	1
12	4.8	3.4	0	29	6.6	2.9	1
13	4.8	3	0	30	5.2	2.7	1
14	4.3	3	0	31	5	2	1
15	5.8	4	0	32	5.9	3	1
16	5.7	4.4	0	33	6	2.2	1
17	5.4	3.9	0	34	6.1	2.9	1
18	5.1	3.5	0	35	5.6	2.9	1
19	5.7	3.8	0	36	6.7	3.1	1
20	5.1	3.8	0	37	5.6	3	1
21	7	3.2	1	38	5.8	2.7	1
22	6.4	3.2	1	39	6.2	2.2	1
23	6.9	3.1	1	40	5.6	2.5	1

6-9　简要描述 BP 神经网络的训练迭代过程。

6-10　为什么 BP 神经网络易陷入局部最优解？

6-11　根据表 6-17 中的数据，试用标准 BP 算法训练一个单隐藏层网络。

6-12　简述训练集与测试集的划分方法，在小样本的情况下一般适合什么方法？

6-13　与单个分类器相比，组合分类器有哪些优势？

6-14　思考装袋算法与提升算法的异同。

6-15　表 6-18 中数据样本已经按分类器返回概率值递减排序，请计算真正例率 *TPR* 和假正例率 *FPR*，并为该数据绘制 ROC 曲线。

表 6-18　分类样本及分类器返回概率

序号	类	概率	序号	类	概率
1	*P*	0.95	6	*P*	0.57
2	*N*	0.85	7	*N*	0.55
3	*P*	0.78	8	*N*	0.52
4	*P*	0.63	9	*N*	0.51
5	*N*	0.60	10	*P*	0.42

6-16　以表 6-19 中的数据作为测试集，检验并比较 SVM 与 BP 两种分类器的分类效果。

表 6-19　电容器数据测试集

序号	长度 /mm	宽度 /mm	类别	序号	长度 /mm	宽度 /mm	类别
1	5.4	3.4	0	11	5.9	3.2	1
2	5.1	3.7	0	12	6.1	2.8	1
3	4.6	3.6	0	13	6.3	2.5	1
4	5.1	3.3	0	14	6.1	2.8	1
5	4.8	3.4	0	15	6.4	2.9	1
6	5	3	0	16	6.6	3	1
7	5	3.4	0	17	6.8	2.8	1
8	5.2	3.5	0	18	6.7	3	1
9	5.2	3.4	0	19	6	2.9	1
10	4.7	3.2	0	20	5.7	2.6	1

参考文献

[1] HAN J，KAMBER M，PEI J. 数据挖掘：概念与技术　第 3 版 [M]. 范晓明，孟小峰，译 . 北京：机械工业出版社，2012.

[2] 吕晓玲，谢邦昌 . 数据挖掘方法与应用 [M]. 北京：中国人民大学出版社，2009.

[3] 范苑英，蒋军敏，石薇，等 . 大数据技术及应用 [M]. 北京：机械工业出版社，2021.

[4] 石胜飞 . 大数据分析与挖掘 [M]. 北京：人民邮电出版社，2018.

[5] MEHMED K. 数据挖掘：概念、模型、方法和算法　第 2 版 [M]. 王晓海，吴志刚，译 . 北京：清华大学出版社，2013.

[6] 周志华 . 机器学习 [M]. 北京：清华大学出版社，2016.

[7] 包子阳，余继周，杨杉，等 . 智能优化算法及其 MATLAB 实例 [M]. 3 版 . 北京：电子工业出版社，2021.

[8] QUINLAN J R. Discovering rules by induction from large collections of examples[J]. Expert Systems in the Micro-Electronics Age，1979：168-201.

[9] QUINLAN J R. C4.5：Programs for machine learning[M]. San Francisco：Morgan Kaufmann，1993.

[10] QUINLAN，J R. Induction of decision trees[J]. Machine Learning，1986，1：81-106.

[11] LI B，FRIEDMAN J，OLSHEN R，et al. Classification and regression trees（CART）[J]. Biometrics，1984，40（3）：358-361.

[12] VAPNIK V N. An overview of statistical learning theory[J]. IEEE Transactions on Neural Networks，1999，10（5）：988-999.

[13] VAPNIK V. The nature of statistical learning theory[M]. Berlin：Springer science & business media，2013.

[14] CORTES C，VAPNIK V. Support-vector networks[J]. Machine Learning，1995，20：273-297.

[15] KOHONEN T. An introduction to neural computing[J]. Neural Networks，1988，1（1）：3-16.

[16] HAYKIN S. Neural networks：a comprehensive foundation[M]. New Jersey：Prentice Hall PTR，1998.

[17] MCCULLOCH W S，PITTS W. A logical calculus of the ideas immanent in nervous activity[J]. The Bulletin of Mathematical Biophysics，1943，5：115-133.

[18] WERBOS P. Beyond regression：New tools for prediction and analysis in the behavior science[D]. Massachusetts：Harvard University，1974.

[19] JOHNSON R W. An introduction to the bootstrap[J]. Teaching Statistics，2001，23（2）：49-54.

[20] SPACKMAN K A. Signal detection theory：Valuable tools for evaluating inductive learning[C]//[s.n.]. Proceedings of the Sixth International Workshop on Machine Learning. San Francisco：Morgan Kaufmann，1989：160-163.

[21] DIETTERICH T G. Approximate statistical tests for comparing supervised classification learning algorithms[J]. Neural Computation，1998，10（7）：1895-1923.

[22] FREUND Y，SCHAPIRE R E. A decision-theoretic generalization of on-line learning and an application to boosting[J]. Journal of Computer and System Sciences，1997，55（1）：119-139.

[23] BREIMAN L. Bagging predictors[J]. Machine Learning，1996，24：123-140.

[24] BREIMAN L. Random forests[J]. Machine Learning，2001，45：5-32.

[25] CHEN T，GUESTRIN C. Xgboost：A scalable tree boosting system[C]//[s.n.]. Proceedings of the 22nd ACM SIGKDD International Conference on Knowledge Discovery and Data Mining. New York：Association for Computing Machinery，2016：785-794.

第 7 章　回归分析

导读

回归分析是一种在工业领域广泛应用的统计分析技术，它通过构建自变量与因变量之间的数学模型来估计关键参数、预测质量指标和评估变化趋势等，从而帮助监测生产状态和优化生产流程。例如，回归分析可以用于电力需求变化趋势预测，为电网调度和能源管理提供决策支持；在水处理过程中，通过建立水中化学成分（如溶解氧）与过程参数（如投药量、流速）之间的关系模型来监测水质状况；在高炉生产中，通过构建煤气利用率与操作参数之间的模型对煤气利用率进行预测，可以帮助操作者优化高炉运行条件。

本章首先介绍回归分析的基本概念；进而讲解线性回归分析，具体介绍模型参数求解方法；然后探讨共线性问题，并展开讲解高维回归系数压缩方法；进一步延伸到非线性回归分析问题，介绍典型的非线性回归方法；最后从多个方面详细解释回归模型的验证和评价方式。

本章知识点

- 回归分析的基本概念，包括回归分析目的、类型和主要步骤
- 线性回归方法，包括最小二乘估计、加权最小二乘估计和极大似然估计
- 高维回归系数压缩，包括岭回归、LASSO 回归、主成分回归和偏最小二乘回归
- 非线性回归方法，包括非线性最小二乘和支持向量回归

7.1　回归分析的基本概念

回归分析通过构建数学模型来揭示所感兴趣的变量（因变量）与一系列相关自变量之间的联系。本节详细介绍回归分析的基本概念、模型类别和主要实施步骤。

7.1.1　导引

回归分析（Regression）是一种统计分析技术，用于探索和量化变量之间的函数关系。这种关系通常以方程或模型的形式呈现，将一个因变量与一个或多个自变量联系起来。其中，因变量有时也称为响应变量、被解释变量、目标变量等；自变量也称为预测变

量、解释变量、独立变量、协变量、回归变量或因素等。在本章中，为了便于讨论，将统一使用“因变量”和“自变量”这两个术语。

对于一个变量 Y，构建其与 $X_1,X_2,\cdots,X_p$ 之间的关系模型。这里的变量 Y 即因变量，变量 $X_1,X_2,\cdots,X_p$ 表示自变量，其中 p 是自变量的个数。Y 和 $X_1,X_2,\cdots,X_p$ 之间的关系用下述模型形式刻画：

$$Y = f(X_1,X_2,\cdots,X_p) + \varepsilon \tag{7-1}$$

式中，ε 是随机误差，表示在采用模型近似表示的过程中产生的偏差，也是模型不能精确拟合数据的原因。函数 $f(X_1,X_2,\cdots,X_p)$ 描述了 Y 和 $X_1,X_2,\cdots,X_p$ 之间的近似关系，其最简单的情形是线性回归模型：

$$Y = \beta_0 + \beta_1 X_1 + \beta_2 X_2 + \cdots + \beta_p X_p + \varepsilon \tag{7-2}$$

式中，$\beta_1,\beta_2\cdots,\beta_p$ 称为回归系数；β_0 称为截距。它们都是未知常数，称为模型的回归参数，这些未知参数可由数据估计。

在工业领域中，回归分析被广泛使用，最常见的有以下几种：

1）回归分析可以通过建立模型来描述数据集。例如，利用生产时间和产品质量等相关数据构建回归模型，相较于原始数据表或数据图表，提供了更为直观和实用的数据描述方式；此外，回归分析利用大量数据建立回归模型后，只需要存储回归系数，而不再需要存储属性的所有数据值，从而有效减少数据量。

2）回归分析可以用于解决参数估计问题。例如，在化学工程中，使用米氏方程来描述反应速率 Y 与浓度 X 的关系，表示为 $Y=\beta_1 X/(X+\beta_2)+\varepsilon$。在该模型中，$\beta_1$ 是反应的最终速率，即随着浓度的增大能达到的最大值。如果得到了由不同浓度下速率的观测值组成的样本，那么在化学工程设计中就能通过回归分析来得到能拟合数据的模型，从而得到最大速率的估计值。

3）回归分析可以用于预测关键参数或者质量指标。例如，在高炉煤气调节中，需要使用煤气利用率的历史数据建模预测未来数据，从而对现有炉况状态进行相应的调整。因此，需要使用历史高炉操作参数对煤气利用率进行相应的拟合与预测，从而对未来炉况的发展情况做相应判断，然后通过改变相应的高炉操作使高炉保持在一个稳定的炉况范围内。

4）回归分析也可以用于控制系统的设计。例如，在造纸工业中，使用回归分析来得出有关纸张抗张强度与木浆中硬木浆浓度之间的模型，然后利用这一模型，通过调节硬木浆的浓度水平来准确控制抗张强度，使其达到合适的值。在以控制为目的使用回归模型时，须确保变量间存在因果关系。

回归分析作为一种强大的统计工具，其应用范围广泛，除了上述目的，还可能用于变量间关联关系的确认、变量因果关系的推断、数据随时间的变化趋势分析等，根据不同的需求和场景，回归分析发挥着不同的作用。

7.1.2 回归分析的主要步骤

回归分析的过程可以概括为以下几个关键步骤：首先，明确问题陈述以确定研究目标；其次，根据研究目标选择相关的变量；然后，收集必要的数据以支持分析；接着，设定合适的回归模型；之后，选择合适的拟合方法来估计模型参数；接下来，进行模型拟合以确定参数值；最后，对模型进行评估和选择，确保其有效性和适用性。下面将对这些步骤进行详细阐述。

1. 问题陈述

回归分析始于对研究问题的具体陈述，这是确定分析目标的关键步骤。如果问题陈述不明确或错误，可能会导致选择不当的变量集、统计分析方法，甚至是不适宜的模型。例如，在计算高炉煤气利用率时，需考虑高炉煤气产生量、高炉煤气消耗量、消耗设备效率等多种关联因素的影响。回归分析在定量分析高炉煤气利用率的过程中，能够帮助识别并量化这些因素对利用率的具体影响，并在给定条件下预测其变化。通过这种方式，能够更准确地理解不同因素如何以及在多大程度上影响高炉煤气的利用率。

2. 选择相关变量

在明确问题陈述之后，可以根据该领域专家的意见或者关联分析和因果分析等数据分析方法来选择适当的变量集合，识别所有可能对因变量有解释或预测作用的自变量。例如，在高炉煤气调节中，冷风流量、冷风压力、热风压力、富氧流量、富氧压力、喷煤量、边缘矿焦比、中心矿焦比等变量和高炉煤气利用率有显著的相关性，那么这些变量就应当被选作回归分析的相关自变量。

3. 收集数据

在选择好潜在的相关变量后，接下来的步骤是从实际过程中收集用于分析的数据。通常情况下，针对每个目标收集一系列观测数据，这些观测数据包括了因变量和所有潜在相关变量的测量值。

收集到的数据通常会被记录在表格中，例如表 7-1 的形式。在这个表格中，每一列代表一个变量，每一行代表一个观测实例，即对应于某个目标的一系列测量值。其中一个测量值是因变量 Y 的观测值，而其他测量值则是各个自变量 $X_1,X_2,\cdots,X_p$ 的观测值。用符号 x_{ij} 表示第 j 个自变量的第 i 个观测值，即第一个下标对应观测序号，第二个下标对应自变量的序号，n 表示观测值的数量，p 表示自变量的个数。

表 7-1　回归分析中观测数据的符号表示

观测序号	因变量	自变量			
	Y	X_1	X_2	$\cdots$	X_p
1	y_1	x_{11}	x_{12}	$\cdots$	x_{1p}
2	y_2	x_{21}	x_{22}	$\cdots$	x_{2p}
3	y_3	x_{31}	x_{32}	$\cdots$	x_{3p}
$\vdots$	$\vdots$	$\vdots$	$\vdots$	$\cdots$	$\vdots$
n	y_n	x_{n1}	x_{n2}	$\cdots$	x_{np}

4. 模型设定

依据生产实践和生活常识，结合主观与客观的判断，可以确定变量之间相互影响的关系和模型的大致结构，从而构建一个初步的经验性模型。在这个过程中，只需要确定模型的类型，而模型中可能包含一些未知的参数。

回归分析可以根据涉及的变量数量和类型进行不同的分类。当只有一个因变量和一个自变量时，称为简单回归；而当存在两个或更多自变量时，则称为多元回归。回归分析还可以根据因变量与自变量之间的关系是线性还是非线性分为线性回归和非线性回归。例如，对于只有一个自变量的线性回归分析，其函数表示为

$$Y = \beta_0 + \beta_1 X_1 + \varepsilon$$

而下式则描述了一种非线性的函数关系：

$$Y = \beta_0 + e^{\beta_1 X_1} + \varepsilon$$

除此之外，如果所有的自变量都是定性的，那么分析这些数据的方法通常称为方差分析（ANalysis of VAriance，ANOVA）。而当自变量中既包含定量变量也包含定性变量时，相应的回归分析方法被称为协方差分析（ANalysis of COVAriance，ANCOVA）。逻辑回归（Logistic Regression）则用于预测二元结果的概率。表 7-2 总结了这些不同类型的回归分析方法。

表 7-2　回归分析方法的类型

类型	条件
简单回归	只有一个因变量和一个自变量
多元回归	有两个或两个以上自变量
线性回归	因变量和所有自变量间的关系都是线性的
非线性回归	因变量和某些自变量之间具有非线性关系
方差分析	自变量都是定性变量
协方差分析	自变量有定量变量，也有定性变量
逻辑回归	因变量是定性变量

5. 拟合方法选择

在确定了回归模型类型并收集了相应的数据之后，接下来的任务是使用这些数据来估计模型的参数，这个过程也被称作参数估计或模型拟合。最小二乘法是进行参数估计的常用方法，它在满足一定假设条件时具有许多优良的特性。本章将重点介绍最小二乘法及其变体，例如加权最小二乘法。此外，本章还会探讨一些其他估计方法，包括极大似然估计法、岭回归法和主成分回归法等。

基于选定的参数估计方法，如最小二乘法，根据收集到的数据进行回归参数的估计或模型拟合。在式（7-2）中，回归参数 $\beta_0, \beta_1, \cdots, \beta_p$ 的估计值分别用 $\hat{\beta}_0, \hat{\beta}_1, \cdots, \hat{\beta}_p$ 表示。于是，回归模型的估计形式可以写为

$$\hat{Y} = \hat{\beta}_0 + \hat{\beta}_1 X_1 + \cdots + \hat{\beta}_p X_p \tag{7-3}$$

式中，$\hat{Y}$ 表示因变量的估计值。注意式（7-3）还可以用自变量的任意值来预测相应因变量的值。这种情况下获得的值称为预测值。拟合值和预测值的不同之处在于，拟合值对应

自变量的值就是数据中的某个观测值，而预测值对应的值可以是自变量的任意取值。

6. 模型评价

模型评价是回归分析中的一个关键步骤，它帮助人们了解模型的预测能力和准确性。评价一个回归模型通常涉及以下几个关键指标：

1）均方误差（Mean Squared Error，MSE）：是指所有预测误差（预测值与实际值之间的差）的平方的平均值。MSE 越小，表示模型预测越准确。对于因变量 Y 的 n 个观测值 y_i 和估计值 $\hat{y}_i$（$i=1,2,\cdots,n$），MSE 计算如下：

$$\text{MSE}=\frac{1}{n}\sum_{i=1}^{n}(\hat{y}_i-y_i)^2 \tag{7-4}$$

2）均方根误差（Root Mean Squared Error，RMSE）：是指均方误差 MSE 的平方根，提供了与原始数据单位一致的误差度量，便于直观理解。RMSE 越小，模型预测越准确。其计算如下：

$$\text{RMSE}=\sqrt{\frac{1}{n}\sum_{i=1}^{n}(\hat{y}_i-y_i)^2} \tag{7-5}$$

3）平均绝对误差（Mean Absolute Error，MAE）：是指所有预测误差的绝对值的平均值。MAE 衡量的是预测值偏离实际值的平均程度。其计算如下：

$$\text{MAE}=\frac{1}{n}\sum_{i=1}^{n}\left|\hat{y}_i-y_i\right| \tag{7-6}$$

4）平均绝对百分比误差（Mean Absolute Percentage Error，MAPE）：是指所有预测误差的绝对值除以实际值的平均百分比，表示为

$$\text{MAPE}=\frac{1}{n}\sum_{i=1}^{n}\left|\frac{\hat{y}_i-y_i}{y_i}\right|\times 100\% \tag{7-7}$$

5）R^2（R-squared）分数：也称为决定系数，表示模型对数据拟合程度的指标。R^2 的值介于 0 到 1 之间，值越接近 1，表示模型的解释能力越强。其计算如下：

$$R^2=1-\frac{\sum_{i=1}^{n}(\hat{y}_i-y_i)^2}{\sum_{i=1}^{n}(\bar{y}_i-y_i)^2} \tag{7-8}$$

6）调整 R^2（Adjusted R-squared）分数：随着自变量数量的增加，R^2 分数往往会增加，即使增加的自变量对模型并没有显著的贡献。因此，在 R^2 分数的基础上，对模型中变量的数量进行了惩罚，以避免因增加不相关的解释变量而人为提高 R^2 分数。对于存在 p 个自变量的情形，其调整 R^2 分数 R_A^2 计算为

$$R_A^2=1-(1-R^2)\frac{n-1}{n-p-1} \tag{7-9}$$

除了上述统计指标，还可以使用赤池信息准则（Akaike Information Criterion，AIC）和贝叶斯信息准则（Bayesian Information Criterion，BIC）来评估不同模型的复杂度与拟合优度。此外，绘制实际值与预测值的对比图可以直观地展示模型的预测效果。交叉验证是回归分析中的另一种重要方法，它通过将数据集划分为多个子集，将每个子集轮流作为测试集，其余作为训练集来评估模型的平均性能。这种方法有助于人们了解模型在不同数据集上的表现，从而评估其稳定性和泛化能力。

下面将从线性回归模型入手介绍最小二乘法，再针对最小二乘法的不足，介绍其改进方法和其他回归分析方法。

7.2 线性回归

线性回归旨在探究自变量 X 与因变量 Y 之间的线性关系，其过程通常是首先通过计算协方差和相关系数来确定变量间线性关系的强度和方向。基于这些统计量，接着构建一个线性回归模型，以预测 Y 的变化趋势。

7.2.1 线性回归模型

对于具有线性关系的因变量 Y 和自变量 X，它们可以用线性模型刻画为

$$Y = \beta_0 + \beta_1 X + \varepsilon$$

该线性方程是对 Y 和 X 之间真实关系的一种近似，即 Y 和 X 的关系可以用一个 X 的线性函数表示，ε 是这种近似的偏差。要特别说明的是，ε 只是随机误差，不包含 Y 和 X 之间关系的任何信息。参数 β_0 和 β_1 通常称为回归参数，斜率 β_1 指 X 每变化一单位所产生的 Y 均值的变化率。

包含多于一个自变量的回归模型为多元回归模型，多元线性回归是对简单线性回归的拓展。一般情况下，因变量 Y 可以与 p 个回归变量即自变量相关，其模型为

$$Y = \beta_0 + \beta_1 X_1 + \beta_2 X_2 + \cdots + \beta_p X_p + \varepsilon$$

该模型描述了回归变量 $X_1, X_2, \cdots, X_p$ 组成的 p 维空间中的一个超平面。参数 β_j 表示当其他回归变量 X_i（$i \neq j$）都保持不变时，X_j 每变化一单位值，因变量 Y 均值的变化的期望。回归方程或回归模型的拟合，一般用于预测因变量 Y 的未来观测值或估计因变量 Y 在特定水平下的均值。

7.2.2 最小二乘估计

最小二乘估计是一种广泛使用的参数估计方法，它的目标是找到一组参数值，使得模型估计值与实际观测值之间的差异（残差）的平方和达到最小。这种方法能够提供一个最佳拟合的线性模型，其中“最佳”是根据最小化残差平方和来定义的。

对于多元线性回归模型，假设由 $X_1, X_2, \cdots, X_p$ 给定的 Y 的条件分布是正态分布，其中各样本的均值为 $\beta_0 + \beta_1 x_{i1} + \beta_2 x_{i2} + \cdots + \beta_p x_{ip}$，方差为 σ^2。对应的样本回归模型可表示为

$$y_i = \beta_0 + \beta_1 x_{i1} + \beta_2 x_{i2} + \cdots + \beta_p x_{ip} + \varepsilon_i = \beta_0 + \sum_{j=1}^{p} \beta_j x_{ij} + \varepsilon_i$$

最小二乘估计使用残差平方和作为度量指标，即

$$S(\beta_0, \beta_1, \cdots, \beta_p) = \sum_{i=1}^{n} \varepsilon_i^2 = \sum_{i=1}^{n} \left(y_i - \beta_0 - \sum_{j=1}^{p} \beta_j x_{ij} \right)^2 \tag{7-10}$$

其目标是对函数 S 做关于 $\beta_0, \beta_1, \cdots \beta_p$ 的最小化求解。

自变量 $X_1, X_2, \cdots, X_p$ 和因变量 Y 的观测数据记作 $\boldsymbol{X}$ 和 $\boldsymbol{Y}$，模型参数和误差分别用向量 $\boldsymbol{\beta}$ 和 $\boldsymbol{\varepsilon}$ 表示，则回归方程可表示为

$$\boldsymbol{Y} = \boldsymbol{X\beta} + \boldsymbol{\varepsilon} \tag{7-11}$$

式中，

$$\boldsymbol{Y} = \begin{bmatrix} y_1 \\ y_2 \\ \vdots \\ y_n \end{bmatrix}; \quad \boldsymbol{X} = \begin{bmatrix} 1 & x_{11} & x_{12} & \cdots & x_{1p} \\ 1 & x_{21} & x_{22} & \cdots & x_{2p} \\ \vdots & \vdots & \vdots & \ddots & \vdots \\ 1 & x_{n1} & x_{n2} & \cdots & x_{np} \end{bmatrix}; \quad \boldsymbol{\beta} = \begin{bmatrix} \beta_0 \\ \beta_1 \\ \vdots \\ \beta_p \end{bmatrix}; \quad \boldsymbol{\varepsilon} = \begin{bmatrix} \varepsilon_1 \\ \varepsilon_2 \\ \vdots \\ \varepsilon_n \end{bmatrix}。$$

最小二乘估计将通过最小化残差平方和来求解 $\beta_0, \beta_1, \cdots \beta_p$ 的估计量 $\hat{\beta}_0, \hat{\beta}_1, \cdots \hat{\beta}_p$。

这里，残差平方和可以表达为

$$S(\boldsymbol{\beta}) = \sum_{i=1}^{n} \varepsilon_i^2 = \boldsymbol{\varepsilon}'\boldsymbol{\varepsilon} = (\boldsymbol{Y} - \boldsymbol{X\beta})'(\boldsymbol{Y} - \boldsymbol{X\beta}) \tag{7-12}$$

最小二乘估计量必须满足

$$\left. \frac{\partial S(\boldsymbol{\beta})}{\partial \boldsymbol{\beta}} \right|_{\hat{\boldsymbol{\beta}}} = -2\boldsymbol{X}'\boldsymbol{Y} + 2\boldsymbol{X}'\boldsymbol{X}\hat{\boldsymbol{\beta}} = 0$$

简化为

$$\boldsymbol{X}'\boldsymbol{Y} = \boldsymbol{X}'\boldsymbol{X}\hat{\boldsymbol{\beta}}$$

当 $\boldsymbol{X}'\boldsymbol{X}$ 可逆时，回归系数的估计值 $\hat{\boldsymbol{\beta}}$ 求解为

$$\hat{\boldsymbol{\beta}} = (\boldsymbol{X}'\boldsymbol{X})^{-1}\boldsymbol{X}'\boldsymbol{Y} \tag{7-13}$$

最小二乘法基于最小化残差平方和的原则来估计模型的参数。值得注意的是，虽然该方法不对误差的分布形式做具体假设，但某些假设对于最小二乘估计量的性质至关重要，特别是零均值、同方差和无自相关。如果这些假设不成立，最小二乘估计量可能不再是最佳线性无偏估计量，尽管它们可能仍然是线性无偏的。在存在异方差性（即误差项的方差不是常数）或序列相关性的情况下，可能需要使用后面章节的方法（如加权最小二乘法或极大似然估计）来获得更有效的参数估计。

例 7-1　这里以某石油化工过程中的参数预测任务为例，介绍如何使用最小二乘法进行回归分析。常压塔作为石油化工过程中的关键设备，其产品质量控制对于整个生产流程

至关重要。在常压塔控制系统中，需要对产品汽油干点进行检测和控制，离线化验分析因其实时性差，无法直接实现质量闭环控制。因此，需要建立汽油干点的预测模型。

首先从工艺机理出发，确定出影响汽油干点的因素主要包括常压塔塔顶温度 X_1、塔顶压力 X_2、顶循温差 $X_3=T_2-T_1$（塔顶循环抽出温度 T_1 和塔顶循环返塔温度 T_2 之差）。因此，采用这三个变量作为自变量，建立它们关于汽油干点 Y 的预测模型。表 7-3 给出了这些变量对应的历史观测数据。这里选择前 20 组数据作为训练集建立预测模型，用后 10 组数据作为测试集，分析模型性能。

表 7-3　例 7-1 中自变量和因变量的观测值

序号	X_1	X_2	X_3	Y	序号	X_1	X_2	X_3	Y	序号	X_1	X_2	X_3	Y
1	0.49	0.44	0.61	0.48	11	0.72	0.31	0.49	0	21	0.83	0.69	0.34	0.71
2	0.51	0.72	0.28	0.75	12	0.85	0.53	0.32	0.68	22	0.78	0.81	0.3	0.77
3	0.6	1	0	1	13	0.61	0.22	0.5	0.48	23	0.93	0.69	0.33	0.72
4	0.88	0.72	0.38	0.7	14	0.79	0.66	0.44	0.65	24	0.75	0.56	0.56	0.55
5	1	0.69	0.3	0.74	15	0.55	0.38	0.58	0.48	25	0.12	0.22	0.84	0.27
6	0.76	0.25	0.61	0.43	16	0.88	0.53	0.47	0.59	26	0.16	0.22	0.8	0.29
7	0.8	0.47	0.47	0.57	17	0.68	0.53	0.32	0.68	27	0	0.09	1	0.13
8	0.72	0.31	0.64	0.43	18	0.73	0.78	0.35	0.73	28	0.18	0.34	0.68	0.4
9	0.88	0.56	0.53	0.57	19	0.82	0.59	0.54	0.57	29	0.23	0	0.79	0.23
10	0.77	0.38	0.65	0.44	20	0.97	0.56	0.46	0.61	30	0.52	0.22	0.51	0.47

图 7-1 所示为汽油干点化验值与塔顶温度、塔顶压力、顶循温差的散点图。从图中可以观察到汽油干点化验值与塔顶温度、塔顶压力、顶循温差之间具有较强的线性关系。因此，可设定回归模型为

$$Y = \beta_0 + \beta_1 X_1 + \beta_2 X_2 + \beta_3 X_3 + \varepsilon$$

确定模型和收集数据之后，接下来是利用这些数据来估计模型参数，这里采用最小二乘法求解得到回归方程为

$$\hat{Y} = 0.3402 - 0.0106X_1 + 0.6686X_2 - 0.2432X_3$$

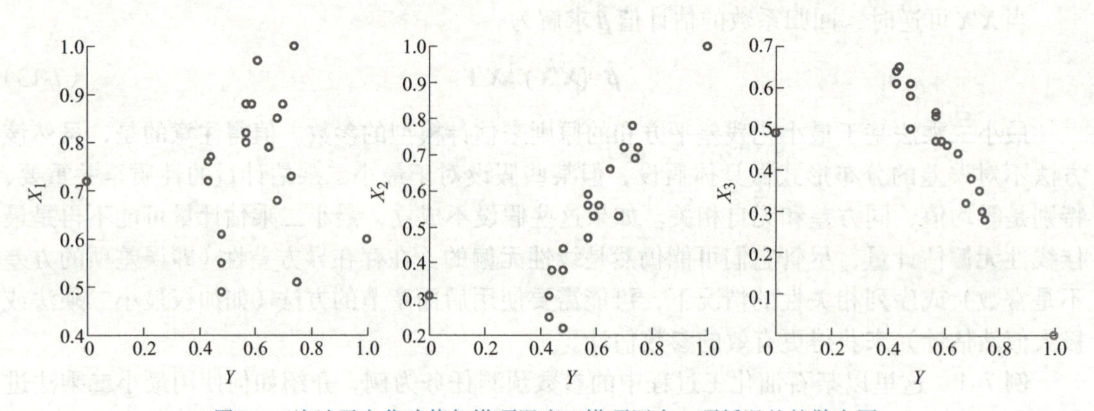

图 7-1　汽油干点化验值与塔顶温度、塔顶压力、顶循温差的散点图

回归模型评价是评估模型预测性能的关键步骤，这里采用后 10 组数据作为测试集，计算均方误差 MSE=0.0022，均方根误差 RMSE=0.0469，决定系数 R^2=0.9526，可以发现所获得的回归方程具有较好的拟合效果。图 7-2 给出了原始数据和拟合数据的折线图，从中也可以看出它们基本重合，表示所建立的模型具有较高的预测准确性。

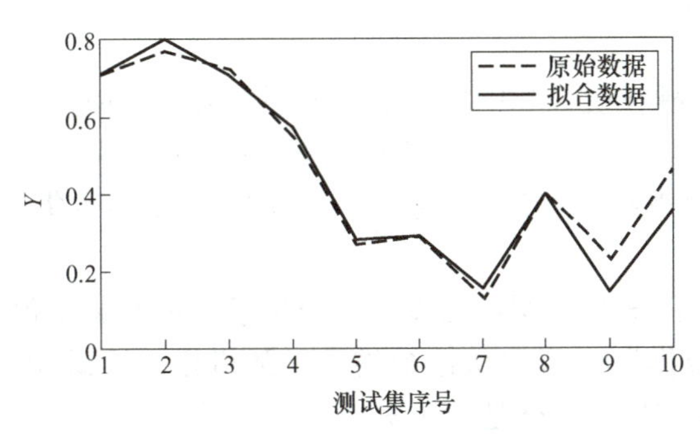

图 7-2　最小二乘法拟合曲线图

7.2.3　加权最小二乘估计

加权最小二乘估计是一种在最小二乘估计的基础上引入权重的改进方法，用于处理数据点在不同程度上可能具有不同重要性或可靠性的情况。在某些应用场景中，某些观测值可能比其他观测值更加精确或具有更高的置信度，这时使用加权最小二乘估计可以更合理地反映这些差异。

加权最小二乘的目标是最小化加权残差平方和，其形式如下：

$$S_w(\boldsymbol{\beta})=\sum_{i=1}^{n} w_i \varepsilon_i^2 \tag{7-14}$$

权重的选择取决于数据的特性和误差项的方差。常见的权重选择包括：①如果知道每个观测值的误差方差，则可以将权重选择为方差的倒数，即 $w_i = 1/\sigma_i^2$，其中 σ_i^2 是第 i 个观测值的误差方差；②另一种方式是基于重要性来赋予权重，如果某些观测值比其他的更重要或更可靠，可以相应地赋予更大的权重。权重的选择可能会影响模型的估计结果，因此需要谨慎选择；如果权重选择不当，可能会导致模型估计的偏差。

在加权最小二乘估计中，参数的估计可以通过求解以下正规方程来得到：

$$\boldsymbol{X'WX\hat{\beta}}=\boldsymbol{X'WY} \tag{7-15}$$

式中，$\boldsymbol{W}$ 是对角矩阵，对角线上的元素是 $w_i, i=1,2,\cdots,n$。

因此，采用加权最小二乘法的参数估计值求解为

$$\boldsymbol{\hat{\beta}}=(\boldsymbol{X'WX})^{-1}\boldsymbol{X'WY} \tag{7-16}$$

总的来说，如果可以找到适当的权重，加权最小二乘法可以给出与传统最小二乘法同样有效的参数估计。但在存在异方差性的情况下，加权最小二乘法可以提供比传统最小二乘法更准确的参数估计。当知道或能够合理估计观测值的方差时，可以直接设置权重为方

差的倒数（或方差的某个单调函数）。在许多情况下，可能不知道确切的方差，但可以通过某些方法（如残差分析、Breusch-Pagan 检验等）来检测异方差性，并尝试使用适当的权重。值得注意的是，加权最小二乘法并不能消除异方差性，但它可以通过调整每个观测值在参数估计中的权重来减轻异方差性对参数估计的影响。

7.2.4 极大似然估计

极大似然估计是一种在统计学中用于估计模型参数的常用方法，它是在给定观测数据的情况下，找到使得观测数据出现的概率（即似然函数）最大的参数值。通俗地说，极大似然估计是在给定一组观测数据后，寻找一个参数值（或参数集），使得这组数据出现的概率最大。

这里以一个简单的例子来说明：假设有一个袋子，里面装了很多颜色不同的球（这些球就是“样本”或“数据”）。每次从这个袋子里随机摸一个球出来，记录它的颜色，然后放回去，这样重复很多次（这就是“历史样本值”或“数据集”）。现在，想知道这个袋子里各种颜色球的比例是多少（这就是要找的参数估计值）。但因为不能一下子看到袋子里的所有球，所以只能根据之前摸到的球（历史样本）来估计。

极大似然估计假设既然之前摸到了这些颜色的球（历史样本），那么这些球的颜色比例（参数估计值）应该使得之前摸到这些球的概率最大。换句话说，它认为之前摸到的这些球是“最有可能”出现的组合，所以它会找一个参数估计值，使得在这个参数估计值下，之前摸到的这些球出现的概率最大。这样，就通过极大似然估计找到了一个参数估计值，这个值可能并不完全准确（因为毕竟只是根据部分样本来估计的），但它是在给定历史样本下“最有可能”的参数值。

当误差的分布形式已知时，极大似然法是一种常用的参数估计方法。对于假设检验与置信区间构造，通常假设误差服从正态分布。这是因为正态分布具有许多良好的数学性质，使得统计推断变得相对简单和准确。在正态分布假设下，可以使用 Z 统计量、t 统计量等来进行假设检验，构造置信区间等。值得注意的是，极大似然法并不要求误差服从正态分布，只要能够写出观测数据的概率模型，就可以使用极大似然法进行参数估计。当误差服从正态分布时，极大似然估计与最小二乘估计的结果是相同的。

对于简单回归，考虑观测样本（y_i，x_i），i=1，2，⋯，n。假设误差服从均值为 0、方差为 σ^2 的正态独立分布，那么样本的观测值 y_i 服从均值为 $\beta_0+\beta_1x_i$、方差为 σ^2 的正态独立分布。似然函数由观测值的联合分布得到。如果考虑给定观测值的联合分布，以及参数 β_0、β_1 及 σ^2 为未知参数，那么对于误差服从正态分布的简单线性回归模型而言，其似然函数为

$$
\begin{aligned}
L(y_i,x_i,\beta_0,\beta_1,\sigma^2) &= \prod_{i=1}^{n}(2\pi\sigma^2)^{-1/2}\exp\left[-\frac{1}{2\sigma^2}(y_i-\beta_0-\beta_1x_i)\right]^2 \\
&= (2\pi\sigma^2)^{-1/2}\exp\left[-\frac{1}{2\sigma^2}\sum_{i=1}^{n}(y_i-\beta_0-\beta_1x_i)^2\right] \qquad (7\text{-}17)
\end{aligned}
$$

由于多个概率的连乘积可能很小，并且可能导致数值计算的不稳定，通常将连乘积转换为对数形式，即将似然函数转换为对数似然函数。这样做可以使得计算更加容易。对数似然函数 $\ln L$ 表示为

$$\begin{aligned}\ln L(y_i,x_i,\beta_0,\beta_1,\sigma^2) &= -\left(\frac{n}{2}\right)\ln 2\pi-\left(\frac{n}{2}\right)\ln\sigma^2 \\ &= -\left(\frac{1}{2\sigma^2}\right)\sum_{i=1}^{n}(y_i-\beta_0-\beta_1 x_i)^2\end{aligned} \tag{7-18}$$

极大似然估计量的参数值记为 $\tilde{\beta}_0$、$\tilde{\beta}_1$ 和 $\tilde{\sigma}^2$，其必须满足

$$\left.\frac{\partial \ln L}{\partial \beta_0}\right|_{\tilde{\beta}_0\cdot\tilde{\beta}_1\cdot\tilde{\sigma}^2}=\frac{1}{\tilde{\sigma}^2}\sum_{i=1}^{n}(y_i-\tilde{\beta}_0-\tilde{\beta}_1 x_i)=0$$

$$\left.\frac{\partial \ln L}{\partial \beta_1}\right|_{\tilde{\beta}_0\cdot\tilde{\beta}_1\cdot\tilde{\sigma}^2}=\frac{1}{\tilde{\sigma}^2}\sum_{i=1}^{n}(y_i-\tilde{\beta}_0-\tilde{\beta}_1 x_i)x_i=0$$

$$\left.\frac{\partial \ln L}{\partial \sigma^2}\right|_{\tilde{\beta}_0\cdot\tilde{\beta}_1\cdot\tilde{\sigma}^2}=-\frac{n}{2\tilde{\sigma}^2}+\frac{n}{2\tilde{\sigma}^4}\sum_{i=1}^{n}(y_i-\tilde{\beta}_0-\tilde{\beta}_1 x_i)^2=0$$

极大似然估计量求解为

$$\tilde{\beta}_0=\bar{y}-\tilde{\beta}_1\bar{x} \tag{7-19}$$

$$\tilde{\beta}_1=\frac{\sum_{i=1}^{n}y_i(x_i-\bar{x})}{\sum_{i=1}^{n}(x_i-\bar{x})^2} \tag{7-20}$$

$$\tilde{\sigma}^2=\frac{\sum_{i=1}^{n}(y_i-\tilde{\beta}_0-\tilde{\beta}_1 x_i)^2}{n} \tag{7-21}$$

对于更一般化的多元回归，其模型为 $\boldsymbol{Y}=\boldsymbol{X\beta}+\boldsymbol{\varepsilon}$，对应的似然函数表示为

$$L(\boldsymbol{\varepsilon},\boldsymbol{\beta},\sigma^2)=\prod_{i=1}^{n}f(\varepsilon_i)=\frac{1}{(2\pi)^{n/2}\sigma^n}\exp\left(-\frac{1}{2\sigma^2}\varepsilon'\varepsilon\right) \tag{7-22}$$

由于 $\boldsymbol{\varepsilon}=\boldsymbol{Y}-\boldsymbol{X\beta}$，似然函数变为

$$L(\boldsymbol{Y},\boldsymbol{X},\boldsymbol{\beta},\sigma^2)=\frac{1}{(2\pi)^{n/2}\sigma^n}\exp\left[-\frac{1}{2\sigma^2}(\boldsymbol{Y}-\boldsymbol{X\beta})'(\boldsymbol{Y}-\boldsymbol{X\beta})\right] \tag{7-23}$$

为方便处理，取似然函数的对数为

$$\ln L(\boldsymbol{Y},\boldsymbol{X},\boldsymbol{\beta},\sigma^2)=-\frac{n}{2}\ln(2\pi)-n\ln(\sigma)-\frac{1}{2\sigma^2}(\boldsymbol{Y}-\boldsymbol{X\beta})'(\boldsymbol{Y}-\boldsymbol{X\beta}) \tag{7-24}$$

显然，对于定值 σ，$(\boldsymbol{Y}-\boldsymbol{X\beta})'(\boldsymbol{Y}-\boldsymbol{X\beta})$ 最小时，似然函数的值最大。因此，正态误差

下 $\boldsymbol{\beta}$ 的极大似然估计量等价于最小二乘估计量，$\tilde{\sigma}^2$ 则为

$$\tilde{\sigma}^2=\frac{(\boldsymbol{Y}-\boldsymbol{X}\boldsymbol{\beta})'(\boldsymbol{Y}-\boldsymbol{X}\boldsymbol{\beta})}{n} \tag{7-25}$$

7.3 高维回归系数压缩

实际工程应用中的数据集经常包含了大量的特征（或自变量、预测变量），即所谓的高维数据。这种情况下，特征之间可能存在冗余信息，即某些特征与其他特征高度相关。此外，高维数据还可能导致模型的复杂性过高，使得模型的解释性能和预测性能受到影响。传统的线性回归（如最小二乘法）在处理这类数据时容易出现过拟合现象，即模型在训练数据上表现良好，但在测试数据上性能不佳。为了解决高维回归中的过拟合问题，需要对回归系数进行压缩。系数压缩的目的是将冗余变量的系数压缩到 0 或接近 0，从而简化模型、提高预测精度和可解释性。通过压缩系数，可以去除模型中的噪声和冗余信息，使模型更加简洁和有效。这有助于降低模型的复杂度，提高模型泛化能力。

高维回归系数压缩中的多重共线性是一个重要的问题，它涉及回归模型中自变量之间的高度相关性。本节将从共线性问题出发，介绍不同的高维回归系数压缩方法。

7.3.1 共线性的来源及影响

多重共线性是指在回归模型中，两个或多个自变量之间存在高度的线性相关关系。这会导致模型参数估计的不稳定性，增加估计误差，降低模型的预测精度和解释能力。

1. 来源

多重共线性主要有六种来源：

1）共同的时间趋势：当多个自变量受到共同的时间趋势的影响时，它们可能会表现出相似的变化趋势。例如，在石油炼制过程中，原油的输入流速、反应器的操作温度和产品收率等变量可能都会受到设备老化趋势的共同影响。随着设备使用时间的增长，这些变量的变化趋势会共同受到设备磨损和效率退化的影响，因而表现出高度相关性。

2）变量的滞后性：在某些情况下，一个自变量可能是另一个自变量的滞后值。由于时间上的连续性，滞后变量和当前变量之间往往存在高度的相关性。这种滞后关系常见于时间序列分析中，特别是在处理具有惯性或延迟效应的变量时。

3）数据收集或测量的限制：数据收集过程中可能存在的限制，如样本量过小、数据收集范围狭窄或测量误差等，都可能导致自变量之间出现多重共线性。当数据收集的基础不够广泛或样本不够多样化时，某些解释变量可能会表现出相似的变化模式。

4）变量间的自然关系：某些解释变量之间可能存在自然的、固有的关系，这些关系可能导致它们之间的高度相关性。例如，在化工生产过程中，反应器内的温度和压力可能呈现出密切的正相关性。这种相关性之所以存在，是因为它们共同受到反应动力学和热力学特性的影响。

5）错误的模型设定：如果回归模型的设定不当，例如包含了过多的相似变量或引入了与现有变量高度相关的新变量，就可能导致多重共线性问题。模型设定的错误可能源于对问题的理解不足、变量的选择不当或模型结构的过度复杂化。

6）变量转换或生成：在数据处理过程中，对原始变量进行转换或生成新变量时，如果新变量与原始变量之间存在高度相关性，也可能导致多重共线性。例如，对变量进行对数转换、标准化处理或创建新属性等操作。

2. 影响

当对数据构建回归模型时，试图找到一个平面（在二维情况下）或超平面（在多维情况下）能够最好地拟合数据点。在二维空间中，假设有一个自变量 X 和一个因变量 Y 的数据集，可以通过最小二乘法拟合一条直线，这条直线就是所谓的回归线。这条线试图最小化所有数据点到该线的垂直距离的平方和，从而找到最佳拟合的直线。在多维空间中，有多个自变量 X_1，X_2，…，X_p 和一个因变量 Y。这种情况下，试图找到一个 p+1 维空间中的超平面，最小化所有数据点到该平面的垂直距离的平方和，这个超平面就是回归模型。

例如，对图 7-3a 中的数据（X_1 与 X_2 高度线性相关）构建回归模型，得到一个超平面，可以发现这一平面将非常不稳定，对数据点相当小的变化十分敏感。作为对比，考察对图 7-3b 中的数据（X_1 与 X_2 线性相关较弱）构建回归模型，得到一个超平面，可以发现这些点所拟合的平面将更为稳定。

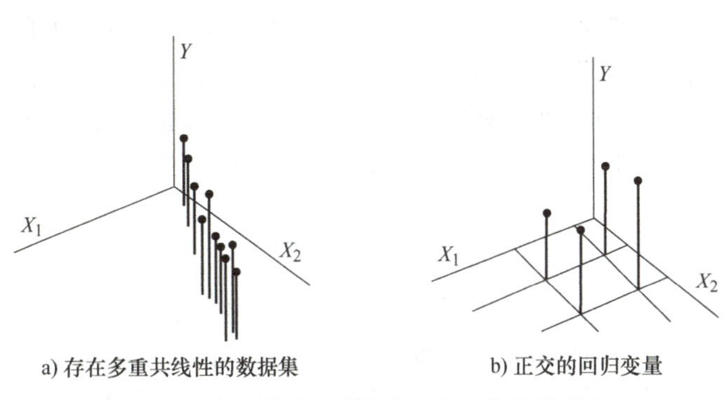

图 7-3　多重共线性数据与正交回归变量对比

对于多元回归模型 $\boldsymbol{Y}=\boldsymbol{X\beta}+\boldsymbol{\varepsilon}$，当 $\boldsymbol{X'X}$ 可逆时，采用最小二乘估计得到模型参数的估计值为 $\hat{\boldsymbol{\beta}}=(\boldsymbol{X'X})^{-1}\boldsymbol{X'Y}$。但是若自变量存在精确相关关系，如 X_i=2X_j，则矩阵 $\boldsymbol{X'X}$ 不可逆，即此时求不出最小二乘估计。若自变量存在高度相关关系，如 $X_i\approx 2X_j$，则矩阵 $\boldsymbol{X'X}$ 的行列式接近于 0，此时最小二乘估计量的总方差受到小的特征值的影响是很大的，进而模型整体误差也会很大。

下面用一个例子更直观地来说明多重共线性问题。

例 7-2　假设已知 X_1、X_2 与 Y 的关系服从线性回归模型

$$Y=10+2X_1+3X_2+\varepsilon$$

给定 X_1、X_2 与 Y 的 10 个值，如表 7-4 所示。

表 7-4　例 7-2 中 X_1、X_2 与 Y 的值

序号	1	2	3	4	5	6	7	8	9	10
X_1	1.1	1.4	1.7	1.7	1.8	1.8	1.9	2.0	2.3	2.4
X_2	1.1	1.5	1.8	1.7	1.9	1.8	1.8	2.1	2.4	2.5
Y	16.3	16.8	19.2	18.0	19.5	20.9	21.1	20.9	20.3	22.0

假设回归系数与误差项未知，采用最小二乘估计来求回归系数，其估计值如表 7-5 第 2 列所示，它们与原模型参数具有较大差别。计算 X_1、X_2 的相关性系数为 0.986，表明 X_1、X_2 之间高度相关，即存在共线性问题。因此，最小二乘估计不能满足表 7-4 中数据的回归分析需求。

表 7-5　例 7-2 中回归系数和估计值

回归系数	系数估计值	原模型系数
β_0	11.292	10
β_1	11.307	2
β_2	−6.591	3

多重共线性问题普遍存在，几乎所有实际应用中的数据集都会遭受某种程度上的多重共线性。多重共线性问题的严重程度可以从轻微到严重不等，取决于自变量之间的相关性程度。当自变量之间的相关性非常高时，多重共线性问题就会变得严重，可能导致回归模型的参数估计不稳定、预测精度下降以及解释能力减弱，这时就需要采取适当的措施进行处理，如删除冗余变量、使用正则化方法或进行变量选择等。

7.3.2　岭回归

岭回归（Ridge Regression）是一种专用于共线性数据分析的有偏估计回归方法，实质上是一种改良的最小二乘估计法。它通过引入一个小的偏差来减少数据的过拟合，虽然这以略微增加偏差为代价，但可以获得更为符合实际、更可靠的回归系数。岭回归在处理病态数据和存在多重共线性问题的研究中有较大的实用价值。

岭回归通过向损失函数中添加一个 L_2 范数的正则化项（通常是系数的平方和乘以一个正则化参数 λ）来防止过拟合。正则化项的作用是对回归系数的幅度进行限制，从而提高回归模型的泛化能力。岭回归的目标是最小化包含正则化项的损失函数，通过调整正则化参数 λ 来平衡模型的拟合能力和泛化能力，其表达式为

$$\min_{\hat{\boldsymbol{\beta}}_{岭}} L(\hat{\boldsymbol{\beta}}_{岭}) = \min_{\hat{\boldsymbol{\beta}}_{岭}} \left\| \boldsymbol{X}\hat{\boldsymbol{\beta}}_{岭} - \boldsymbol{Y} \right\|_2^2 + \lambda \left\| \hat{\boldsymbol{\beta}}_{岭} \right\|_2^2 \tag{7-26}$$

对 $L(\hat{\boldsymbol{\beta}}_{岭})$ 求导易得

$$\frac{\partial L(\hat{\boldsymbol{\beta}}_{岭})}{\partial \hat{\boldsymbol{\beta}}_{岭}} = 2\boldsymbol{X}'\boldsymbol{X}\hat{\boldsymbol{\beta}}_{岭} - 2\boldsymbol{X}'\boldsymbol{Y} + 2\lambda\hat{\boldsymbol{\beta}}_{岭} \tag{7-27}$$

令 $\frac{\partial L(\hat{\boldsymbol{\beta}}_{岭})}{\partial \hat{\boldsymbol{\beta}}_{岭}}=0$，得

$$(\boldsymbol{X'X}+\lambda \boldsymbol{I})\hat{\boldsymbol{\beta}}_{岭}=\boldsymbol{X'Y} \tag{7-28}$$

式中，$\boldsymbol{I}$ 表示单位矩阵。当变量 $|\boldsymbol{X'X}|\approx 0$ 时，通过加上 $\lambda \boldsymbol{I}$，可以发现，$\boldsymbol{X'X}$ 奇异程度减小得多，只需要调整 λ 的值，即可保证矩阵永远满秩，即 $\boldsymbol{X'X}+\lambda \boldsymbol{I}$ 永远存在矩阵的逆，故可以得到模型系数的估计值为

$$\hat{\boldsymbol{\beta}}_{岭}=(\boldsymbol{X'X}+\lambda \boldsymbol{I})^{-1}\boldsymbol{X'Y} \tag{7-29}$$

式中，$\lambda \geqslant 0$ 为所选择的常数。注意，当 $\lambda=0$ 时，岭估计量是最小二乘估计量。

回顾最小二乘的表达式 $\hat{\boldsymbol{\beta}}=(\boldsymbol{X'X})^{-1}\boldsymbol{X'Y}$，假设矩阵 $\boldsymbol{X}$ 是列正交的，即 $\boldsymbol{X'X}=\boldsymbol{I}$。此时岭回归估计系数 $\hat{\boldsymbol{\beta}}_{岭}$ 的任一分量 $\hat{\beta}_j^{\text{ridge}}$ 与对应最小二乘估计的分量 $\hat{\beta}_j$ 有如下对应关系：

$$\hat{\beta}_j^{\text{ridge}}=\frac{\hat{\beta}_j}{1+\lambda} \tag{7-30}$$

易看出，岭回归将最小二乘估计的系数缩小了。岭回归通常比最小二乘估计更加稳定，对于病态数据（即特征值很小的数据）的拟合效果更好。

岭回归的目标是在减小方差和增加偏倚（即估计值与实际值之间的差异）之间找到一个合适的平衡。λ 是岭回归中的正则化参数，也可以称为偏倚参数。通过调整 λ 的值，可以控制这种平衡。具体来说，当 λ 值较小时，正则化项的作用较弱，模型参数的估计值更接近最小二乘估计，这可能导致较小的偏倚但较大的方差。相反，当 λ 值较大时，正则化项的作用较强，模型参数的估计值会被缩小，这有助于减小方差但可能增加偏倚。

岭回归的参数 λ 选择是一个关键的步骤，它直接影响到模型的性能和泛化能力。以下是关于岭参数选择的一些关键点：

1）交叉验证法：在岭回归中，可以将数据集划分为训练集和测试集，然后对不同的 λ 进行模型训练和测试，以找到最优的 λ 值。通过计算不同 λ 值下的均方误差或 R^2 值等指标，选择表现最好的 λ 值。

2）岭迹法：通过绘制岭迹图，观察不同 λ 值下模型参数的变化情况。随着 λ 的增加，系数会逐渐变小，直至趋于稳定。选择岭参数 λ 的原则是：各个自变量的标准化回归系数趋于稳定时的最小 λ 值。但这种方法在一定程度上存在主观性。

3）方差扩大因子法：方差扩大因子（Variance Inflation Factor，VIF）是表征自变量之间共线性程度的统计量，其计算公式为

$$\text{VIF}(X_i)=\frac{1}{1-R_i^2} \tag{7-31}$$

式中，R_i^2 是自变量 X_i 对其他自变量（不包括 X_i 自身）进行线性回归时得到的决定系数。一般来说，VIF 值越大，表明自变量 X_i 与其他自变量之间的多重共线性越严重。当 VIF 值小于 5 时，通常认为共线性处于可接受的水平；当 VIF 值大于 10 时，则认为存在严重的多重共线性。通过尝试不同的 λ 值并计算对应的 VIF 值，可以选择一个既能降低 VIF

值又能保持较好模型性能的 λ 值。

例 7-3 这里以火力发电过程中的蒸汽量软测量问题为例说明岭回归分析过程。蒸汽量是火力发电厂监测的重要指标，直接影响发电量和电厂的经济效益。面对电厂复杂的工艺流程，蒸汽量的直接测量成为一大难题。传统上，电厂对蒸汽量的监测和计算主要依赖于人工经验和理论知识的分析。这种方法不仅耗时耗力，需要大量专业工程师的参与，而且容易受到人为因素的影响，导致测量结果的不准确和不稳定。为了解决这些问题，需要建立蒸汽量的软测量模型，利用锅炉膛压 X_1、锅炉膛温 X_2、给水量 X_3、炉温 X_4、过热器压力 X_5 等的监测值，对蒸汽量 Y 进行实时估计。

对于给定的历史数据，计算训练集中各自变量的相关系数，所得相关系数矩阵如表 7-6 所示。通过相关系数矩阵易看出，各自变量相互之间的相关系数较高，证实存在严重共线性问题。

表 7-6 各相关系数矩阵

各相关系数	X_1	X_2	X_3	X_4	X_5
X_1	1	0.9330	0.5574	0.3911	0.7840
X_2	0.9330	1	0.5636	0.3671	0.7095
X_3	0.5574	0.5636	1	0.4381	0.2137
X_4	0.3911	0.3671	0.4381	1	0.3674
X_5	0.7840	0.7095	0.2137	0.3674	1

这里采用岭回归解决该问题，求解得到的岭回归拟合方程为

$$Y = -0.0102+0.4182X_1 + 0.3796X_2 + 0.2457X_3+0.1188X_4+0.0192X_5$$

此时，MSE=0.1587，RMSE=0.3984，R^2=0.8098，可以发现所获得模型具有较好的拟合效果。图 7-4 给出了测试集的原始数据和采用岭回归法的拟合曲线。需要注意的是，岭回归能逐步增大惩罚，将系数逐渐收敛到接近 0，从而提升模型拟合的精确度，但拟合的系数不会为 0。

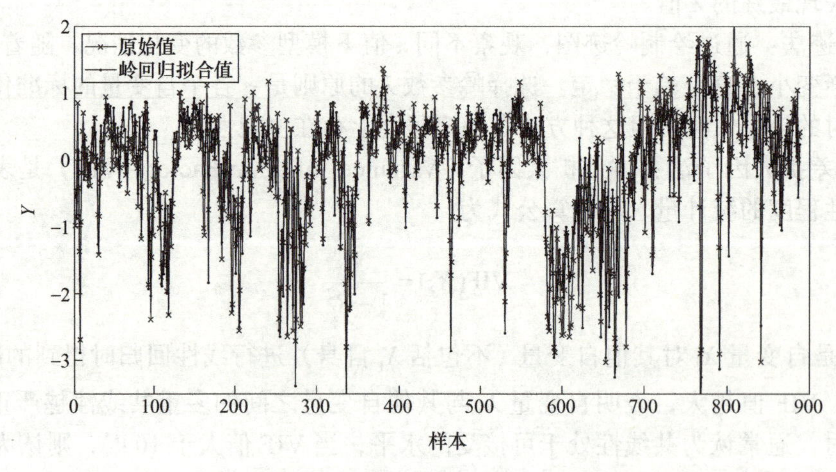

图 7-4 最小二乘法和岭回归的拟合曲线

7.3.3 LASSO 回归

LASSO（Least Absolute Shrinkage and Selection Operator）是一种采用 L1 正则化的线性回归方法，通过生成一个惩罚函数来压缩回归模型中的变量系数，进而防止过度拟合和解决严重共线性问题。通过引入 L1 正则化，LASSO 具有稀疏性，即可以将系数向量中小的权重变为 0，从而实现变量选择和特征降维。在存在多个相关的自变量时，LASSO 可以通过将相关的自变量的系数变为 0，在模型复杂度和预测精度之间找到一个平衡点，降低多重共线性对回归结果的影响。

LASSO 损失函数的完整表达式为

$$\min_{\hat{\boldsymbol{\beta}}_{\text{LASSO}}} L(\hat{\boldsymbol{\beta}}_{\text{LASSO}}) = \min_{\hat{\boldsymbol{\beta}}_{\text{LASSO}}} \left\| \boldsymbol{X}\hat{\boldsymbol{\beta}}_{\text{LASSO}} - \boldsymbol{Y} \right\|_2^2 + \alpha \left\| \hat{\boldsymbol{\beta}}_{\text{LASSO}} \right\|_1 \tag{7-32}$$

对 $L(\hat{\boldsymbol{\beta}}_{\text{LASSO}})$ 求导易得

$$\frac{\partial L(\hat{\boldsymbol{\beta}}_{\text{LASSO}})}{\partial \hat{\boldsymbol{\beta}}_{\text{LASSO}}} = 2\boldsymbol{X}'\boldsymbol{X}\hat{\boldsymbol{\beta}}_{\text{LASSO}} - 2\boldsymbol{X}'\boldsymbol{Y} + \alpha \boldsymbol{I} \tag{7-33}$$

令 $\dfrac{\partial L(\hat{\boldsymbol{\beta}}_{\text{LASSO}})}{\partial \hat{\boldsymbol{\beta}}_{\text{LASSO}}} = 0$，得

$$\boldsymbol{X}'\boldsymbol{X}\hat{\boldsymbol{\beta}}_{\text{LASSO}} = \boldsymbol{X}'\boldsymbol{Y} - \frac{\alpha \boldsymbol{I}}{2} \tag{7-34}$$

假设 $\boldsymbol{X}'\boldsymbol{X}$ 的逆存在，则有

$$\hat{\boldsymbol{\beta}}_{\text{LASSO}} = (\boldsymbol{X}'\boldsymbol{X})^{-1}\left(\boldsymbol{X}'\boldsymbol{Y} - \frac{\alpha \boldsymbol{I}}{2}\right) \tag{7-35}$$

通过增大 α，可以为 $\hat{\boldsymbol{\beta}}_{\text{LASSO}}$ 的计算增加一个负项，限制参数估计中 $\hat{\boldsymbol{\beta}}_{\text{LASSO}}$ 的大小，从而防止多重共线性引起的参数被估计过大。

当特征之间存在精确相关关系（即精确共线性）时，最小二乘法可能因为无法确定系数的唯一解而无法使用。尽管 LASSO 可以将某些特征的系数压缩至 0，但它无法直接处理精确共线性导致的数学上的无解情况。而岭回归只需要调整 λ 的值，可保证矩阵永远满秩，为系数估计提供一个稳定的解，从而避免最小二乘法无法使用的情况。尽管 LASSO 在处理精确共线性时存在局限性，但它限制了多重共线性带来的影响，在处理高度相关特征、降低模型复杂度、提高模型解释力等方面具有显著优势。

岭回归（L2 正则化）和 LASSO 回归（L1 正则化）在处理多重共线性问题时都采取了正则化的方法，但它们在压缩系数的方式上存在显著的差异。下面结合图 7-5 进一步说明，这里假设截距为 0 且系数 $\boldsymbol{\beta}$ 为二维的。图 7-5 中同心椭圆为最小二乘的解的等高投影。

1）由于 L2 正则化产生的约束边界是圆形的，它会使系数在优化过程中逐渐变小到尽量接近 0，但通常不会完全压缩到 0。岭回归通过这种方式改善了模型的泛化能力，降低了过拟合的风险，并且对于多重共线性问题提供了稳定的系数估计。

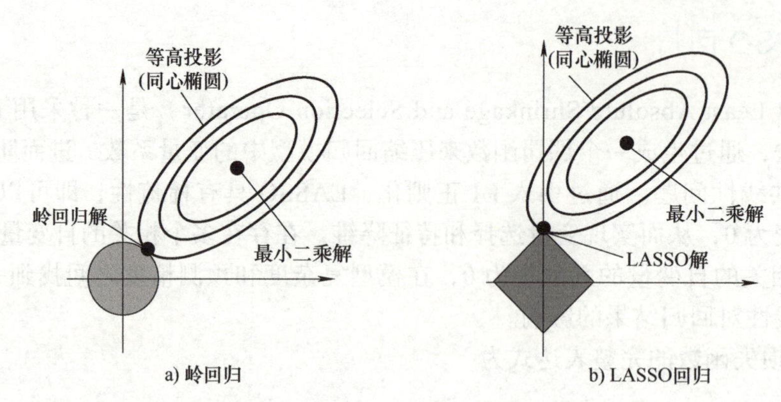

图 7-5 岭回归与 LASSO 回归的区别

2）L1 正则化主导稀疏性。由于 L1 正则化产生的约束边界是棱形的，因此会出现“棱角”。这使得在优化过程中，当“棱角”与抛物面相交时，系数更有可能直接变为 0。LASSO 回归的这种特性使得它在进行特征选择时特别有效，因为它可以直接将那些对模型贡献较小的特征的系数压缩到 0，从而简化模型并提高解释性。

例 7-4 对于上述例 7-3 的中的数据，通过 LASSO 回归计算出的拟合方程为

$$Y = 0.0067 + 0.4278X_1 + 0.3556X_2 + 0.2125X_3 + 0.0795X_4$$

由于该算式中存在较大的共线性，LASSO 回归通过一阶惩罚项，将 X_5 系数压缩为 0，实现变量选择。此时，MSE=0.1585，RMSE=0.3982，R^2=0.8101。可以发现 R^2 的值更大，表示模型的解释能力更强。图 7-6 给出了测试集的原始数据和采用 LASSO 回归的拟合曲线。

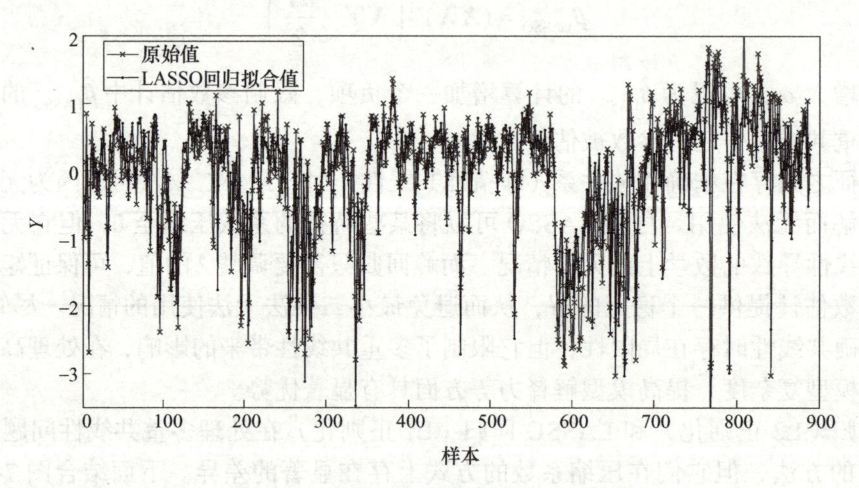

图 7-6 拟合曲线

7.3.4 主成分回归

主成分回归（Principal Component Regression，PCR）也是一种处理多重共线性问题的统计回归方法。它的主要思想是通过线性变换，将原来的多个指标（自变量）组合成少

数几个相互独立的综合指标（主成分），然后利用这些主成分进行回归分析。它不仅可以解决变量的共线性问题，还可以有效提取数据的特征，降低数据的冗余。在实际建模过程中面临的问题远不止共线性问题，更有维度灾难问题。例如，流程工业中的传感器数量庞大，监测变量的个数成百上千，从而导致计算复杂度产生指数爆炸效应，但往往并不能给模型准确度带来明显提升。因此，利用主成分分析方法可以对数据进行降维，即提取出数据中最具有代表性、包含波动信息最多的成分，并使用提取的主元特征来代替原自变量进行建模，关于主成分分析用于降维的具体内容参考本书第 3 章。

主成分回归的计算过程通常包括以下几个主要步骤：

1）主成分分析：对于数据矩阵 $\boldsymbol{X}$ 中心化处理，确保每个变量均值为 0；进而，计算协方差矩阵 $\boldsymbol{\Sigma}$，确定特征根 $\lambda_1,\lambda_2,\cdots,\lambda_m$ 和对应的特征向量，按特征根由大到小，对特征向量进行重新排列，获得特征向量组成矩阵 $\boldsymbol{P}$。

2）选择主成分：根据特征值的大小，选择前 r 个主成分，这些成分通常解释了大部分的方差。使用选定的主成分作为新的特征空间，得到新的矩阵 $\boldsymbol{P}$，同时根据 $\boldsymbol{T}=\boldsymbol{XP}$ 计算得到主成分矩阵 $\boldsymbol{T}$。

3）线性回归：在新的特征空间上对因变量 $\boldsymbol{Y}$ 进行线性回归分析，使用主成分作为自变量，建立回归模型：

$$\boldsymbol{Y}=\boldsymbol{T\alpha}+\boldsymbol{\varepsilon} \tag{7-36}$$

模型参数 $\boldsymbol{\alpha}$ 的最小二乘估计量为

$$\hat{\boldsymbol{\alpha}}=(\boldsymbol{T}'\boldsymbol{T})^{-1}\boldsymbol{T}'\boldsymbol{Y} \tag{7-37}$$

在主成分回归中，将接近 0 的特征值所对应的主成分从分析中移除，并将最小二乘法应用于剩余的主成分，这一步是为了提取出能够反映总体信息的主要成分，同时避免由于多重共线性导致的参数估计不稳定。虽然主元分析相较于岭回归有所改进，但在讨论主成分个数选取时，尽管包含了大部分的自变量信息，但并不能保证主成分与因变量的相关性。因此，如何提取既包含自变量数据信息，又与因变量保持较强关联的成分则成了需要研究的问题。7.3.5 节的偏最小二乘回归就是基于此思想提出的。

7.3.5　偏最小二乘回归

偏最小二乘回归（Partial Least Squares Regression，PLSR）最先产生于化学领域。当利用分光镜预测化学样本的组成时，红外区反射光谱的波长数量通常达到几百个，这些波长作为解释变量，其数量往往比化学样本的数目要多。同时，这些波长之间可能存在多重相关性，使得传统的最小二乘法在处理这类问题时面临困难。

偏最小二乘回归在处理两组变量个数较多、存在多重相关性，并且观测数据数量（样本量）较少的情况下，具有显著的优势。偏最小二乘回归是一种结合了主成分分析和多元线性回归的方法。它通过在自变量和因变量之间寻找潜在的结构关系，来提取与因变量最相关的主成分。偏最小二乘回归的目标是在降低维度的同时，最大化自变量和因变量之间的协方差，从而确保提取的成分既包含自变量数据信息，又与因变量保持较强关联。

考虑 q 个因变量 $Y_1,Y_2,\cdots,Y_q$ 与 p 个自变量 $X_1,X_2,\cdots,X_p$ 的建模问题，偏最小二乘的一般模型表示为

$$X = UP' + E$$
$$Y = VQ' + F \tag{7-38}$$

式中，X是自变量$X_1, X_2, \cdots, X_p$的中心化后的数据矩阵，大小为$n \times p$；Y是因变量$Y_1, Y_2, \cdots, Y_q$的中心化后的数据矩阵，大小为$n \times q$；U和V是大小为$n \times r$的矩阵，分别表示X的投影和Y的投影；P和Q分别是$p \times r$和$q \times r$的正交载荷矩阵；矩阵E和F是误差项，服从独立同分布的正态分布随机变量。

偏最小二乘回归的基本步骤如下：

1）首先对自变量和因变量的数据矩阵和分别进行中心化处理，即减去它们的均值，确保X和Y每一列（或每个变量）的均值为0。

2）分别提取两变量组的第一对成分，并使之相关性达最大。假设从两组变量分别选择第一对成分为u_1和v_1，u_1是$X_1, X_2, \cdots, X_p$的线性组合；v_1是$Y_1, Y_2, \cdots, Y_q$的线性组合。为了回归分析的需要，要求u_1与v_1各自尽可能多地提取所在变量组的变异信息，使得u_1与v_1的相关程度达到最大。由两组数据矩阵X和Y，可以计算第一对成分的得分向量。

3）建立因变量$Y_1, Y_2, \cdots, Y_q$与v_1，以及自变量$X_1, X_2, \cdots, X_p$与u_1的回归方程。如果回归方程已达到满意的精度，则算法中止；否则，继续第二对成分的提取，直到能达到满意的精度为止。若最终对自变量集提取r个成分$u_1, u_2, \cdots, u_r$，偏最小二乘回归将通过建立$Y_1, Y_2, \cdots, Y_q$与$u_1, u_2, \cdots, u_r$的回归方程，然后再表示为$Y_1, Y_2, \cdots, Y_q$与原自变量$X_1, X_2, \cdots, X_p$的回归方程，即偏最小二乘回归方程。

7.4 非线性回归

线性回归模型因其简洁和易于理解的特性，为许多回归分析任务提供了一个有效且灵活的分析框架。然而，并非所有情况都适合使用线性回归。在工业过程分析等领域，常常可以观察到因变量与自变量之间的非线性关系。这时如果采用线性回归模型，会导致数据拟合效果不佳。本节内容将详细介绍非线性回归模型的参数估计过程，并探讨几种常用的非线性回归方法。这些方法能够更好地捕捉数据中的非线性模式，从而提高模型的预测准确性和解释力。

7.4.1 非线性回归模型

非线性回归是寻找因变量和一组自变量之间关系的非线性模型的方法，在工业领域应用广泛。以汽车制造业为例，非线性回归模型可以用来预测汽车的燃油效率。燃油效率受到发动机设计、车辆重量、空气动力学特性等多种因素的影响，而这些因素与燃油效率之间的关系往往是非线性的。通过使用非线性回归模型，工程师可以更准确地理解这些变量如何相互影响，并据此优化汽车设计，以提高燃油效率并降低排放。

与线性回归相比，非线性回归能够更细致地捕捉现实世界中数据的复杂性和多样性。在某些情况下，当线性回归模型无法准确描述因变量与自变量之间的真实关系时，这种关系可能遵循更加复杂的数学形式。例如，在某些工程或物理问题中，这些关系可能通过微分方程来表达，这是非线性现象中常见的一种情况。一般情况下，将非线性回归模型写为以下形式：

$$Y = f(X_1, X_2, \cdots, X_p, \boldsymbol{\theta}) + \varepsilon \tag{7-39}$$

式中，$\boldsymbol{\theta}$ 为未知参数的 $p \times 1$ 向量；ε 为不相关的随机误差项，其均值为 0、方差为 σ^2。举例来说，模型 $Y = \theta_1 e^{\theta_2 X} + \varepsilon$ 是关于未知参数 θ_1 与 θ_2 非线性的。

7.4.2 非线性最小二乘

非线性最小二乘（Nonlinear Least Squares，NLS）通过最小化实际观测值与模型预测值之间的残差平方和来拟合数据。与线性最小二乘类似，非线性最小二乘是找到使得模型预测值与观测数据间的残差平方和最小的参数。但与线性最小二乘不同的是，非线性最小二乘中模型的形式是非线性的，例如指数函数、对数函数、多项式函数等。非线性最小二乘的参数估计通常涉及迭代过程，因为非线性模型的似然函数可能是非凸的，存在多个局部最小值。常用的迭代方法包括梯度下降法、牛顿－拉夫逊方法、拟牛顿法、马尔奎特法。

非线性最小二乘可以用来拟合各种非线性数据。然而，它也有局限性，比如需要一个好的初始参数估计，且可能会陷入局部最小值。因此，在使用非线性最小二乘时，需要仔细考虑模型的选择和参数的初始估计。

对于如下一个非线性回归模型

$$Y = f(X, \boldsymbol{\theta}) + \varepsilon \tag{7-40}$$

给定因变量 Y 和自变量 X 的观测值分别为 $y_1, y_2, \cdots, y_n$ 和 $x_1, x_2, \cdots, x_n$，则非线性最小二乘法的目标是最小化以下目标函数

$$S(\boldsymbol{\theta}) = \sum_{i=1}^{n} [y_i - f(x_i, \boldsymbol{\theta})]^2 \tag{7-41}$$

为了求解最小二乘估计量，必须对方程做关于 $\boldsymbol{\theta}$ 的每个元素的微分。这将为非线性回归情形提供多个正规方程，即

$$\sum_{i=1}^{n} [y_i - f(x_i, \theta)] \left[\frac{\partial f(x_i, \boldsymbol{\theta})}{\partial \theta_j} \right]_{\theta = \hat{\theta}} = 0, j = 1, 2, \cdots, p \tag{7-42}$$

在非线性回归模型中，大方括号中的导数将是未知参数的函数。进一步而言，期望函数也是非线性函数，所以正规方程可能会非常难以求解。

例如考虑非线性回归模型

$$Y = \theta_1 e^{\theta_2 X} + \varepsilon$$

其最小二乘正规方程为

$$\sum_{i=1}^{n} y_i e^{\hat{\theta}_2 x_i} - \hat{\theta}_1 \sum_{i=1}^{n} e^{2\hat{\theta}_2 x_i} = 0$$

$$\sum_{i=1}^{n} y_i x_i e^{\hat{\theta}_2 x_i} - \hat{\theta}_1 \sum_{i=1}^{n} x_i e^{2\hat{\theta}_2 x_i} = 0$$

这两个方程不是 $\hat{\theta}_1$ 与 $\hat{\theta}_2$ 的线性方程，所以不存在简单的闭合形式解。一般情况下，必须使用迭代方法来求解 $\hat{\theta}_1$ 与 $\hat{\theta}_2$ 的值。使得问题进一步复杂化的是，正规方程有时会存在多个解，即残差平方和函数 $S(\boldsymbol{\theta})$ 会存在多个平稳值。

当模型为非线性回归模型时，等高线通常如图 7-7 所示的形式，注意图 7-7b 中的等高线不是椭圆，而事实上其形状是被严重拉长而不规则的，“香蕉形”的形状是非常典型的。残差平方和等高线的特定形状与方向取决于非线性模型的形式与所获得的数据样本。通常情况下靠近最优值时曲面会被严重拉长，所以 $\boldsymbol{\theta}$ 的许多解产生的残差平方和都会接近于全局最小值。这会产生病态问题，而存在病态问题时通常难以求解 $\boldsymbol{\theta}$ 的全局最小值。在某些情形下，等高线可能非常不规则，以至于会存在若干个局部极小值，也可能会存在多于一个的全局最小值 θ。图 7-7c 展示了存在一个局部极小值与一个全局极小值的情形。

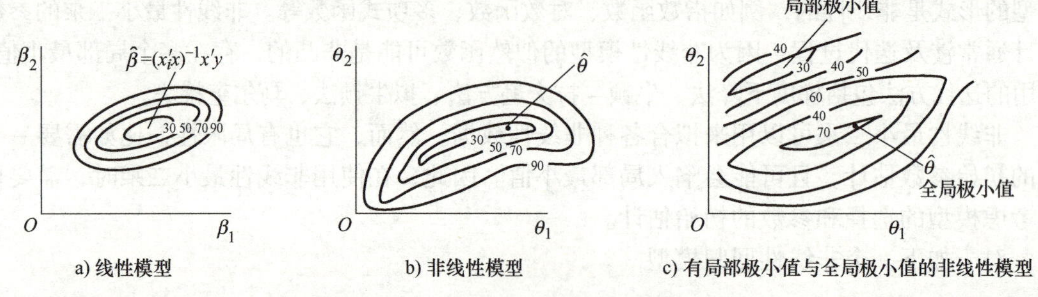

图 7-7 残差平方和函数的等高线图

非线性模型与线性模型的转换：对于可线性化处理的非线性回归，基本方法是通过变量变换，将非线性回归化为线性回归，然后用线性回归方法处理。举例来说，考虑模型

$$y = f(x,\boldsymbol{\theta}) + \varepsilon = \theta_1 e^{\theta_2 x} + \varepsilon \tag{7-43}$$

由于 $f(x,\boldsymbol{\theta}) = \theta_1 e^{\theta_2 x}$，所以可以使用对数函数将其线性化：

$$\ln f(x,\boldsymbol{\theta}) = \ln\theta_1 + \theta_2 x \tag{7-44}$$

因此将模型重写为

$$\ln y = \ln\theta_1 + \theta_2 x + \varepsilon \tag{7-45}$$

这样就可以使用简单线性回归方法来估计模型系数 β_0 与 β_1。但是，式（7-45）中参数的线性最小二乘估计量在一般情况下并不等价于原模型中的非线性参数估计量，其原因在于：在原非线性模型中最小二乘意味着最小化 y 的残差平方和，然而在变换后模型中最小化的是 $\ln y$ 的残差平方和。

注意式（7-43）中的误差结构是加性，所以使用对数变换不可能会产生式（7-45）中的模型。而如果误差结构是乘性的，比如

$$y = \theta_1 e^{\theta_2 x}\varepsilon \tag{7-46}$$

那么使用对数变换将是合适的，这是因为

$$\ln y = \ln\theta_1 + \theta_2 x + \ln\varepsilon = \beta_0 + \beta_1 x + \varepsilon^* \tag{7-47}$$

而如果 ε^* 服从正态分布，那么所有标准线性回归模型的性质与相关推断都可以应用进来。可以变换为等价线性形式的非线性模型称为非本质线性模型，表 7-7 给出了一些常见的非线性方程进行线性化变换的方式。

表 7-7　常见的非线性方程的线性化变换

非线性方程	变换公式	变换后的线性方程
$\frac{1}{y}=a+\frac{b}{x}$	$X=\frac{1}{x},Y=\frac{1}{y}$	$Y=a+bX$
$y=ax^b$	$X=\ln x,Y=\ln y$	$X=a'+bX,a'=\ln a$
$Y=a+b\ln x$	$X=\ln x,Y=y$	$Y=a+bX$
$y=ae^{bx}$	$X=x,Y=\ln y$	$Y=a'+bX,a'=\ln a$
$y=ae^{\frac{b}{x}}$	$X=\frac{1}{x},Y=\ln y$	$Y=a'+bX,a'=\ln a$

7.4.3　支持向量回归

第 6 章已经介绍过支持向量机（SVM），它一般用于分类任务，这里所提到的支持向量回归（Support Vector Regression，SVR）则是 SVM 在回归分析中的应用。SVR 的核心思想是找到一个函数，这个函数在限定的误差范围内尽可能地拟合给定的训练数据，同时保持模型的复杂度处于较低水平，以提高模型的泛化能力。

SVM 中的目标是通过最大化间隔，找到一个分离超平面，使得绝大多数的样本点位于两个决策边界的外侧。SVR 同样是考虑最大化间隔，但是考虑的是决策边界内的点，使尽可能多的样本点位于间隔内。图 7-8 描述了 SVM 和 SVR 的目标差别。

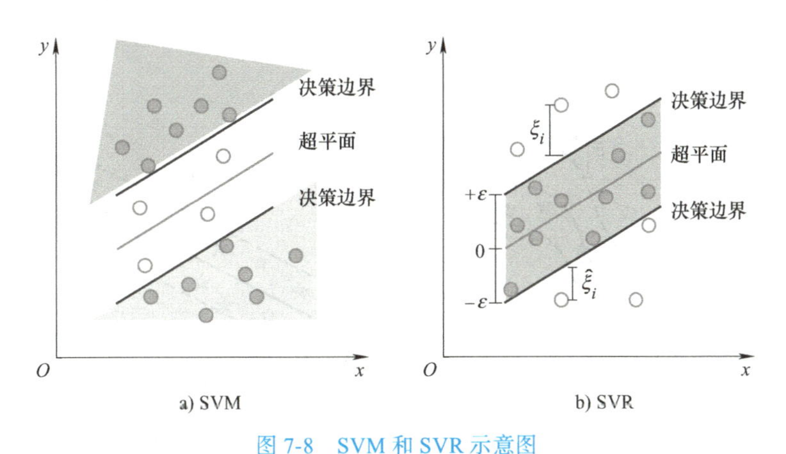

图 7-8　SVM 和 SVR 示意图

针对 SVR 的优化问题，为每个样本点引入松弛变量 ξ_i 与 $\hat{\xi}_i$：

$$\min_{w}\frac{1}{2}\|\boldsymbol{w}\|^2+C\sum_{i=1}^{N}(\xi_i+\hat{\xi}_i)$$

$$\text{s.t.}\ \ y_i-\boldsymbol{w}^{\mathrm{T}}\boldsymbol{x}_i-b\leqslant\varepsilon+\xi_i \tag{7-48}$$

$$\boldsymbol{w}^{\mathrm{T}}\boldsymbol{x}_i+b-y_i\leqslant\varepsilon+\hat{\xi}_i$$

$$\xi_i,\hat{\xi}_i\geqslant 0$$

从上面的优化问题可以看出，SVR 只对间隔外的样本进行惩罚，当样本点位于间隔内时，则不计算其损失。

对于非线性 SVR，自然地，引入核函数（Kernel Function）即可：

$$f(\boldsymbol{x})=\sum_{i=1}^{n}(\alpha_i-\hat{\alpha}_i)K(\boldsymbol{x}_i,\boldsymbol{x})+\boldsymbol{b} \tag{7-49}$$

常用的核函数有多项式核函数、高斯核函数、Sigmoid 核函数、拉普拉斯核函数、径向核函数等，这些核函数的具体形式如表 7-8 所示。图 7-9 描述了通过核函数将非线性问题转化为线性问题的示意图。

表 7-8 常见核函数及其公式

名称	公式
多项式核函数	$K(\boldsymbol{x}_i,\boldsymbol{x}_j)=(\boldsymbol{x}_i',\boldsymbol{x}_j)^d$
高斯核函数	$K(\boldsymbol{x}_i,\boldsymbol{x}_j)=\exp\left(-\dfrac{\Vert\boldsymbol{x}_i-\boldsymbol{x}_j\Vert^2}{2\sigma^2}\right)$
Sigmoid 核函数	$K(\boldsymbol{x}_i,\boldsymbol{x}_j)=\tanh(\beta\boldsymbol{x}_i'\boldsymbol{x}_j+\theta)$
拉普拉斯核函数	$K(\boldsymbol{x}_i,\boldsymbol{x}_j)=\exp\left(-\dfrac{\Vert\boldsymbol{x}_i-\boldsymbol{x}_j\Vert}{\sigma}\right)$
径向核函数	$K(\boldsymbol{x}_i,\boldsymbol{x}_j)=\exp(-\gamma\Vert\boldsymbol{x}_i-\boldsymbol{x}_j\Vert^2)$

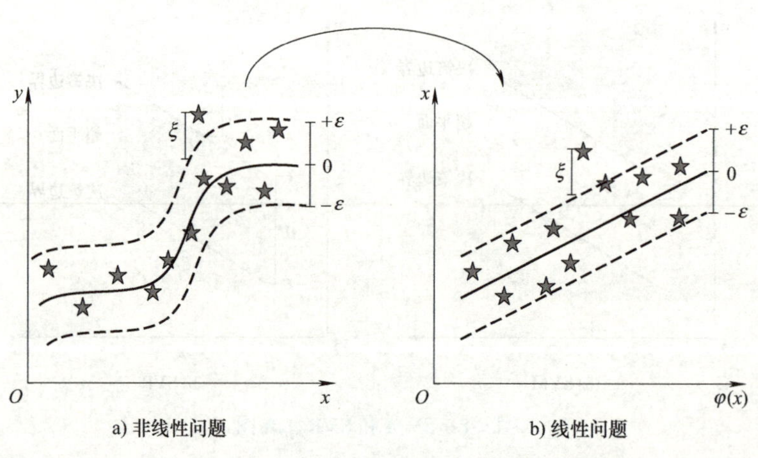

图 7-9 非线性与线性问题的转化示意图

SVR 在某些方面具有显著的优点，这些优点主要包括：

1）高维特征处理能力强：SVR 适用于具有大量特征的数据集，并且能够处理高维数据。这意味着即使在特征维度大于样本数的情况下，SVR 仍然能够保持良好的性能。

2）对异常值的鲁棒性：由于 SVR 关注的是间隔和支持向量，而不是直接最小化所有数据点的误差，因此它对于异常值或噪声数据具有一定的鲁棒性。这有助于减少异常值对模型性能的影响。

3）可解释性强：支持向量通常决定了模型的决策边界，这使得 SVR 的决策过程相对容易解释。在实际应用中，了解哪些数据点对模型有重要影响是很有价值的。

4）泛化能力强：SVR 能同时控制经验风险和学习机容量，具有更好的泛化能力。这意味着 SVR 不仅能够在训练数据上表现良好，而且能够很好地适应未见过的测试数据。

5）自适应能力：SVR 具有较好的自适应能力，可以根据样本进行不断的训练和优化。它不需要知道非线性方程的具体表达式，非常适合用于对样本先验知识不清楚和无规则多约束条件的实际应用问题。

6）核函数灵活性：SVR 支持大量核函数的使用，这使得它能够灵活地处理各种非线性的回归问题。通过选择合适的核函数，SVR 可以应对不同复杂度的数据集和回归任务。

这些优点使得 SVR 广泛应用于各类工业领域，如制造业、化工业、石油勘探等。在这些领域中，SVR 可以用于预测产品质量、生产过程中的能耗、设备故障率等关键指标，从而帮助企业实现精细化管理、提高生产率和降低运营成本。

当然，SVR 也存在一些局限性，包括参数敏感、大规模数据集和高维数据集场景中的计算复杂度高、对数据的缩放敏感、对噪声数据敏感、核函数的选择没有通用标准、不适用于海量数据等。在实际应用中，需要根据具体问题的特点和需求选择合适的回归方法。

除了上面这些非线性回归方法以外，神经网络（Neural Networks，NN）以其卓越的非线性拟合能力而著称。这种能力主要源于其复杂的网络结构和激活函数的使用，例如，多层感知机（Multilayer Perceptrons，MLP）、径向基函数网络（Radial Basis Function Network，RBFN）、前馈神经网络（Feedforward Neural Network，FNN）等模型，都是神经网络的典型代表。神经网络通过学习输入和输出之间的非线性关系，实现对未知数据的预测。与传统的线性回归方法相比，神经网络能够更好地捕捉数据中的非线性特征，并给出更准确的预测结果。因此，神经网络在非线性回归问题中得到了广泛的应用，特别是在处理复杂、高维、非线性的数据时，其优势更加明显。通过选择合适的网络结构、激活函数和优化算法，可以构建出高效、准确的神经网络模型，用于解决各种非线性回归问题。

深度学习，作为神经网络的延伸，具备出色的非线性拟合能力。深度神经网络（Deep Neural Networks，DNNs）通过堆叠多个隐藏层来构建复杂的网络结构，这些结构能够学习和模拟数据间的深层非线性函数关系。常见的深度神经网络有卷积神经网络（Convolutional Neural Network，CNN）、长短时记忆（Long Short-Term Memory，LSTM）网络、门控循环单元（Gated Recurrent Unit，GRU）等。在 DNNs 中，每一层通过激活函数，例如 Rectified Linear Unit（ReLU）、Sigmoid 或 Hyperbolic Tangent（Tanh），引入非线性变换，使得网络能够逼近各种复杂的非线性映射。这样的设计是深度学习能够有效处理非线性问题的关键。深度学习的训练通常涉及两个核心算法：反向传播（Backpropagation）和梯度下降（Gradient Descent）。反向传播算法用于计算损失函数关于网络参数的梯度，而梯度下降算法则利用这些梯度信息来迭代调整网络中的权重和偏置，目的是最小化预测误差（即预测值与实际值之间的差异）。这种逐层学习和优化的能力使得深度学习在处理非线性问题时具有显著的优势。在非线性回归问题中，深度学习能够捕获输入和输出之间的复杂非线性关系，并通过大量数据来训练和优化模型参数，从而实现对未知数据的准确预测。与传统的线性回归方法相比，深度学习在处理高维、非线性、复杂数据时具有更卓越的性能，这使得其成为图像识别、自然语言处理和时间序列分析等领域的有力工具。

7.5 回归模型的评估

回归模型广泛用于预测与估计、数据描述、参数估计及控制等问题中。在将回归模型部署应用之前，应当对模型进行评估，以确定模型的性能、稳定性和泛化能力，确保模型在实际应用中能够表现良好。本节主要介绍残差分析和回归模型的拟合效果度量。

7.5.1 残差分析

残差分析是探索模型适用性的有效方法，其中残差的图形分析是研究回归模型拟合适用性与检验基本假设较为有效的方法。残差定义为

$$\varepsilon_i = y_i - \hat{y}_i, i = 1,2,\cdots,n \tag{7-50}$$

式中，y_i 为观测值；$\hat{y}_i$ 为所对应的拟合值。由于残差可以看作实际数据与拟合值之间的离差，因此残差也是因变量中回归模型所未解释的变异性的度量。

1. 正态概率图

正态概率图是一种用于检查残差是否大致符合正态分布的重要工具，也称为Q–Q图（Quantile–Quantile Plot），它通过绘制样本数据的累积分布函数与理论正态分布的累积分布函数之间的对比，来评估数据是否服从正态分布。

在残差分析中，正态概率图用于检查回归模型的残差是否符合正态分布假设。如果残差符合正态分布，那么正态概率图上的点应该大致呈一条直线。这条直线通常是通过样本数据的第一四分位数、中位数和第三四分位数与理论正态分布对应的点相连得到的参考线。稍微违反正态性假设不会严重影响模型的预测能力，因为许多统计方法，包括线性回归，在正态性假设轻微违反时仍然表现良好。

然而，当非正态性较为严重时，它确实可能影响到模型的某些统计推断，特别是与置信区间、预测区间以及统计检验相关的部分。进一步来说，如果误差来自厚尾分布即重尾分布而不是正态分布，那么最小二乘拟合可能对数据的小型子集是敏感的。厚尾的误差分布通常会产生离群点，而离群点将最小二乘拟合过度地“拉”向离群点自身的方向。图7-10给出了不同情况下的正态概率图。

2. 残差与拟合值的残差图

这类残差图是以拟合值（预测值）为横坐标，残差为纵坐标绘制的散点图。这种图形工具可以直观地展示模型拟合的优劣，以及数据是否满足模型的基本假设。图7-11给出了不同情况下的残差 ε_i 与拟合值 $\hat{y}_i$ 的残差图。

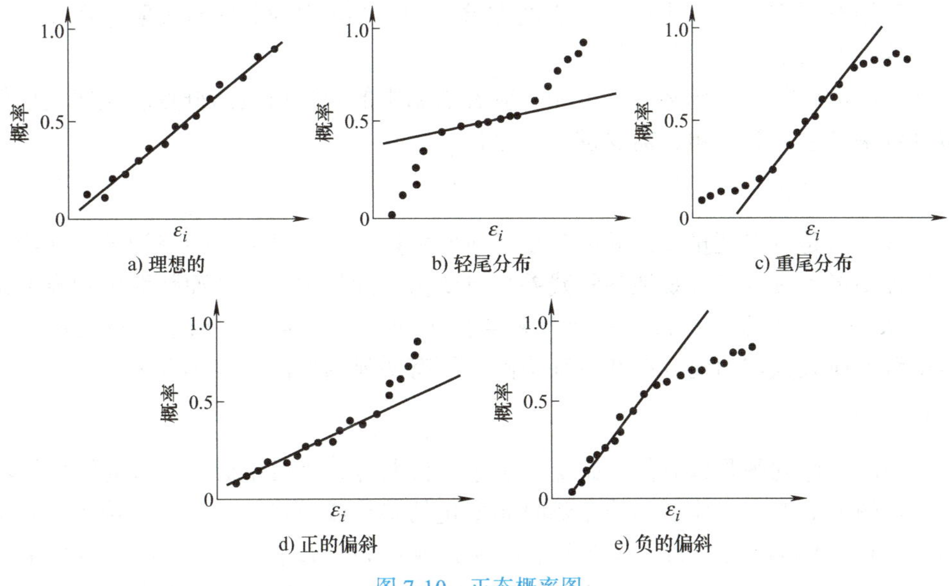

图 7-10　正态概率图

如果残差图类似于图 7-11a，也就是残差随机分布在零轴附近，没有明显的模式或趋势，则说明模型拟合效果较好。如果残差呈现某种趋势或模式（如曲线形、S 形等），则可能暗示模型存在问题，如遗漏了重要的解释变量或存在非线性关系。

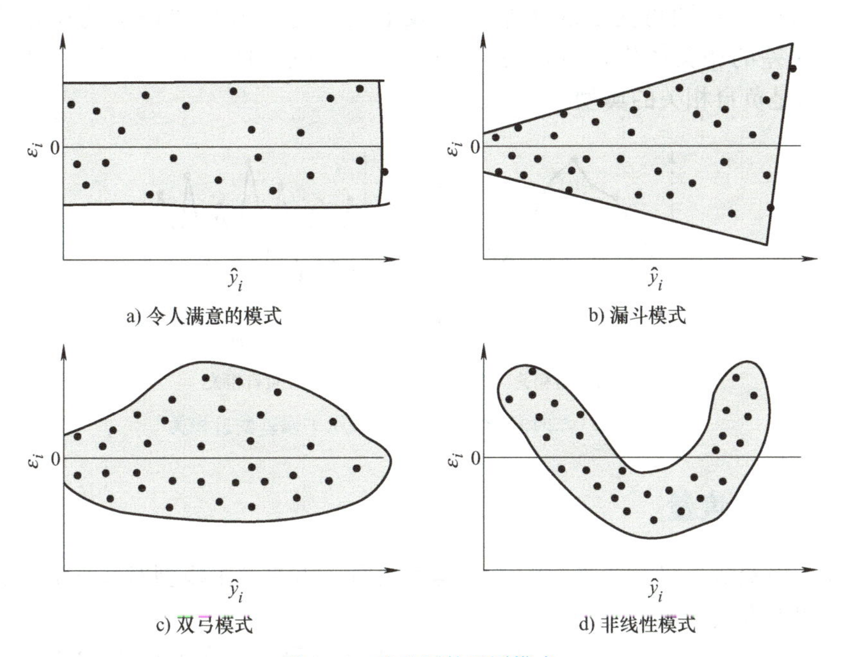

图 7-11　残差图的不同模式

残差的绝对值应较小，并且随着拟合值的增加而逐渐减小。如果残差随着拟合值的增加而增加或减少（即漏斗形或双弓模式），如图 7-11b、c 所示，则可能存在异方差性，也就是残差的方差随着拟合值的变化而变化。此时，可能需要采取适当的措施来纠正这种情况，如对回归变量或因变量二者之一使用合适的变换，或是使用加权最小二乘法。在实践中，通常利用对因变量变换来得到稳定的方差。图 7-11d 中的曲线点表明存在非线性，这可能意味着模型需要其他回归变量。

残差图中远离零轴的异常残差可能对应着数据中的异常值或离群点。这些点可能对模型的拟合效果产生显著影响，需要进一步分析。

3. 残差与自变量的残差图

这类残差图是以自变量（或解释变量、预测变量）为横坐标，残差为纵坐标绘制的散点图。这种图形工具可以直观地展示残差与自变量之间的关系，从而帮助识别模型是否满足线性关系和同方差性等假设。图形效果类似于图 7-11，但其横轴上为自变量。这里也同样希望残差应大致均匀地分布在零轴两侧，没有明显的偏向或聚集现象。

4. 残差时间序列图

残差的时间序列图是以时间（如观察序号、日期等）为横坐标，残差为纵坐标绘制的图形。这种图形能够直观地展示残差随时间变化的趋势或模式。这里也是希望残差类似于图 7-11a 在零值附近随机分布，没有明显的模式或趋势。如果残差随时间呈现出上升或下降的趋势，或者存在周期性波动，这可能意味着模型未能充分捕获数据中的时间依赖关系，需要进一步调整模型。通过观察残差在不同时间点上的分散程度，可以检查残差是否具有恒定的方差（同方差性）。如果残差的分散程度类似于随时间变化（即异方差性），这可能影响模型的参数估计和统计推断的有效性。

残差的时间序列图可能会表明某一时段上的误差与其他时段上的误差相关。不同时段上模型误差的相关性称为自相关，如图 7-12a 所示的残差图表明存在正自相关，而图 7-12b 所示是负自相关的典型。

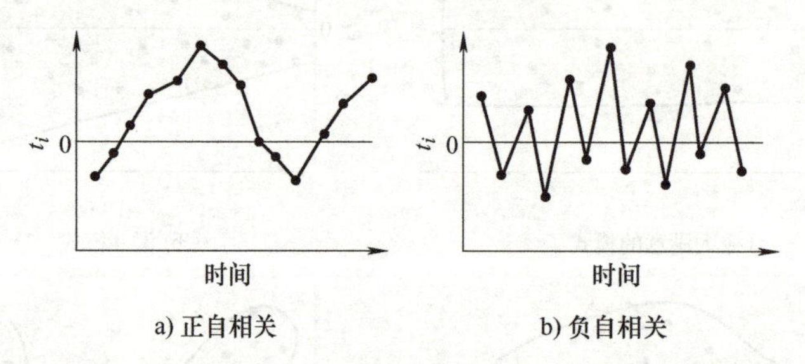

图 7-12　与时间的原型残差图展示了误差的自相关

7.5.2　拟合效果度量

在拟合了因变量与自变量之间的回归模型之后，需要度量模型对数据的拟合效果，具体可以采用如下方式实现：

1）采用合适的评价指标评估模型的准确性和可解释性。在本章 7.1.2 节中介绍了许多回归模型的量化评价指标，包括均方误差（MSE）、均方根误差（RMSE）、平均绝对误差（MAE）、平均绝对百分比误差（MAPE）、R^2 分数、调整 R^2 分数等，这里就不再赘述。

2）考察因变量观测值与估计值之间的散点图，如果散点图上的这组点趋近于一条直线，则表示具有较好的拟合效果；同时，也可以通过计算观测值与估计值所对应序列的相关系数来评价拟合效果。

3）使用交叉验证来评估模型的稳定性，确保模型在不同数据集上的表现一致。最常见的是 k– 折交叉验证，其中数据集被分成 k 个子集，每次选择其中一个子集作为测试集，剩余的子集作为训练集。通过计算多次迭代中测试集的误差均值，可以得出模型的平均表现。交叉验证可以帮助评估模型的稳定性和泛化能力。

4）通过假设检验判断回归模型的拟合效果是否显著，即模型所描述的因变量与自变量之间的关系是否真实存在，并且这种关系是否足够强以解释因变量的变异。常见的假设检验方法是 F 检验和 t 检验。

5）预测区间和置信区间都是评估回归模型预测能力的重要工具，也可以帮助人们理解模型的预测准确性和可靠性。预测区间更关注个别观测值的范围，而置信区间则关注因变量平均值的范围。

6）实际应用场景测试是评估模型在真实环境中表现的关键步骤。虽然它不直接作为拟合度量指标，但它是验证模型预测能力、泛化能力和稳定性的重要手段。在实际应用场景测试中，可以使用实际收集的数据集对模型进行验证，观察模型的预测值与实际观测值之间的差异，评估模型的准确性和可靠性。实际应用场景测试还可以帮助人们发现模型在特定条件下的局限性或偏差，从而进一步改进和优化模型。

本章小结

回归分析主要用于估计因变量和一个或者多个自变量值之间的关系。本章首先介绍了回归分析的概念，引出最常见的最小二乘回归法的基本步骤，并针对其无法解决多重共线性问题，分别介绍了岭回归、LASSO 回归等方法。进一步，针对非线性问题进行了分析，最后介绍了模型验证的方法。本章具体内容如下：

基本概念： 介绍了回归分析的概念，并描述回归分析的基本步骤；对问题进行描述，选择相关变量，并收集相关数据，针对提出的问题来选择对应的拟合方法及模型，最终解决回归分析问题。

线性回归： 介绍了基本的线性回归模型，对线性模型进行分析；详细陈述了最小二乘估计法、加权最小二乘法和极大似然估计法的原理和计算过程。

高维回归系数压缩： 介绍了高维系数存在的共线性问题及其影响，并详细给出了对应的解决方法，包括岭回归、LASSO 回归、主成分回归和偏最小二乘回归。

非线性回归： 介绍了非线性最小二乘估计法，对相关参数完成估计，并介绍了支持向量回归，通过引入核函数来解决非线性问题。

模型验证： 对拟合后的回归模型进行检测和评估，包括几种不同形式的残差分析方法和拟合效果度量方法。

思考题与习题

7-1　回归分析是怎样的一种统计方法？用它来解决什么问题？

7-2　思考并讨论回归分析与相关分析的异同。

7-3　时间序列自身相关的意义是什么？

7-4　简要描述最小二乘法的几何意义。

7-5　某钢铁厂某设备使用年限 X 和该年支出维修费用 Y（万元），数据如表 7-9 所示，请回答以下问题：

表 7-9　钢铁厂某设备使用年限和该年支出维修费用

使用年限 X	2	3	4	5	6
维修费用 Y	2.2	3.8	5.5	6.5	7.0

1）求线性回归方程。

2）利用求得的回归方程预测第 10 年所支出的维修费用。

7-6　表 7-10 为某年 5 个地区的国内人均 GDP 和人均工业原料消耗水平的统计数据，请回答以下问题：

表 7-10　某年 5 个地区的国内人均 GDP 和人均工业原料消耗水平的统计数据

人均 GDP/ 元	人均工业原料消耗水平 / 元
22460	7326
11226	4490
34547	11546
5444	2396
2662	1608

1）以人均 GDP 作为自变量、人均工业原料消耗水平作为因变量，绘制散点图，并说明二者之间的关系形态。

2）计算两个变量之间的线性相关系数，说明两个变量之间的关系强度。

3）求出估计的回归方程，并解释回归系数的实际意义。

4）求人均 GDP 为 5000 元时，人均工业原料消耗水平。

7-7　请简单描述一下自变量 X_1，X_2，…，X_n 之间存在多重共线性的定义。

7-8　举出回归模型中使用正则化的例子，并总结正则化在不同情况下的作用。

7-9　分析岭回归与 LASSO 回归的主要差别。

7-10　请举例说明回归分析模型的种类及应用场景。

7-11　简述 SVM 用于分类分析和回归分析的联系与差别。

7-12　请说明神经网络模型用于回归分析的主要特点与优势。

参考文献

[1]　MONTGOMERY D C，PECK E A，VINING G G. 线性回归分析导论 [M]. 王辰勇，译 . 北京：机械工业出版社，2016.

[2]　CHATTERJEE S，HADI A S. 例解回归分析 [M]. 郑忠国，许静，译 . 北京：机械工业出版社，2013.

[3]　王星 . 大数据分析：方法与应用 [M]. 北京：清华大学出版社，2013.

[4]　FREUND R J，WILSON W J，SA P. Regression analysis[M]. Amsterdam，Netherlands：Elsevier，2006.

[5] HOERL A E，KENNARD R W. Ridge regression：Biased estimation for nonorthogonal problems[J]. Technometrics，1970，12（1）：55–67.

[6] MEIER L，VAN DE GEER S，BÜHLMANN P. The group lasso for logistic regression[J]. Journal of the Royal Statistical Society：Series B（Statistical Methodology），2008，70（1）：53–71.

[7] FARRAR D E，GLAUBER R R. Multicollinearity in regression analysis：The problem revisited[J]. The Review of Economic and Statistics，1967：92–107.

[8] JOLLIFFE I T. A note on the use of principal components in regression[J]. Journal of the Royal Statistical Society：Series C（Applied Statistics），1982，31（3）：300–303.

[9] VINZI V E，CHIN W W，HENSELER J，et al. Handbook of partial least squares[M]. Berlin：Springer，2010.

[10] CHEN X，CAO W H，GAN C，et al. A hybrid partial least squares regression–based real time pore pressure estimation method for complex geological drilling process[J]. Journal of Petroleum Science and Engineering，2022, 210：109771.

[11] YUAN X，GE Z，HUANG B，et al. Semisupervised JITL framework for nonlinear industrial soft sensing based on locally semisupervised weighted PCR[J]. IEEE Transactions on Industrial Informatics，2016，13（2）：532–541.

[12] XU J，GAO S，DANG X，et al. BO–MADRSN：Bayesian optimized multi–attention residual shrinkage networks for industrial soft sensor modeling[J]. Measurement，2024，224：113477.

[13] 周志华 . 机器学习 [M]. 北京：清华大学出版社，2016.

[14] 赵春晖 . 大数据解析与应用导论 [M]. 北京：化学工业出版社，2022.

第 8 章　工业应用实例

导读

随着信息化与工业化的深度融合，智能制造大数据分析技术已经渗透到了工业企业产业链的各个环节。在工业生产过程中，工业设备运行所产生、采集和处理的数据量十分庞大，数据类型多种多样，合理有效地运用这些生产数据对提升工业过程的运行效率至关重要。而智能制造大数据技术的发展和应用，能使工业系统具备描述、诊断、预测、决策、控制等智能化功能。

本章以钢铁产业中的高炉生产过程为例，运用本书介绍的工业大数据分析方法对实际工业数据进行分析，解决高炉工况划分、异常炉况诊断和煤气利用率预测等问题，为实际高炉工业现场调控提供重要指导。本章首先介绍了高炉炼铁的背景与基本原理，然后将数据预处理、相关性分析、聚类、分类和回归方法，分别应用于高炉生产数据的分析中，并给出了详细的分析结果。

本章知识点

- 高炉炼铁基本原理，包括高炉炼铁的生产机理、高炉操作对高炉状态的影响
- 高炉数据预处理与相关性分析，包括去噪和规范化处理、参数相关性分析
- 高炉数据分析任务，包括高炉炉况划分、异常炉况诊断、煤气利用率拟合与预测

8.1　高炉炼铁基本原理

高炉是炼铁过程的核心设备，也是钢铁冶金工业中最重要的生产设备之一，其内部的生产过程是一个高温、高压、密闭条件下的物理、化学、动力学的复杂过程，涉及固、液、气三态物质的交互作用，是一个多变量、非线性的系统。高炉参数监测对保证高炉炼铁的安全、环保、高效生产具有重要意义。为了便于更好地理解高炉炼铁过程中的数据分析技术，本节首先阐述了高炉炼铁的背景知识和生产工艺，进而分析了高炉操作对高炉状态的影响，以及高炉炼铁过程中的数据分析需求。

8.1.1　高炉炼铁的背景与工艺原理

钢铁产业作为国民经济的重要支柱产业，是衡量一个国家工业水平和综合国力的重要指标，对国民经济的可持续发展有着不可忽视的影响。高炉炼铁作为钢铁生产过程中的上游工序，通过高炉中的一系列复杂反应将铁矿石冶炼，还原成生铁。高炉炼铁的能耗和排放量占据整个钢铁生产过程的主要部分，约占吨铁可比能耗的 77%，是生铁冶炼过程中最耗能的环节，CO_2 的排放占据整个钢铁生产过程排放量的 90% 以上。炼铁过程的能耗在钢铁工业总能耗中的比例持续上升，但整体水平还有较大的提升空间。

随着国家对工业碳排放和环境保护等问题的日益关注，钢铁企业对高炉炼铁过程的绿色高效运行提出了更高要求。为适应国家发展需求，缓解资源紧张，降低碳排放量，维护生态环境，必须提升高炉炼铁工业水平，深入研究高炉生产过程，合理调节高炉操作，准确预测高炉生产指标，实现高炉炼铁的绿色可持续发展。

图 8-1 所示的高炉炼铁原理图展示了高炉炼铁的关键设备，它是一个密闭的逆流式热交换竖炉，采用高强度钢板作为炉壳，壳内砌有耐火砖内衬。高炉炼铁过程是在高温高压环境下，将铁矿石等含铁化合物与焦炭发生氧化还原反应，生成铁液和高炉煤气的连续生产流程。生产过程中，铁矿石和焦炭按照设定的比例间歇通过炉顶布料系统布入炉体内部，形成焦炭和矿石纵向交替分布的固体物料层；含氧热风从高炉底部的风口鼓入高炉，同时喷入油、煤粉或天然气等燃料。下降的炉料与上升的煤气流在高炉内部发生氧化还原反应，最终生成高炉煤气，从炉顶排出；同时，铁矿石中的铁氧化物被还原成铁液从铁沟流出，而浮在铁液上的炉渣通过分流经渣沟排出。

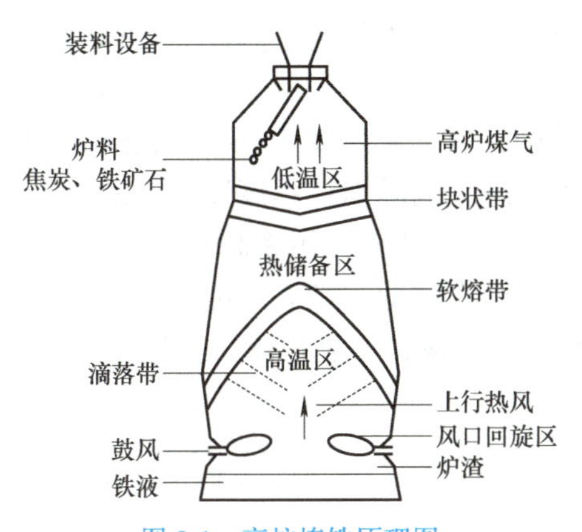

图 8-1　高炉炼铁原理图

在生产过程中，高炉工人需要根据不同的高炉炼铁指标来判断冶炼过程的好坏，并通过调节不同的高炉操作来调控炉内的氧化还原反应，使高炉处于期望的煤气流状态和热态，从而保持炉况在一定范围内的稳定状态。然而，这种调控方法依赖于现场工人的经验，很难清晰描述高炉内部的特性。

在高炉炼铁过程中，炉顶布料与炉底送风的配合调控对高炉的运行状态至关重要，直接影响铁液的出炉质量。为了维持炉况的稳定，需要研究表征高炉运行状态的运行指标，其中煤气流的分布、炉内温度分布、软熔带结构、炉况顺行、煤气的利用状况和高炉长寿密切相关，最终会对高炉炼铁指标产生影响。因此，必须确立高炉操作参数和高炉状态参数之间的关系，建立合理的模型来调整和控制煤气流的分布。为了使得构建的模型准确有效，需要对不同高炉炉况下的数据进行分析和分类，识别出不同高炉炉况下的特征和模式，从而建立相应的调控措施和模型，从而有助于优化高炉的运行状态，提高铁液的生产质量，确保高炉的长期稳定运行。

8.1.2 高炉操作对高炉状态的影响

高炉基本操作包括布料操作与送风操作，它们从不同的角度影响着高炉的状态。在实际生产过程中，高炉操作人员通过煤气利用率、透气性指数、炉顶压差等性能指标，判断高炉状态的好坏，进而对高炉进行调节。

高炉顶部布料将铁矿石、焦炭等一圈一圈从炉顶溜槽布下，与底部煤气流经过一系列的反应，被还原为铁液，炉渣由炉底铁口和渣口排出，废弃气（烟道气）从炉顶排出。布料操作通过改变高炉内固体原料分布，调节煤气流发展与分布，调控高炉内部燃料比，以及调整热状态和物理化学反应等，来影响煤气利用率。布料操作的调节主要通过改变布料矩阵，包括改变布料溜槽的角度、布料圈数、料批重量等参数，来影响软熔带和块状带的煤气流分布，进而影响整个冶炼过程的效率和效果。

高炉送风操作通过在炉底风口鼓入热风并吹动焦炭，使其回旋燃烧形成初始煤气流。送风可以对高炉内部煤气流初始分布、高炉底部热能的调节、高炉内部压力环境、煤气上升动能和高炉炼铁强度等进行调节，是实现高炉稳定运行的重要调节制度。常见的高炉送风操作参数有风量、风压、富氧率等。

在冶炼过程中，由于影响高炉炼铁的过程参数较多，很难确定需要调节的操作参数，而且高炉的生铁冶炼是在密闭状态下进行的。因此，过程参数大多不能直接观测，只能通过测量过程的输入输出变量进行间接观测。例如，可以通过采集炉顶气体的排放含量来推测还原反应的进行程度。其中，煤气利用率（Gas Utilization Rate，GUR）能够实时反映煤气利用程度、煤气流分布状态、能源消耗程度以及铁液的质量和产量，是反映高炉整体状态的重要参数。在一定范围内，煤气利用率越高，代表还原效率越高、气体分布越合理、高炉消耗越低；而煤气利用率越低，则表示能量利用率越低、冶炼状态越差。煤气利用率 η_{CO} 是二氧化碳含量和一氧化碳、二氧化碳总含量之比，其计算公式如下：

$$\eta_{CO} = \frac{V_{CO_2}}{V_{CO_2} + V_{CO}} \tag{8-1}$$

式中，V_{CO} 为一氧化碳含量；V_{CO_2} 为二氧化碳含量。

8.1.3 所使用高炉相关数据介绍

随着检测技术的不断发展，高炉中的大量运行数据得以记录，如风量、风压、富氧率、喷煤量、炉顶压力、煤气中各种成分的含量以及煤气利用率等参数。其中，煤气利用率表示高炉冶炼的能力，是一个重要的综合参数，可以快速、直观地反映高炉炉况。此外，还记录了有关布料的数据，如铁矿石和焦炭的成分等，为数据驱动建模提供了基础。

本章工业实例将对高炉炉况进行分析，并建立煤气利用率的预测模型。所使用数据为国内某钢铁厂高炉连续 5 个月的运行数据，涉及 1 个状态参数，即煤气利用率，以及 10 个影响煤气利用率的主要操作参数，包括冷风流量（X_1）、冷风压力（X_2）、热风压力（X_3）、富氧流量（X_4）、富氧压力（X_5）、喷煤量（X_6）、边缘矿焦比 3（X_7）、边缘矿焦比 4（X_8）、中心矿焦比 7（X_9）以及中心矿焦比 11（X_{10}）。

图 8-2 展示了 2023 年 6 月 1 日 8 点—12 点这一时间段内煤气利用率的变化，以及在同一时间段内 10 个操作参数（包括冷风流量、冷风压力、热风压力、富氧流量、富氧压力、喷煤量、边缘矿焦比 3、边缘矿焦比 4、中心矿焦比 7 和中心矿焦比 11）的归一化后的历史数据。

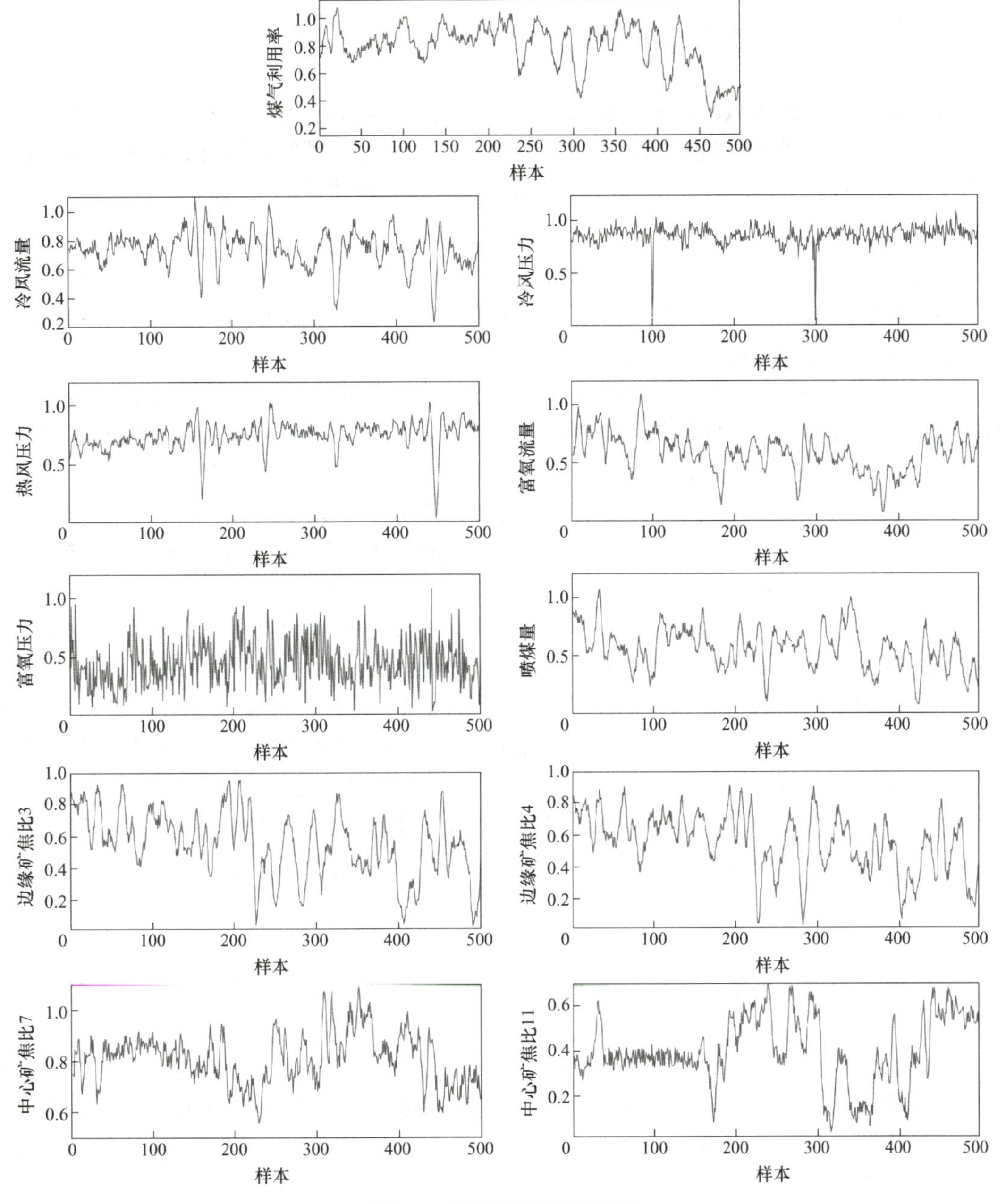

图 8-2　高炉操作参数原始图

本章后续内容将讨论如何分析处理这些来自高炉炼铁过程中的历史数据，主要目的是通过数据分析和挖掘，对高炉炉况进行炉况划分和异常炉况诊断，并建立高炉煤气利用率的预测模型，实现对煤气利用率的高精度预测。具体如下：首先，对高炉数据进行预处理，包括数据去噪和归一化，改善数据质量，并将数据转换为后续分析需要的形式；其次，对高炉参数进行相关性分析，确定变量之间的相互关系，实现对高炉参数的筛选；进一步，利用聚类方法对炉况进行划分，并利用分类方法实现异常炉况的诊断；最后，建立在不同炉况下的煤气利用率预测模型。

8.2 高炉数据预处理

高炉炼铁过程的参数测量和数据采集容易受到过程状态和环境因素影响，导致数据质量不高。另外，高炉生产过程的数据具有高维度、大体量等特征。因此，需要对高炉数据进行质量分析和预处理，使得处理后的数据符合后续分析建模的要求。

8.2.1 高炉数据特性分析

高炉炼铁过程中产生的数据不仅具有高维度、大体量、高价值等大数据共有特征，同时还存在其自身的典型特点，具体如下：

1）高炉炼铁是一个连续的生产流程，其中物料、能量和信息以有序方式流转。过程的连续性意味着在特定时间的操作会对设备产生持久影响，导致产生的数据随时间呈现一定规律。对这些时间序列数据的合理分析是构建精确高炉模型的重要环节。

2）高炉炼铁的生产工艺极为复杂，各种传感装置长期处于高温、腐蚀等恶劣的生产环境，传感装置本身具有敏感性，极易受到外部条件的干扰，因此会带来大量数据缺失、测量不准等问题，这些问题给高炉数据的处理筛选带来了一定困难。

3）高炉炼铁涉及多种同时发生的物理和化学变化，交叉影响整个高炉生产过程，这些相互关联的反应增加了高炉数据的复杂性和耦合性。

在对高炉数据进行分析处理时，需要充分考虑以上特性，选择合适的数据分析方法，这样才能达到好的预期效果。同时，为了保障数据分析结果的准确性，还需要改善数据质量。高炉实际运行过程中，由于现场环境影响，所产生和采集的数据往往包含大量噪声；同时，温度、流量、压力等不同操作参数的数据量级具有很大差别，也可能影响分析结果。因此，需要对高炉数据进行预处理，以符合后续分析建模的要求。

8.2.2 高炉数据去噪处理

考虑到高炉现场采集到的数据包含复杂噪声，首先对所需要的高炉参数的数据进行去噪处理，提取有效数据，减少噪声影响。

图 8-3 给出了高炉煤气利用率和 10 个操作参数的原始数据与去噪数据的对比，可以发现具有明显噪声波动特征，这是由于高炉现场环境复杂，以及换炉和周期性布料等操作，使得检测时引入大量噪声。高炉信号中的噪声不是平稳的白噪声，存在多尖峰或突变，将对后续实验产生巨大影响。

这里选择小波分析去噪方法对高炉数据进行噪声清洗，该方法的基本原理和步骤具体参见本书第 3 章。小波分析能够将信号中各种不同的频率成分分解到互不重叠的频带上，进而保留具有重要意义的信号奇异点，实现信号去噪。小波分析适用于非平稳信号，考虑到高炉中炉况复杂变化的特性，数据通常呈现非平稳变化。因此，小波分析去噪方法非常适合高炉数据的噪声清洗任务。

由图 8-3 可知，小波分析能够很有效地去除高炉现场数据的尖峰和毛刺，使得高炉煤气各参数曲线更加圆滑，并保留数据原有的总体变化趋势。

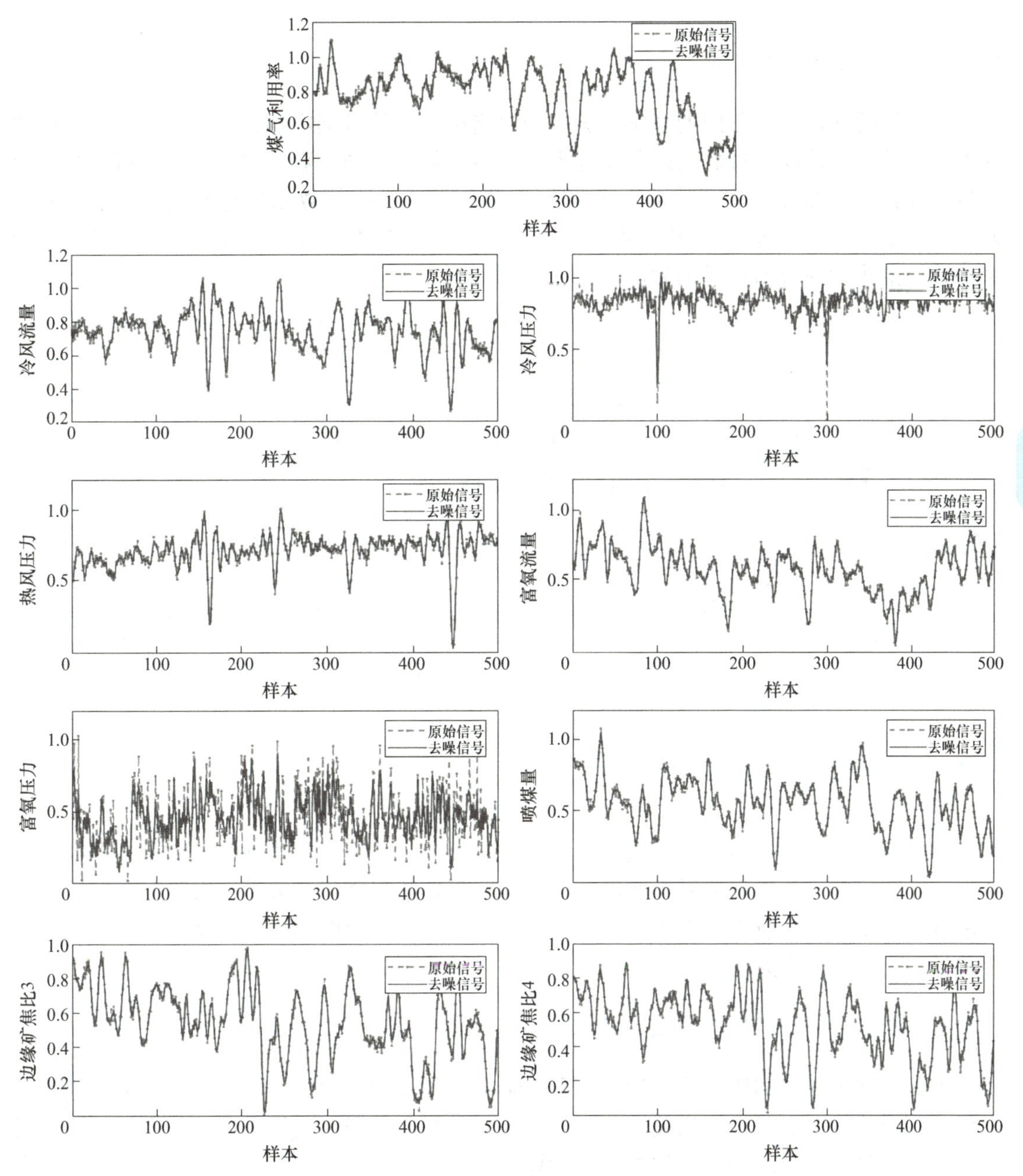

图 8-3　高炉数据的小波去噪结果

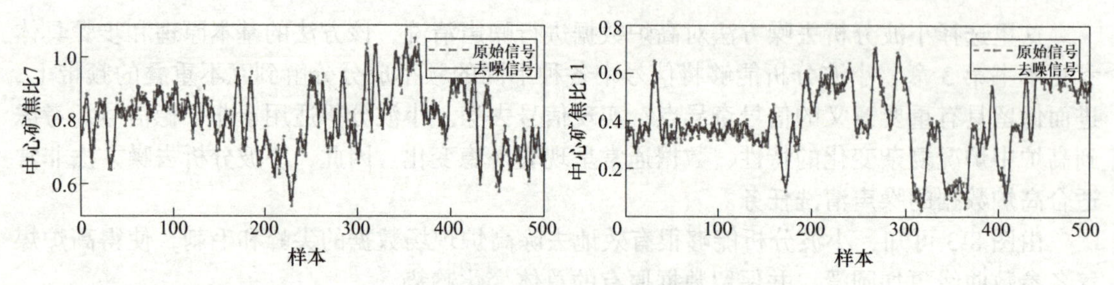

图 8-3　高炉数据的小波去噪结果（续）

8.2.3　高炉数据规范化

不同数据往往具有不同的量纲，为了消除指标之间的量纲影响，需要进行数据规范化处理。原始高炉数据经过数据规范化处理后，各参数处于同一数量级，适合进行综合对比评价。在此采用最小－最大（Min-Max）规范化方法对原始数据进行变换，使结果值映射到 [0，1] 区间，该原理和基本步骤具体参见本书第 3 章。高炉布料、送风和煤气利用率参数规范化后的数据箱线图如图 8-4 所示。

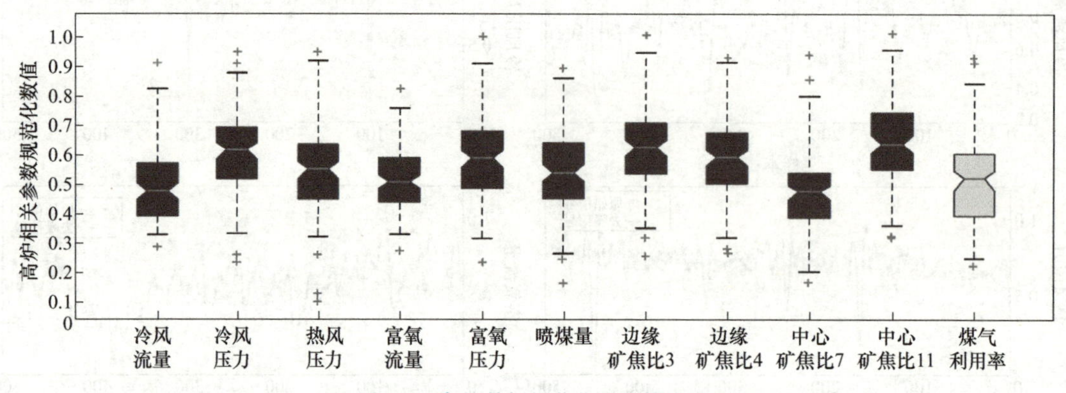

图 8-4　高炉数据规范化后的箱线图

8.3　高炉参数的相关性分析

高炉炼铁过程中，参数检测困难，机理反应复杂，呈现出非线性、大时滞、多耦合等特点，数据繁多且数据间关系不明确。为了阐明高炉数据之间的关系，去除冗余数据，在使用这些数据之前，应进行相关性分析。本节将分 3 个部分阐述，包括高炉操作参数间的相关性、高炉操作参数与状态参数间的相关性，以及高炉参数的自相关性。

8.3.1　高炉操作参数间的相关性分析

考虑到高炉煤气利用率受多种操作参数影响，若将所有数据作为模型输入可能导致冗余信息。因此，有必要进行相关性分析，排除部分冗余数据。这里采用皮尔逊相关性分析方法，对主要影响煤气利用率的参数，计算它们之间的相关系数。皮尔逊相关性分析的定义和计算过程可以参考本书第 2 章。通常，皮尔逊相关系数 C_P 的绝对值越大，表示两个时间序列之间的相关性越高。当 C_P 为负值时，两个时间序列为负相关；当 C_P 为正值时，两个时间序列为正相关。高炉多操作参数的相关性计算结果如表 8-1 所示。

表 8-1　高炉多操作参数的相关性计算结果

操作参数	X_1	X_2	X_3	X_4	X_5	X_6	X_7	X_8	X_9	X_{10}
X_1	1.00	−0.31	−0.33	0.13	−0.27	−0.14	0.25	0.25	0.01	−0.14
X_2	−0.31	1.00	0.99	−0.19	0.97	0.03	−0.002	−0.008	−0.008	0.09
X_3	−0.33	0.99	1.00	−0.02	0.97	0.03	−0.02	−0.03	−0.08	0.11
X_4	0.13	−0.19	−0.21	1.00	−0.08	0.04	−0.11	−0.12	0.08	−0.14
X_5	−0.28	0.97	0.97	−0.08	1.00	0.04	−0.01	−0.02	−0.08	0.08
X_6	−0.14	0.03	0.03	0.04	−0.04	1.00	−0.04	−0.04	0.03	0.03
X_7	0.23	0.01	−0.005	−0. 1	0.003	−0.06	1.00	0.93	−0.18	0.20
X_8	0.23	0.01	−0.01	−0.12	−0.001	−0.04	0.93	1.00	−0.21	0.22
X_9	0.02	−0.08	−0.08	0.09	−0.08	0.03	−0.18	−0.21	1.00	−0.69
X_{10}	−0.15	0.11	0.12	−0.15	0.10	0.05	0.220	0.22	−0.69	1.00

由皮尔逊相关性计算结果可知，冷风压力（X_2）、热风压力（X_3）以及富氧压力（X_5）相互之间的相关性极高；边缘矿焦比 3（X_7）与边缘矿焦比 4（X_8）具有非常高的相关性；中心矿焦比 7（X_9）与中心矿焦比 11（X_{10}）相关性高，且为负相关。这里，可以从上述的七个参数中选取热风压力（X_3）以及边缘矿焦比 3（X_7）、中心矿焦比 11（X_{10}）这三个参数，结合冷风流量（X_1）、富氧流量（X_4）、喷煤量（X_6），用于后续实验，从而可以去除冗余参数，降低分析建模的复杂度。

8.3.2　高炉操作参数与状态参数间的相关性分析

为了确定影响高炉煤气利用率的关键操作参数，基于上述通过相关性分析得到的六个高炉参数，分析它们与煤气利用率的相关性，具体结果如表 8-2 所示。

表 8-2　高炉操作参数与煤气利用率的皮尔逊相关性分析结果

操作参数	X_1	X_3	X_4	X_6	X_7	X_{10}
皮尔逊相关系数	0.42	0.16	0.04	−0.05	0.12	−0.12

通过对操作参数和煤气利用率的相关性分析，可以确定影响高炉煤气利用率的关键操作参数。根据表 8-2 中的结果，可以选择冷风流量（X_1）、热风压力（X_3）、边缘矿焦比 3（X_7）与中心矿焦比 11（X_{10}）这四个与煤气利用率具有较大相关性的参数，用于后续的高炉煤气利用率的预测实验。

8.3.3　高炉参数的自相关性分析

在高炉炼铁生产过程中，状态参数呈现自相关性，即过去一段时间的系统状态会影响之后的状态。因此，有必要分析自相关性。关于自相关函数的计算公式，可以参阅本书第 2 章。

煤气利用率的自相关系数计算结果如图 8-5 所示，从图中可以发现随着时滞的延长，煤气利用率的自相关系数从 1 开始逐步下降。取阈值水平为 0.6，对应的前七个历史煤气利用率数据可以作为预测模型的部分输入，有助于提高预测模型的预测效果。因此，在后续建立高炉煤气利用率预测模型时，除了考虑对其有显著影响的操作参数之外，还需要同时考虑其本身的历史样本。

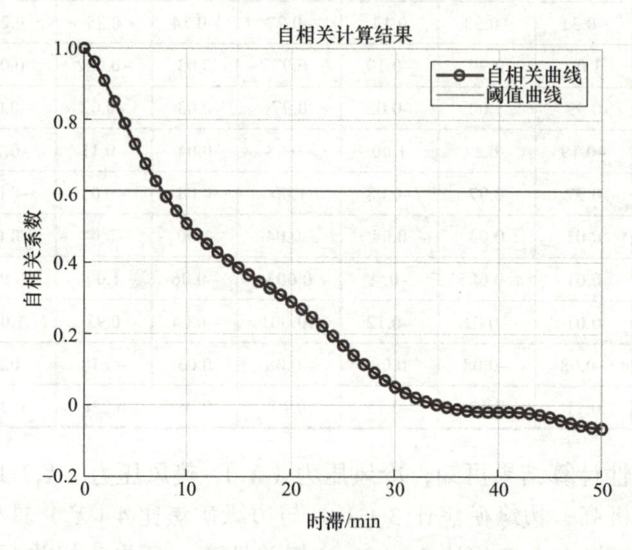

图 8-5　高炉煤气利用率自相关分析结果

8.4　高炉操作参数状态聚类与炉况划分

煤气的生成是通过下降的炉料和上升的煤气流相互接触实现的。因此，煤气利用率的高低主要受到炉顶布料操作与炉底送风操作的影响。布料操作通过改变高炉内固体原料分布、高炉内部煤气分布，以及调控高炉内部燃料比、调整热状态和物理化学反应来影响煤气利用率，该操作对高炉炉况控制作用大，对高炉生产状态的调节具有长时间尺度的滞后作用，通常滞后时间为 6 ～ 7h。高炉底部风口区送风操作可以对高炉内部煤气流初始分布、高炉底部热能、高炉内部压力环境、煤气上升动能和高炉炼铁强度等迅速调节，该操作对高炉煤气流状态和热状态的控制速度快，对高炉生产状态的调节具有短时间尺度的滞后作用。基于操作参数预测煤气利用率时，如果不区分时间尺度很难得到较好的预测结果。因此，在进行高炉煤气利用率预测时，可以利用聚类方法分别处理布料操作与送风操作参数，为后续高炉煤气利用率的多尺度预测建模做准备。

选取规范化后的高炉操作参数，包括冷风流量（X_1）、热风压力（X_3）、边缘矿焦比 3（X_7）、中心矿焦比 11（X_{10}）以及煤气利用率，作为聚类算法的输入。这里，采用 *K*- 均值聚类分别对送风操作与布料操作下的相关数据进行聚类分析，该算法基本步骤及原理具体参见第 5 章。

K- 均值聚类按照数据点之间距离大小，将这些数据点划分为 *k* 个簇。聚类簇数的大

小对聚类的结果存在较大影响。也就是说，k 的选择会较大程度地影响聚类效果。在聚类之前，需要预先设定聚类簇数 k 的大小。但是对于数据特点不明显的数据集而言，很难确定数据分成几类是最佳的。因此，可以利用肘部法确定最佳聚类簇数，图 8-6 与图 8-7 给出了两种不同操作下的聚类效果随聚类簇数 k 的变化趋势。

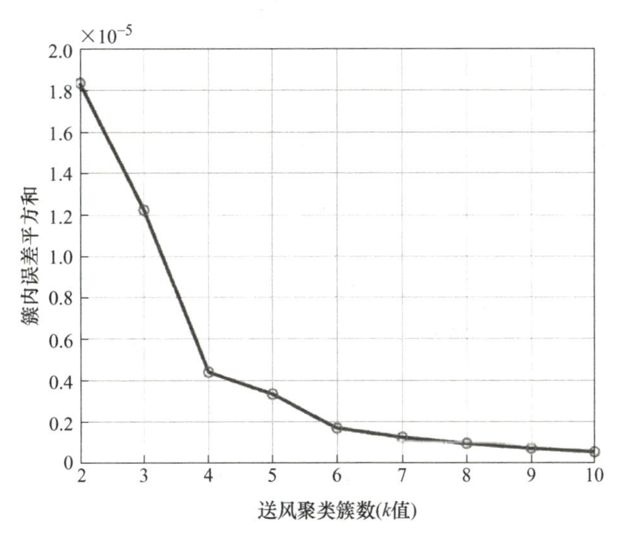

图 8-6　送风操作相关数据的肘部法聚类结果

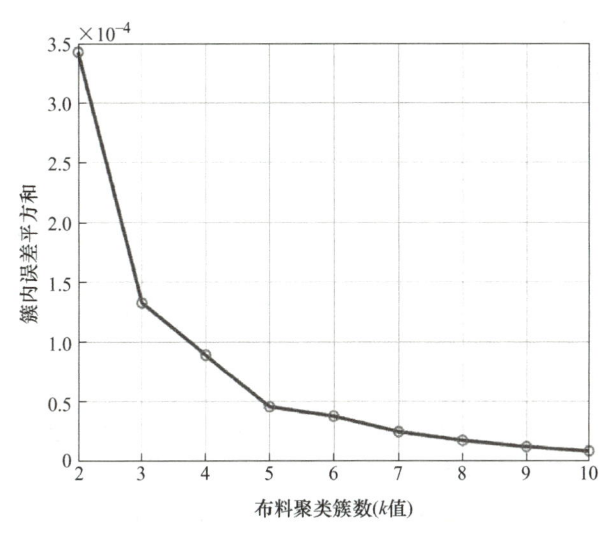

图 8-7　布料操作相关数据的肘部法聚类结果

由图 8-6 可知，当 k 值为 4 时，聚类簇数所代表的点两边的斜率差距是最大的。因此，采用 k=4 作为高炉送风操作下的类别数。由图 8-7 可知，当 k 值为 5 时，聚类簇数所代表的点两边的斜率差距是最大的，但考虑 k=4 对应的点离原点最接近，且能保证与送风操作下的聚类簇数一致。因此，采用 k=4 作为高炉布料操作下的类别数。

所得到的相关参数聚类结果如图 8-8 与图 8-9 所示，为了方便展现，将煤气利用率与送风操作和布料操作的聚类结果分别呈现出来，同一形状的点表示同一聚类簇的数据样本。其中，黑色实心方块表示异常点，不属于任何聚类簇。

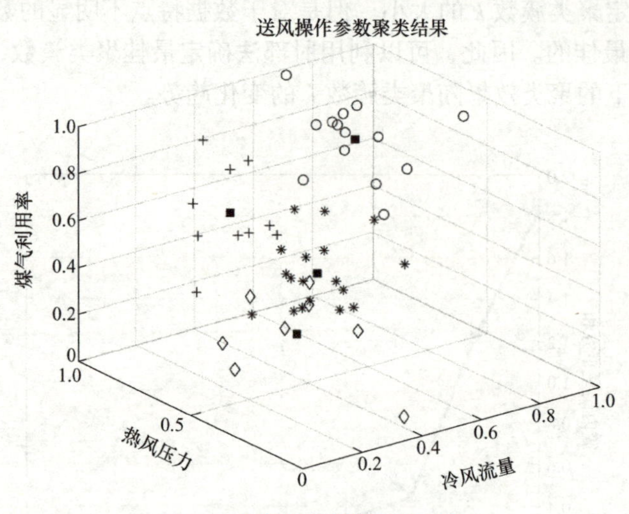

图 8-8　送风操作参数聚类结果

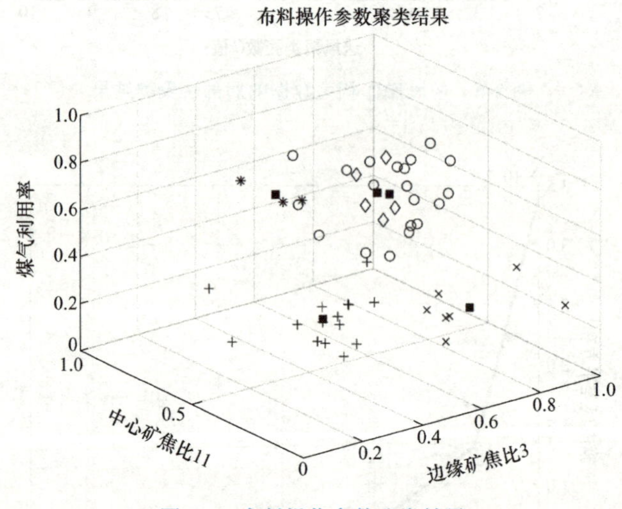

图 8-9　布料操作参数聚类结果

在高炉炼铁过程中，炉况是实时变化的，在短时间内，各参数的变化范围较小，而在长时间尺度下，各参数的变化范围较大。根据聚类结果，高炉送风操作、布料操作参数和煤气利用率聚为多个不同类别，这有助于减少炉况波动带来的类间数据变化对炉况调节的影响。

在此基础上，可以根据高炉布料操作和送风操作来划分不同炉况。通过区分高炉的运行状态，可以在不同炉况下建立煤气利用率的预测子模型，减少数据波动和炉况频繁变化对煤气利用率预测的影响。

此外，实时分类高炉炉况有助于操作人员和自动化系统做出更精确的操作决策，可以提前调整高炉各项操作参数，优化整个冶炼过程，最大限度地提高原材料和能源利用率，实现节能减排。根据上述内容中的聚类分析，可将炉况划分为四类。表 8-3 给出了送风操作和布料操作下冷风流量（X_1）、热风压力（X_3）、边缘矿焦比 3（X_7）、中心矿焦比 11（X_{10}）和煤气利用率聚类后的各簇中心。根据煤气利用率的差异性，高炉炉况被有效地划分为四个具有相似特征的簇，这些簇分别对应了不同级别的炉况表现和操作状态。

表 8-3　煤气利用率聚类后不同炉况的聚类中心

炉况	炉况 1	炉况 2	炉况 3	炉况 4
聚类中心	[6.9608，6.8104，0.0745，0.2604，47.8123]	[6.4636，6.6404，0.0775，0.2598，46.4690]	[6.7052，6.5883，0.0727，0.2612，48.9751]	[6.3573，6.6734，0.0727，0.2856，45.0523]

根据聚类结果将煤气利用率分为多个类别，对应不同炉况，减少了由原始数据波动引起的类间数据变化过大的问题，有助于后续高炉多时间尺度建模。为了确保在出现新的高炉运行数据时能够准确识别其所处的高炉炉况，本节介绍一种高炉炉况案例匹配方法，用于匹配当前高炉参数，其炉况匹配结构示意如图 8-10 所示。

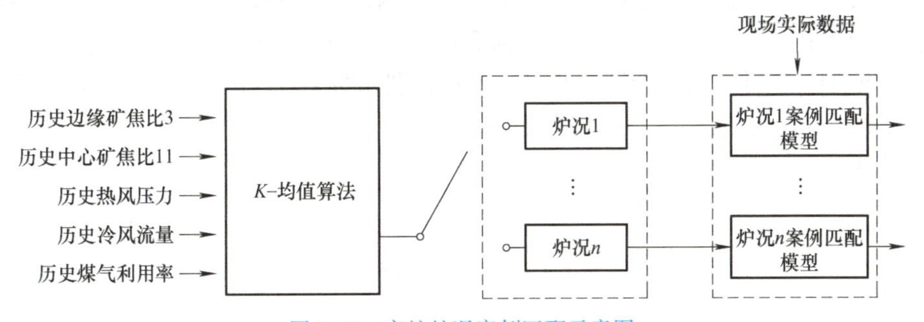

图 8-10　高炉炉况案例匹配示意图

基于历史数据实现炉况划分后，为进一步分析现场实时数据属于哪种炉况，可以通过计算实时数据与不同炉况下的聚类中心的距离来实现，与实时数据相似度最大或距离最小的炉况即为该实时数据所属的炉况。

8.5　基于分类分析的异常炉况诊断

高炉炼铁过程反应复杂，一旦高炉运行状态偏离预想状态，将会造成悬料、崩料、炉温向凉、炉温向热等异常状况。因此，除了对高炉炉况进行划分和识别外，还有必要通过对高炉各参数的趋势进行分析判断，及时发现高炉中可能存在的异常状况，这对于高炉的安全稳定运行至关重要。在构建高炉异常炉况诊断模型时，需考虑以下几个问题：

1）高炉内部机理较为复杂，不确定性大，这将导致高炉没有准确的数学模型来表示内部运行状态，无法对内部生产状态进行有效的监测。因此，在对高炉进行异常诊断时，需要构建数据驱动的诊断模型。

2）高炉系统参数众多，在高炉生产过程中，内部发生一系列物理变化与化学反应，参与反应的参数众多。若将所有参数均作为异常诊断模型的输入，将会增加模型复杂度，难以实际应用。因此，在异常诊断前需要预先选择用于诊断的主要高炉参数。

这里考虑高炉中的几类典型异常炉况，包括悬料、崩料、炉温向凉和炉温向热，如表 8-4 所示。下面将针对正常状态和四类异常，利用历史数据训练高炉异常炉况诊断模型，实现炉况异常诊断，判断当前炉况属于正常还是某类异常状况。根据前面相关性分析结果，这里选择冷风流量（X_1）、热风压力（X_3）、边缘矿焦比 3（X_7）和中心矿焦比 11（X_{10}）四个操作参数，将其规范化后的数据用于高炉炉况的异常诊断。

表 8-4　高炉过程异常炉况描述

炉况	异常描述
悬料	炉料停止下降超过一定时间
崩料	炉料突然崩落
炉温向凉	炉温偏离正常水平向过凉的方向发展或炉温由热向凉发展
炉温向热	炉温偏离正常水平向过热的方向发展或炉温由凉向热发展
正常	炉况处于正常状态

在进行高炉异常炉况诊断的实验中，首先对具有标签的高炉操作参数数据进行划分，将其中 70% 的数据作为训练集以用于模型的训练，而剩余的 30% 则作为测试集用于评估模型的性能。这里使用支持向量机、朴素贝叶斯和前馈神经网络三种分类器，分别建立高炉异常炉况的诊断模型。三种方法诊断结果的混淆矩阵分别如图 8-11、图 8-12 和图 8-13 所示。

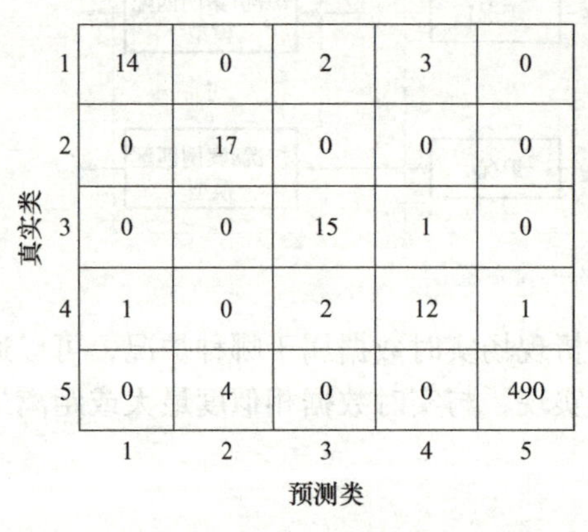

图 8-11　支持向量机的高炉异常炉况诊断混淆矩阵

图 8-12　朴素贝叶斯的高炉异常炉况诊断混淆矩阵

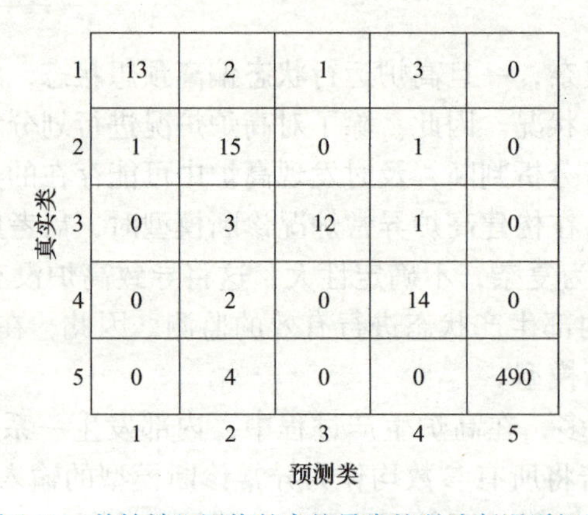

图 8-13　前馈神经网络的高炉异常炉况诊断混淆矩阵

根据三个混淆矩阵分别计算分类器的性能指标，包括准确率、精度、召回率和 F_1 度量。这里采用支持向量机、朴素贝叶斯和前馈神经网络三种分类模型进行高炉异常炉况诊断，其性能指标如表 8-5 所示。

表 8-5　高炉异常炉况诊断性能指标

分类模型	准确率	精度	召回率	F_1 度量
支持向量机	0.975	0.856	0.883	0.864
朴素贝叶斯	0.940	0.694	0.761	0.714
前馈神经网络	0.968	0.833	0.837	0.822

由表 8-5 可知，利用不同的分类模型，都能够在一定程度上对异常炉况进行诊断，三个模型都获得了较高的准确率；但是朴素贝叶斯在精度、召回率和 F_1 度量上明显低于其他两种方法，这主要是由于使用该方法，有更多的异常炉况样本被分类成了正常炉况。因此，在进行异常炉况在线诊断时，支持向量机和前馈神经网络是更好的选择。及时准确地诊断高炉异常炉况有助于避免生产中断、降低维护成本，提高生产率和产品质量，为工业生产提供更加可靠和高效的保障。

8.6　高炉煤气利用率拟合与预测

目前，高炉煤气利用率预测模型主要分为机理模型和数据驱动模型。机理模型主要是研究高炉内部的化学反应，结合传热学、流体力学等建立描述高炉内部反应的偏微分方程组并进行求解。这些方程组主要通过分析煤气流在高炉内部的分布、煤气流指标含量以及煤气流和炉料直接的传热关系建立。然而，机理模型通常是从仿真和理论分析的角度出发，假设条件较多，并且往往是一种理想化的模型。由于高炉是一个极其复杂的逆流反应容器，在实际生产过程中，炉内会出现波动或者异常情况。另外，机理模型需要大量计算，难以实现在线求解，因此在实际生产中很难发挥有效作用。

在高炉煤气调节中，不但需要对高炉某段时间内的数据进行趋势分析，还需要借助历史数据对煤气利用率进行预测。通过对煤气利用率变化的预测，能够及时判断当前炉况状态，并相应调整高炉操作，确保高炉保持在稳定的工作范围内。为此，需要建立高炉煤气利用率的预测模型，这里分别采用最小二乘法和支持向量回归法，建立预测模型。为了详细评估预测模型的效果，采用第 7 章中的评价指标进行分析。

8.6.1　最小二乘回归分析

本节针对高炉煤气利用率的回归分析，采用最小二乘回归方法进行拟合，拟合问题是指给定平面上 n 个点（x_i，y_i），$i=1,2,\cdots,n$，寻求一个函数（曲线）$y=f(x)$，使 $f(x)$ 在某种准则下与所有数据点最为接近。而问题的关键是确定 $f(x)$ 表达式的形式。

根据前文可知，冷风流量（X_1）、热风压力（X_3）、边缘矿焦比 3（X_7）与中心矿焦比 11（X_{10}）这四个高炉操作参数与煤气利用率具有较大的相关性。考虑到不同高炉操作参数与煤气利用率之间具有非线性关系，难以用一个清晰的模型结构加以描述。本节以某单一高炉参数与煤气利用率的关系为例进行分析。根据机理分析，冷风流量对煤气利用率的影响较大，因此本节利用冷风流量来实现煤气利用率的预测。根据高炉炼铁机理，冷风流量与煤气利用率之间的关系从曲线形式看可以用三次函数形式描述：

$$f(x)=a_1x^3+a_2x^2+a_3x+a_4 \tag{8-2}$$

式中，a_1、a_2、a_3 和 a_4 为各项系数，模型构建的目标是估计出这四个系数。这里采用最小二乘法估计未知系数 a_1、a_2、a_3 和 a_4，由于式（8-2）中存在一个三次项，需要求出高次项并作为一个整体项，与 x_i、y_i 代入式（8-2）得最小二乘拟合。

通过参数求解，得到高炉煤气利用率的预测模型为

$$f(x)=-0.01x^3+0.59x^2+0.58x+49 \tag{8-3}$$

将 x_i 的所有值代入式（8-3）求得对应的拟合值，高炉煤气利用率最小二乘回归拟合结果和煤气利用率真实趋势的比较如图 8-14 所示。

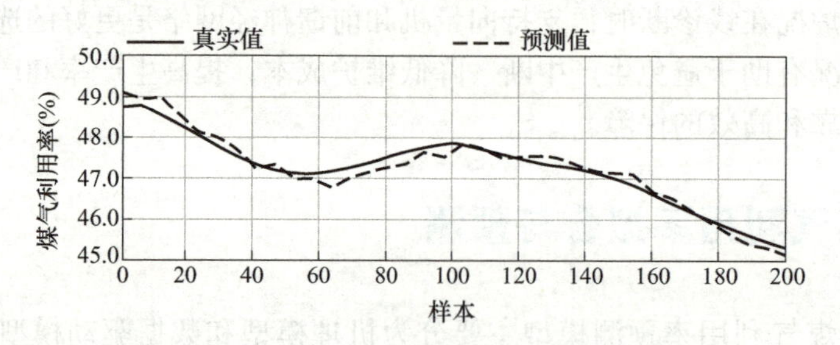

图 8-14 高炉煤气利用率最小二乘拟合图

由图 8-14 可知，最小二乘法所获得的模型能够较好地对煤气利用率进行拟合，预测值与真实值的趋势基本吻合。同时，计算回归模型的性能评估指标，包括决定系数（R^2）、平均绝对误差（MAE）、均方根误差（RMSE），其结果如表 8-6 所示。由此结果可知，该回归拟合模型大体上能够对一段时间内的煤气利用率进行拟合，基本能够达到预期效果，但其准确性仍有提高空间。

表 8-6 高炉煤气利用率最小二乘拟合指标

决定系数（R^2）	平均绝对误差（MAE）	均方根误差（RMSE）
89.41%	0.0040	0.0634

8.6.2 支持向量回归分析

高炉炼铁过程中参数众多，反应复杂，多种参数相互影响，使得高炉炼铁过程呈现出非线性、多耦合等特性，使得 8.6.1 节中的最小二乘法所获得的预测模型仍有较大的性能提升空间。因此，本节针对高炉的非线性特性和参数间强耦合的问题，利用支持向量回归方法建立高炉煤气利用率预测模型，实现对特定炉况下煤气利用率的准确预测。

图 8-15 给出了高炉煤气利用率整体预测框图。基本思路是将经过相关性分析选择的多种高炉操作参数作为回归模型的输入，从而对未来时间的煤气利用率大小进行预测。模型的输入是由相关性分析得出的与煤气利用率变化具有较大相关性的高炉操作变量。根据 8.3

节的相关性分析结果，利用冷风流量（X_1）、热风压力（X_3）、边缘矿焦比 3（X_7）、中心矿焦比 11（X_{10}），以及煤气利用率的七个历史值作为模型输入，煤气利用率为模型输出，用于模型训练的数据经过 8.2 节中的去噪和规范化处理。在训练煤气利用率预测模型时，需要设置支持向量回归的三个超参数：目标函数的惩罚系数 c、松弛变量 ε 和核函数系数 g。

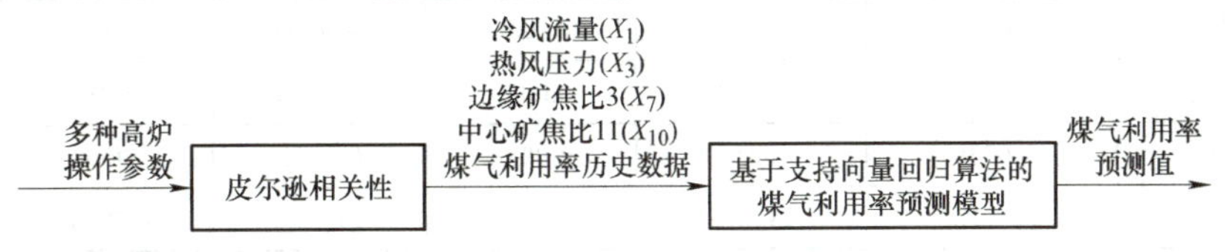

图 8-15　高炉煤气利用率预测框图

为了探究这 3 个参数对预测模型的影响，分别对它们进行了测试。训练集包含 400 个样本，测试集包含 95 个样本。对参数 c 的测试结果如表 8-7 和图 8-16 所示：随着 c 值的增大，预测结果的平均绝对误差和均方根误差会先逐渐减小，然后再增大，而决定系数会先增大后减小。决定系数作为表示模型性能的指标，能够反映回归线对样本数据的拟合程度。决定系数的取值范围在 0 ～ 1 之间，通常表示回归模型能够解释因变量变化的比例。决定系数越接近 1，模型拟合效果越好，即模型能更好地解释因变量的变化。综合考虑，得出 c 取值为 50 为最合适的选择。

表 8-7　煤气利用率预测模型 c 不同时的平均绝对误差、均方根误差与决定系数

性能评估指标	c=20	c=30	c=40	c=50	c=60	c=70
平均绝对误差	0.0077	0.0073	0.0069	0.0066	0.0066	0.0067
均方根误差	0.0078	0.0074	0.0071	0.0069	0.0070	0.0072
决定系数	98.89%	98.99%	99.08%	99.12%	99.11%	99.05%

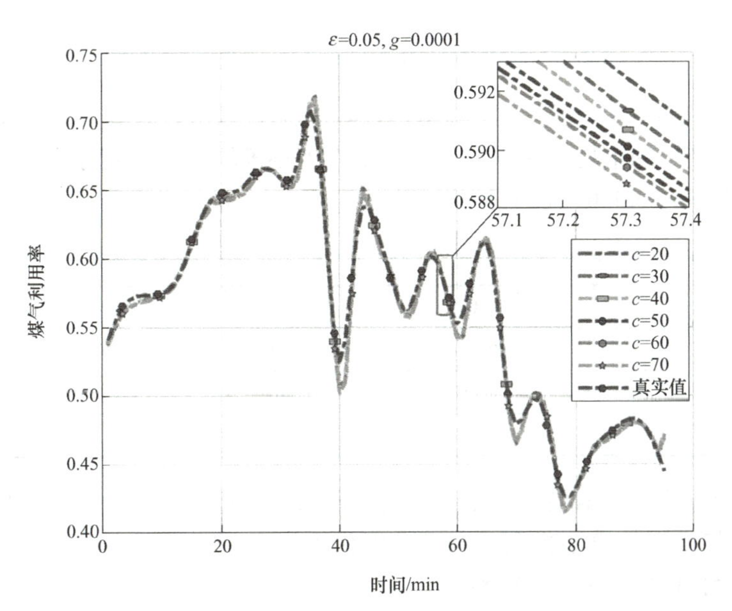

图 8-16　高炉煤气利用率预测模型 c 不同时预测结果

对于参数ε，其预测结果及误差计算如表 8-8 和图 8-17 所示。根据预测结果和误差，当ε值增大时，预测结果的平均绝对误差、均方根误差先逐渐减小然后增大，决定系数逐渐增大然后减小。综合考虑可以得到ε取值为 0.05 是合适的。

表 8-8 煤气利用率预测模型ε不同时的平均绝对误差、均方根误差与决定系数

性能评估指标	ε=0.0001	ε=0.001	ε=0.01	ε=0.05	ε=0.1	ε=1
平均绝对误差	0.0317	0.00180	0.0083	0.0066	0.0085	0.0279
均方根误差	0.0330	0.00187	0.0088	0.0069	0.0098	0.0289
决定系数	80.30%	93.58%	98.58%	99.12%	98.23%	84.82%

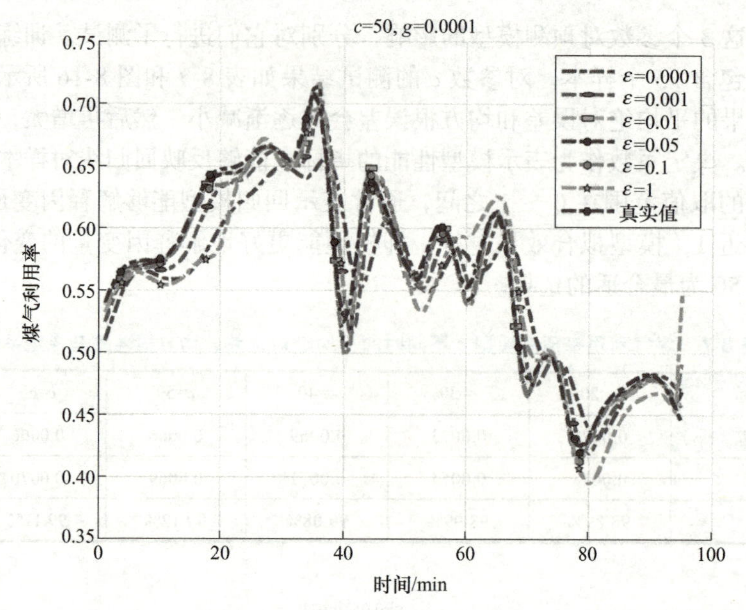

图 8-17 高炉煤气利用率预测模型ε不同时预测结果

参数g的预测结果及误差计算如表 8-9 与图 8-18 所示。根据预测结果和误差，当g值增大时，预测结果的平均绝对误差、均方根误差逐渐增大，决定系数逐渐减小。综合考虑可以得到g取值为 0.0001 是合适的。

表 8-9 煤气利用率预测模型g不同时的平均绝对误差、均方根误差与决定系数

性能评估指标	g=0.0001	g=0.001	g=0.01	g=0.1
平均绝对误差	0.0066	0.0068	0.0089	0.0319
均方根误差	0.0069	0.0070	0.0089	0.0526
决定系数	99.12%	99.10%	98.54%	61.54%

基于上述参数的选择结果，利用支持向量回归模型得到的高炉煤气利用率预测结果如图 8-19 所示。将得到的模型预测值与真实值代入模型评价指标中求解，得到回归模型的预测能力的评价指标值如表 8-10 所示。

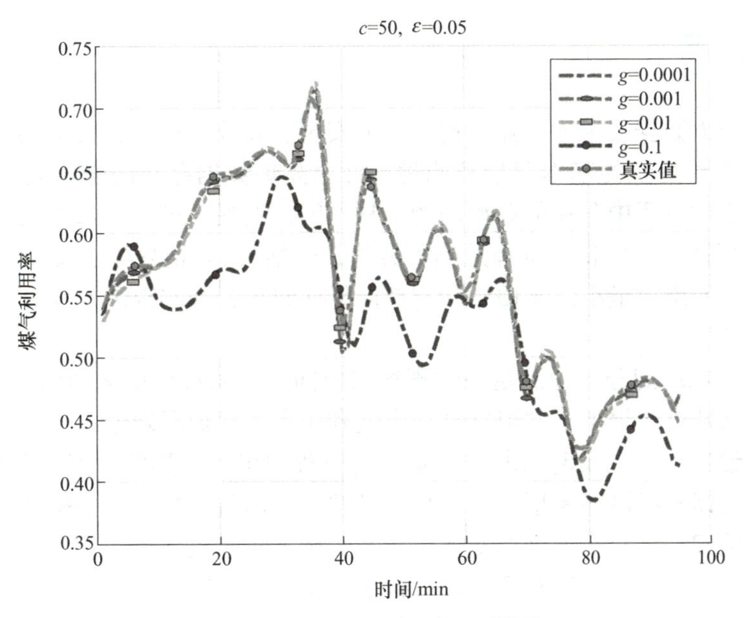

图 8-18　高炉煤气利用率预测结果

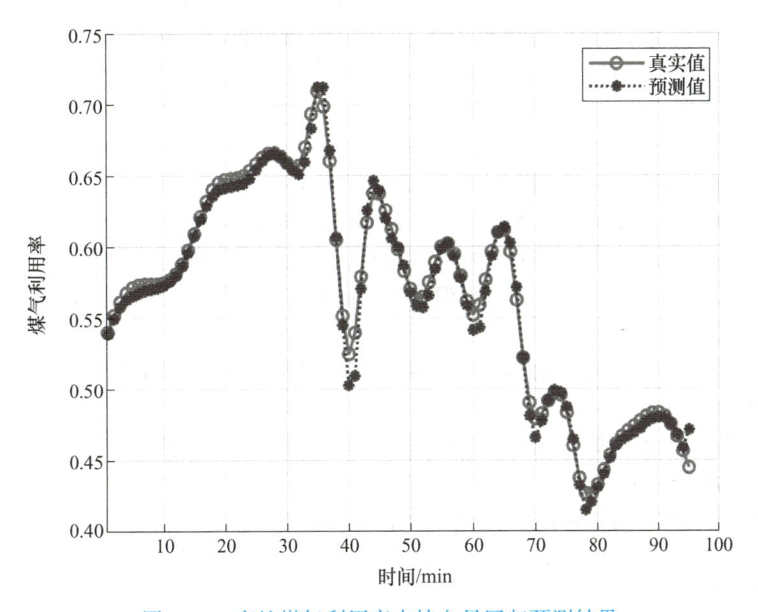

图 8-19　高炉煤气利用率支持向量回归预测结果

表 8-10　高炉煤气利用率支持向量回归预测指标

决定系数（R^2）	平均绝对误差（MAE）	均方根误差（RMSE）
99.12%	0.0066	0.0069

平均绝对误差与均方根误差越高，表明模型性能越差。反之，平均绝对误差与均方根误差越低，表明模型性能越好。由此结果可知，该回归模型在各项评价指标上都表现出较好的性能，故该回归模型能够有效预测未来一段时间的煤气利用率。

本章小结

智能制造与大数据技术为工业企业生产的安全、高效与稳定运行提供了坚实基础。本章首先介绍了高炉炼铁的基本背景及原理，针对高炉数据存在的噪声问题进行了去噪处理。针对高炉炼铁过程中存在的典型问题，从不同角度展开描述，选择相关变量并收集相关数据，然后根据问题的特点选择适当的方法，包括 K- 均值聚类、支持向量机、朴素贝叶斯、前馈神经网络、最小二乘回归和支持向量回归等，来实现炉况划分、异常炉况诊断和煤气利用率预测等。

聚类分析与炉况划分：为满足高炉现场布料问题，通过利用 K- 均值聚类算法对高炉不同布料操作参数进行聚类，并根据高炉煤气利用率实现炉况划分。

异常炉况诊断：为了及时诊断出高炉运行过程中出现的异常炉况，利用支持向量机、朴素贝叶斯、前馈神经网络模型，完成高炉异常炉况诊断，并分析了模型的诊断性能。

最小二乘回归：针对高炉操作变量与状态变量之间的关系特性，利用最小二乘回归模型，完成相关参数估计，并对模型性能进行了检验。

支持向量回归：由于高炉操作变量与状态变量之间具有非线性和强耦合等特点，最小二乘回归方法准确度不足，因此利用支持向量回归方法，对高炉操作参数与煤气利用率之间的关系进行建模，完成相关超参数求解，并对模型性能进行检验。

参考文献

[1] 杨天钧，张建良，刘征建，等 . 低碳炼铁　势在必行 [J]. 炼铁，2021，40（4）：1-11.
[2] 周传典 . 高炉炼铁生产技术手册 [M]. 北京：冶金工业出版社，2002.
[3] 吴敏，曹卫华，陈鑫 . 复杂冶金过程智能控制 [M]. 北京：科学出版社，2016.
[4] 吴敏，王昌军，安剑奇，等 . 基于料面温度场的高炉煤气流分布识别方法 [J]. 信息与控制，2011，40（1）：78-82.
[5] 吴敏，聂卓赟，曹卫华，等 . 面向高炉布料操作优化的在线信息检测方法及其应用（上）[J]. 冶金自动化，2008（3）：6-9.
[6] 吴敏，聂卓赟，曹卫华，等 . 面向高炉布料操作优化的在线信息检测方法及其应用（下）[J]. 冶金自动化，2008（4）：5-8；56.
[7] 曲飞，吴敏，曹卫华，等 . 基于支持向量机的高炉炉况诊断方法 [J]. 钢铁，2007（10）：17-19.
[8] 安剑奇，陈易斐，吴敏 . 基于改进支持向量机的高炉一氧化碳利用率预测方法 [J]. 化工学报，2015，66（1）：206-214.
[9] 陈少飞，刘小杰，李宏扬，等 . 高炉炼铁数据缺失处理研究初探 [J]. 中国冶金，2021，31（2）：17-23.
[10] 李浩然，邱彤 . 基于因果分析的烧结生产状态预测模型 [J]. 化工学报，2021，72（3）：1438-1446.
[11] 周志华 . 机器学习 [M]. 北京：清华大学出版社，2016.
[12] MONTGOMERY D C，PECK E A，VINING G G. 线性回归分析导论 [M]. 王辰勇，译 . 北京：机械工业出版社，2016.
[13] AN J，SHEN X，WU M，et al. A multi-time-scale fusion prediction model for the gas utilization rate in a blast furnace[J]. Control Engineering Practice，2019，92：104120.